普通高等教育教材

环境工程CAD应用技术

第三版

潘理黎　主编

李仁浩　俞浙青　李娟娟　副主编

化学工业出版社

·北京·

内容简介

本书以简明扼要的风格系统地介绍了AutoCAD的操作基础、绘图技巧和设计规范，文字简练、图文并茂、直观易懂。本书内容紧密联系实际，完整呈现了环境工程设计绘图的过程，并提供了大量工程实例图纸，供读者练习借鉴。

本书在各章前新增了“本章导读”，突出重点，引导读者高效学习，减轻学习负担。在绪论中增加了“如何快速从入门到熟练”和“工程图纸的合标、合规与美学”两部分内容，为读者提供了从“会画图”“画好图”到“画快图”的方法和技巧，同时强调了工程图纸的合标、合规与美学的重要性。

书中融入了作者三十年AutoCAD的工程实践经验与教学成果，强调了初学者养成良好绘图习惯的重要性，以及工程图纸符合标准、规范与美学的必要性。理解本书的理念和方法，可以使读者的学习和应用事半功倍。

本书为普通高等教育环境工程、给水排水工程和其他相关专业本科生和研究生的教学用书，也可作为工程设计人员的参考书。附录中提供了菜单命令全表、快捷键命令全表和系统变量表等实用内容，使本书兼具AutoCAD操作手册的功能。

图书在版编目（CIP）数据

环境工程CAD应用技术 / 潘理黎主编．-- 3版．
北京：化学工业出版社，2025．8．--（普通高等教育教材）．-- ISBN 978-7-122-48681-3

Ⅰ．X5-39

中国国家版本馆CIP数据核字第2025FZ3097号

责任编辑：王文峡　　文字编辑：沙　静　张瑞霞
责任校对：李露洁　　装帧设计：韩　飞

出版发行：化学工业出版社
（北京市东城区青年湖南街13号　邮政编码100011）
印　　装：河北鑫兆源印刷有限公司
787mm×1092mm　1/16　印张15　字数360千字
2025年11月北京第3版第1次印刷

购书咨询：010-64518888　　售后服务：010-64518899
网　　址：http：//www.cip.com.cn
凡购买本书，如有缺损质量问题，本社销售中心负责调换。

定　　价：49.00元

第三版 前言

《环境工程 CAD 应用技术》2006 年出版第一版，2012 年出版第二版。第一版出版至今，先后有上百所高校将本书选为本科生和研究生教材。其间收到了大量读者与任课老师的来函，建议修订出版第三版。在出版社的鼓励下，通过多方努力，第三版终于与读者见面了。在此，非常感谢广大读者、任课老师的信任，以及化学工业出版社和有关单位的大力支持。

第三版在第二版的基础上增加了新理念和新内容，同时删去了难度较大、图纸复杂的第二阶段污水处理工程图例，一方面降低了学习难度，另一方面也提出了更高要求。这一切都是为了给读者提供更好的阅读体验和学习效果。具体修订内容如下：

1. 增加“本章导读”，引导读者高效学习

在第三版各章前增加了“本章导读”。面对 AutoCAD 的上千个操作命令与设置参数，初学者往往会茫然无措甚至产生畏难情绪。“本章导读”如同一位优秀的导游，游客在导游的带领下，既不遗漏重要的景点，又不走冤枉路。它指明了哪些命令是必须掌握的，哪些是不常用的甚至可以忽略的，既突出了重点，又减轻了学习负担。在“本章导读”中体现了作者长期的工程实践经验与教学成果，这对读者尤其是初学者大有裨益。

2. 从“会画图”到“画好图”“画快图”

“会画图”是指能熟练使用 AutoCAD 绘图，“画好图”是指所绘图纸符合相关国家标准规范要求、符合行业规则、得到同行认可的正规设计图纸。因此，要成为一名称职的环境工程设计工程师，仅仅“会画图”是远远不够的。“会画图”是本书要求的基本层次，“画好图”才是本书希望达到的较高层次。从第一版到第三版，“画好图”的内容不断增加，要求不断提高。所以在第三版绪论中增加了“如何快速从入门到熟练”和“工程图纸的合标、合规与美学”两部分内容。第三版进一步强调了工程图纸在初步设计、施工图设计、工程施工、项目验收和运营管理各个阶段的重要作用，还强调了工程图纸对业主单位、施工单位、验收部门和运营单位相关各方的重要作用。因为上述工程图纸的重要性，所以要求工程设计的从业人员具备高度的责任感、使命感与科学严谨的工作态度。

本书中频繁强调所绘图纸必须符合相关国家标准规范要求，遗憾的是我国关于 AutoCAD 绘图设计方面的国家标准严重滞后，至今没有出台权威统一的国家标准。相关

CAD 绘图的标准大都散落在建筑、机械、工程等不同的行业标准中。现有的几个相关标准都是 20 多年前制定的，这些标准仅仅把 AutoCAD 作为传统绘图板、丁字尺的替代品，忽视了 CAD 强大的功能在提高设计质量和绘图效率方面的重要作用。由于我国尚未制定环境工程专业的 CAD 设计制图标准，目前只能借鉴建筑、机械、给排水等行业的标准规范。经过多年实践，将约定俗成的“规范”引进推广到环境工程设计中，但碎片化、不统一的问题难以避免。因此，同行之间的交流互鉴是非常重要的。本书收录的废水、废气处理工程设计绘图实例及设计经验，也是为了弥补我国相关标准制定落后、滞后的状况。

除了要求工程图纸合标、合规外，第三版还要求图纸应具有视觉美、几何美、秩序美。图纸的美感是表象，其实质内涵是易读、正确、精确。设计精准、图面精美的图纸会在图纸校核、审定和批准；设计评审；成本核算；工程施工与竣工验收等整个工程实施环节中提高效率、降低成本、缩短工期，是影响整个工程项目建设的重要因素，也是获得甲方信任、展现设计人员实力的关键。

在“会画图”到“画好图”的基础上，本书还要求“画快图”，前者强调绘图质量，后者强调绘图效率。建议读者将“左手键盘，右手鼠标”作为熟练操作 CAD 的终极方式。从“会画图”到“画好图”“画快图”是第三版期望达到的理想目标。

3. 增加锅炉烟气脱硫工程设计图例，涵盖环境工程主要专业领域

第三版在保留污水处理工程第一阶段的练习图例的基础上，新增了燃煤锅炉烟气脱硫工程设计图例，涵盖环境工程中污水和废气处理两大专业领域，弥补了第二版“有水无气”的不足。

细心的读者会发现，污水与废气处理工程设计图纸的特点有明显区别：污水处理工程图纸中象形图形较多，而废气处理工程图纸中符号图例更为常见，建议读者多加关注并借鉴。

4. 突出重点，减轻学习负担

为了突出重点，帮助读者快速入门并减轻学习负担，本书根据内容的优先程度、重要性和常用性，在目录与章节处做了标记：标记“**”的内容表示应优先学习的基础内容，也是入门阶段必须掌握的内容；标记“*”表示第二阶段要学习的内容，也就是在提高阶段要掌握的内容。为了进一步降低入门难度，第三版在第二版的基础上，标记“**”与“*”的数量有所减少，难度级别有所降低。

5. 附录的特色

本书的附录为读者提供了很多方便，例如，“附录 1 AutoCAD2012 下拉式菜单命令全表”提供了 10 个主菜单下的命令，读者不需要上机就能了解 AutoCAD 的菜单与命令全貌；“附录 2 AutoCAD2012 快捷键对照表”列出了全部的快捷键及功能，可供读者参考；“附录 3 AutoCAD 系统变量表”汇总了 CAD 的系统变量；“附录 4 绘图技巧集锦”收录了一些实用操作技巧；“附录 5 国家标准《CAD 工程制图规则》(GB/T 18229—2000)”收录了现行国家标准，虽然该标准在与 AutoCAD 的结合度与针对性方面明显不足，时间滞后，但这是目前

国内可参考的国家标准之一。

6. 工程图例说明

本书中污水与废气处理工程图例均来自国内具有丰富实践经验的设计人员之手，并经优化提升。原图为 A2 以上幅面，但书中缩印后，无法完整显示原图中的线宽，无法区分不同线宽所代表的不同含义，所以线型、线宽的要求请以正文为准。为了方便读者，出版社提供了原图的下载渠道，读者可登录“化工教育”网站，注册后免费下载。

环境工程图纸的特点是管线众多、纵横交错，读图困难，如何较容易地辨别各种管线？AutoCAD 提供了强大的功能，例如，为每一种管线设置独立图层，这一图层中可设置不同的线型、线宽、颜色和比例等参数加以区分；还可以通过自定义线型功能，直接在线型中标注中英文管线名称或代号，使管线的布置及走向更加直观。与线型、线宽相关的图层设置和自定义线型这两项功能，希望读者能够熟练掌握并应用。本书的练习图例中未充分体现这两项功能，望读者谅解。

7. 符号说明

在书中用【 】或［ ］表示 AutoCAD 软件的菜单、选择框、选项或命令,【 】一般用于介绍菜单或命令的标题;［ ］一般用于正文中提到的菜单或命令。这样有助于读者区分 CAD 本身的菜单命令与一般说明内容。

8. 关于 AutoCAD 版本问题

AutoCAD 通常每年更新一个版本，不同版本会有所区别，版本越高，软件越大，占用硬盘空间也更多，但 AutoCAD 经典模式的菜单和命令变化很少，熟悉老版本的用户不影响使用新版本。熟悉 AutoCAD 2005、AutoCAD 2007 版本的读者，使用更高版本均无障碍。因此，建议读者根据实际需求选择版本，不必盲目求新。

第三版第 1、2、3、4、5、11、12 章和附录由潘理黎负责修订；第 6 至第 10 章由俞浙青负责修订；第 1、13、14 章由李仁浩负责修订；李仁浩、李娟娟负责工程图例的修改与优化；李娟娟参与了文本的编辑工作；全书由潘理黎统稿。对为第三版的修订提供大力支持的单位在此表示衷心感谢。

由于作者水平有限，书中纰漏之处在所难免，敬请读者指正，谢谢！如有意见、建议或需要图例原图的读者，请与编者联系，邮箱 : p227@163.com。

编者

2025 年 6 月于浙江工业大学

目 录

6 编辑 51

7 标注 57

8 视图 72

9 插入 79

10 工具 89

14 环境工程设计绘图操作实例 203

附录 223

参考文献 225

二维码一览表

序号	名称
1	附录 1　AutoCAD 下拉式菜单命令全表
2	附录 2　AutoCAD 快捷键对照表
3	附录 3　AutoCAD 系统变量表
4	附录 4　绘图技巧集锦
5	附录 5　《CAD 工程制图规则》（GB/T 18229—2000）

1 绪 论

【本章导读】

本章讲解了一开始如何学习、应用 AutoCAD 和设计绘图的要求。读者可先轻松浏览本章内容，不要求一开始就全部理解，先关注学习重点有哪些。例如，学习 AutoCAD 的必要性；AutoCAD 的学习方法和技巧；如何培养良好的绘图习惯；如何提高绘图效率；如何从快速入门到熟练掌握；为什么要求工程图纸必须符合国家标准和规范要求；为什么要特别强调图纸美学的重要性，等等。

学好 AutoCAD，首先要求读者具有明确的学习目的，具备较强的内在动力，才能专注于学习和练习。尤其是自学的读者常常会遇到困难，在无师指导时只能潜心摸索。本书充分考虑到了自学读者的需要，精选学习内容、降低学习难度、突出重点要点、节省时间精力，使读者快速从入门到熟练。好的教材如同一位优秀的导游，带领游客既不遗漏重要的景点，又可少走弯路。

作为一名设计人员，会熟练使用 CAD 还远远不够，还要求所绘图纸符合相关国家标准和规范要求，要求图纸清晰、准确、美观。图纸是工程项目实施人员互相沟通交流的媒介，如要交流没有障碍或误解，必须遵循共同的“设计绘图语言”——标准和规范。

对于图纸之美，所有设计人员都应该重视。一份精美的工程设计图纸，不仅仅给予读图人美的感受，其本质反映出设计人员较高的专业水平和对设计精益求精的严谨态度，往往能够赢得关键的第一印象，在工程竞标中取得竞争优势。

本章部分内容具有前瞻性，在还没有掌握 CAD 基本操作之前，理解这部分内容可能有困难，建议在完成全书学习之后重读本章，印象将会更深，收获将会更大。

亲爱的读者，朝着明确的目标：提高绘图效率、提高图纸质量、提高设计水平，让编者作为您的导游，一起开始愉快的 AutoCAD 学习之旅吧！

1.1 如何学习 AutoCAD

1.1.1 为什么要学 AutoCAD

AutoCAD 在我国的应用已十分普遍，在建设工程中，包括项目投标、方案设计、设计施工和工程验收都离不开 CAD 图纸。熟练掌握 CAD 已成为从业人员不可或缺的专业技能和必备素质。高校学生已充分认识到掌握 CAD 的重要性，学习 CAD 的积极性非常高。在人才市场，熟练掌握 CAD 的学生，一般会有更高的就业竞争力。

1.1.2　AutoCAD 的功能

（1）提高绘图效率

过去一个长期从事工程设计或产品设计的人，都会对图板和丁字尺心生畏惧，连续几个月趴在图板上绘图倍感工作的艰辛。手绘图纸劳动强度大、工作效率低、重复劳动多，修改图纸费时费力。而 AutoCAD 的绘图、修改、编辑功能非常强大，对重复性的工作，点击鼠标即可完成。例如，手绘一个鸡蛋需要 1 分钟，手绘 100 个鸡蛋就需要 100 分钟，用 AutoCAD 画一个鸡蛋也需 1 分钟，但复制 100 个鸡蛋只需 1 秒钟，这就是 AutoCAD 高效绘图的一个很小的例子。AutoCAD 的绘图空间理论上不受限制，对任意大小的实际图形都能按 1 ：1 比例绘制，不需要人为地去计算绘图比例，打印时能够自动缩放到标准图纸幅面，可以大大减轻脑力劳动和减少人为错误。

（2）提高图纸质量

一套图纸从初稿到签发，中间会有很多次修改。AutoCAD 提供了强大的修改和编辑功能，可以轻松地修改设计图纸。当然，图纸的质量主要决定于设计人员的水平和经验，AutoCAD 只是在绘图的手段上提供了充分的保障，“工欲善其事，必先利其器”，AutoCAD 是提高工程绘图质量和效率的不可缺少的工具。

（3）建立图库，积累经验

在工程设计和产品开发项目中，有许多单元、部件、零件、图形和线型是相同的，这些图元按一定的格式存放到个人图库中，需要时随时调用，这可极大地提高工作效率。图库中的图形应该是常用的、通用的、成熟的，同时也应符合相关标准规范。建立图库的过程，就是设计人员积累经验的过程。有经验的设计师都有自己丰富的图库。

图库的建立没有统一的格式，完全是个性化的产物。原则上应该分类清楚，存取方便。AutoCAD 中图块的建立和插入、定义属性等功能为图库的建立和使用提供了很多方便，应该充分利用这些功能。

1.1.3　AutoCAD 的学习方法

（1）培养良好的绘图习惯

AutoCAD 的学习有其内在的规律，按照这些规律去做，可以收到事半功倍的效果。这些规律也是前人经验的总结，初学者应该继承和发扬。学习 AutoCAD 绘图的一般原则总结如下：

▼ 始终以 1 ：1 的比例绘图，根据设计对象的实际尺寸，设置图形界限。

▼ 建立图形样板文件，并保存常用的设置，如图形界限、图层、线型、文字样式、标注样式等内容，另存为 *.dwt 或 *.dwg 文件。绘制新图时，可在创建新图形向导中单击使用模板来打开它，或打开 *.dwg 模板文件另存为实际图名后，即可开始绘图。

▼ 不同的图元使用对应的图层（包括线型、线宽和颜色），并贯穿绘图的始终，不能混用。

▼“少画多编，以编代画”，意思是尽量用修改与编辑的手段实现绘图的功能，充分利

用 CAD 强大的修改和编辑功能，达到高效的绘图目的。

▼ 适时使用或关闭对象捕捉、对象追踪功能，可提高绘图的精度和效率。

▼ 建立个人图库，积累设计经验，提高绘图效率。

(2) CAD 学习三部曲

学习 AutoCAD 一般都会经历三个过程："先学、后用、边用边学"。"先学"指的是对 CAD 的功能和命令应先有一个基本的了解；"后用"要求多实践，多做实际工作；"边用边学"就是在应用的过程中会遇到各种各样的问题，这时带着问题去学、去探索，所学到的知识印象会特别深刻。当应用中遇到的问题越来越少时，就会在不知不觉中成为高手。

(3) 熟练程度的自我评价

从入门到掌握，再到熟练，学习任何技能总有这样一个过程，初学者应该不急不躁，循序渐进、稳扎稳打、步步为营。怎样对自己的学习状态进行自我评价？可以参考以下评价方法：认为自己 CAD 绘图比手工绘图慢，说明处在入门阶段；认为与手工绘图一样快，说明处在掌握阶段；认为比手工绘图快，说明接近熟练阶段了。

(4) 如何学习环境工程设计绘图

一个工程项目的实施，历经可行性研究、方案编制、方案评审、图纸初步设计、施工图设计、成本核算、组织施工、调试运行、验收交付和资料存档等多个环节。CAD 的设计绘图将贯穿全过程。对于一个希望从事环境工程设计的初学者来说，应该具备一定的专业知识，再从临摹规范的设计图纸开始，学习设计图纸中的各种要素和设计规范。在遵守行业标准规范的前提下，不同设计人员的图纸一般都有不同的设计风格，应吸收其精华，为我所用，发扬创新，成为自己的特色。

(5) 利用网络，交流经验

现在是网络时代，每一个初学者完全不必孤灯寒窗、冥思苦想地学习 CAD。有关 AutoCAD 学习和应用的网站很多，每个网站都有其特色，是初学者交流的好去处，也是高手传经送宝的所在地。这些网站不仅为初学者提供 CAD 学习方面的帮助，也会在专业设计方面提供很多宝贵的经验，是同行们的良师益友。《论语》说："工以利器为用，人以贤友为助。"这句名言用于 CAD 的学习再好不过了。

1.2 如何快速从入门到熟练

学习任何一门技能都要经过入门、熟练到精通三个阶段，掌握 AutoCAD 也一样，作者总结了几十年的 CAD 应用实践与教学经验，针对入门、熟练到精通的三个阶段，建议掌握的内容如下。

1.2.1 入门阶段

AutoCAD 软件安装完成后，需要进行一些基本设置才能绘图。入门阶段的目标是：掌握 CAD 主菜单、常用命令及图标，能够正确设置常用绘图参数，能够绘制简单的图形。

(1) 熟悉 CAD 主界面的每个部分及功能

入门阶段应首先熟悉 CAD 主界面的每个部分及功能。选择在 AutoCAD 经典模式下绘图（图 1-1）。

图 1-1　主界面中 AutoCAD 经典模式的位置

(2) 熟悉并灵活使用底部坐标栏功能键

熟悉使用屏幕底部坐标显示栏中的功能键，掌握最常用的操作开关（图 1-2）。

图 1-2　坐标栏中的开关与功能

从左至右依次为［推断约束］［捕捉］［栅格］［正交］［极轴］［对象捕捉］［三维对象捕捉］［对象追踪］［动态 UCS］［动态输入］［线宽］［透明度］［快捷特性］和［选择循环］共 14 个开关。单击鼠标左键可开启或关闭功能，单击右键可设置相关参数。不掌握这些功能键将无法顺利绘图，现将最重要、最常用的键介绍如下：

［正交］：画直线时，开启［正交］模式只能画水平或垂直的线段，可以提高绘图精度与效率；关闭时可以画任意角度的直线。

［对象捕捉］：开启时，可以快速捕捉到直线、圆弧的端点、中点、交点、圆心等，可以大大提高效率与精度。但有时会妨碍绘图，不需要时可关闭。通过鼠标右键点击可设置需要捕捉的点类型（如端点、中点、圆心等）。

［线宽］：关闭时，所有线条显示为细线；开启时，将显示各类线型的实际宽度，方便检查线宽设置是否符合相关规范要求。

［选择循环］：通过鼠标右键点击，在［显示］中可设置功能键的显示或隐藏（图 1-3）。

建议读者通过实际操作尝试各个开关键的功能和作用。

(3) 设置符合要求的绘图模板

在开始绘图前，必须先设置符合要求的绘图模板（图 1-4）。

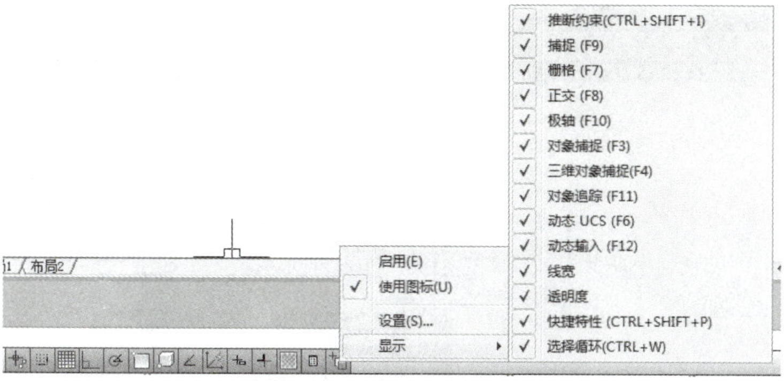

图 1-3　功能键的开关显示

应遵照相关国家标准要求设置 A4 ～ A0 常用标准模板。不同行业、专业、工程与单位都有各自的规范和元素要求，在标准模板中应体现这些专业元素，如设计单位名称、单位 LOGO、设计资质编号等。在模板中设置这些内容后，后续绘图时无需重复设置。

标准模板中包含的图层设置（线型、线宽、颜色）、文字样式、标注样式、单位设置和图形界限等要素是绘图的基础，在遵循国家标准的同时，也要满足本专业的要求。标准绘图模板完成设置后，可以保存为 MyA0.dwg、MyA1.dwg、MyA2.dwg、MyA3.dwg、MyA4.dwg 图形文件或标准样板（.dwt）文件，实际绘图时选取图幅另存为具体图名即可。当实际工程大于 A0 图框时，可将图框放大，放大到能将实际图形置于其中，上下左右还需适当留白，然后再按 1 ∶ 1 比例绘图。

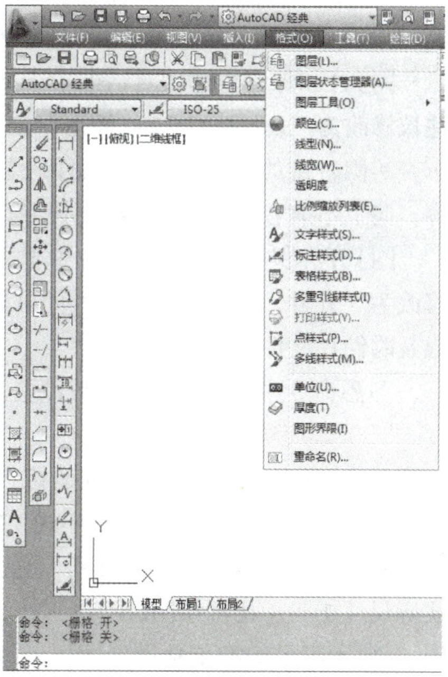

图 1-4　标准模板中需要设置的参数

（4）熟悉常用命令及图标

先熟悉下拉菜单中的常用命令，在下拉式菜单中寻找命令。熟悉下拉式菜单命令之后，在主菜单栏单击鼠标右键，把 [绘图][修改] 与 [标注] 三个常用下拉式菜单图标竖放于绘图区域的左侧。使用时只需单击相应图标即可执行命令，比从下拉式菜单中查找命令更快捷。对于不熟悉的图标，将鼠标在图标上停留 1 秒即显示命令的中文名称（图 1-5）。

（5）熟悉选项对话框设置

在绘图区域按鼠标右键，或者输入命令 [options] 或快捷键 [op]，打开 [选项] 对话框，可以对文件保存路径、自动保存时间间隔、显示、图形单位、默认打印机设置等选项进行设置。这些选项直接关系到绘图操作，应该熟悉它们，见图 1-6。

推荐几个常用绘图设置：

[显示] 选项可对绘图区域的窗口元素、背景颜色、鼠标光标的大小和显示精度进行设置。

图 1-5　常用菜单工具栏设置示意图

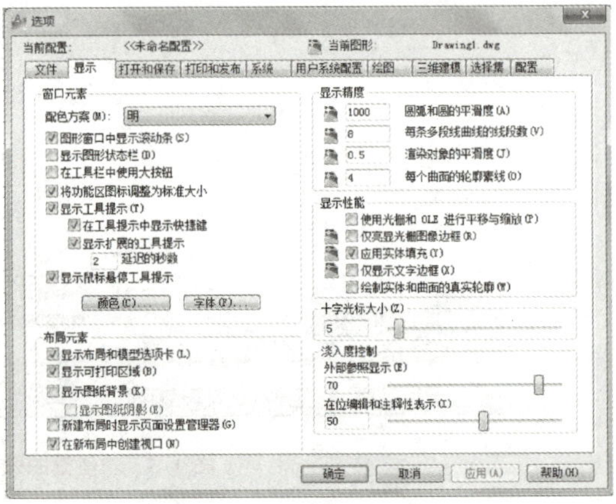

图 1-6　[选项] 对话框

[打开和保存] 选项对话框中 [文件保存][另存为]，默认保存为当前 AutoCAD 版本，建议修改为“AutoCAD2005 图形”或“AutoCAD2007 图形”这样的老版本，因为很多设计、审查的同行用的是 AutoCAD 软件的老版本。AutoCAD 低版本无法打开高版本文件（向下兼容，向上不兼容），因此，把文件保存为低版本方便同行之间交流。

[打开和保存] 选项对话框中 [文件安全措施][自动保存] 的默认值为 10 分钟，建议修改为 5 分钟。缩短自动保存时间可以减少因停电、电脑死机等原因造成的损失。平时要养成及时保存文件的习惯。

熟悉命令中的对话框及参数设置，可以大胆尝试修改各项参数，观察不同效果。

（6）如何学习绘制工程图纸

① 设置专业标准图层。创建符合本专业的标准图层文件，设置所有绘图参数，如图层中的线型、线宽和颜色，文字样式，标注样式等，最后保存为 .dwg 模板文件。绘图时另存为新图纸即可。这样可以保证同一套工程图纸的设置、格式与风格统一，而且高效。严格按实际尺寸 1 ： 1 比例绘图。

② 为每种线型单独设置图层。每种线型都要单独设置一个图层，包括线型、线宽、颜色等。例如，画实体轮廓用粗实线层，画污水管时创建“污水管”图层等，一套图纸中使用图层保持统一。目的是方便修改，只要修改图层参数所有对应的线条随即自动更新，非常高效、方便。线型、线宽的设置需要遵循行业的标准和规范。

一套图纸的相同图元应该使用相同的图层、文字和标注样式设置，以保证整套工程图纸的格式统一。

③ 学习优秀的设计案例。通过学习优秀的设计案例，从中借鉴他人的设计思路，学习绘图技巧，掌握布图风格。通过临摹优秀案例，博采众长，快速提升设计能力和绘图水平。

1.2.2　熟练阶段

（1）“左手键盘，右手鼠标”操作

熟练阶段的目标是：以“左手键盘，右手鼠标”的方式操作 CAD，实现高效、精确制图。

经过 CAD 的入门阶段，已基本可以正常操作命令，但效率还不高。想提高操作的熟练程度，必须掌握常用快捷键，并以“左手键盘，右手鼠标”的方式绘图。使用快捷键比使用

菜单图标查找命令的效率高数倍。

为了使读者既能掌握常用的快捷键，又不至于负担过重，本书精选了最常用的快捷键（表 1-1 ～表 1-4）。想掌握更多快捷键的读者可以参见附录中的快捷键全表。

表 1-1　常用功能快捷键

快捷键	命令	命令说明	快捷键	命令	命令说明
F1	HELP	获取帮助	Ctrl+Z	U	取消前一步操作
F2		作图窗和文本窗口切换	Ctrl+1	PROPERTIES	打开特性对话框
F3	OSNAP	对象捕捉开关	Ctrl+2	ADCENTER	打开设计中心
F8	ORTHO	正交模式开关	OP	OPTIONS	打开选项对话框
Ctrl+A	AI_SELALL	另存为或全部选择	ADC	ADCENTER	打开设计中心
Ctrl+C	COPYCLIP	将选择的对象复制到剪切板	LA	LAYER	图层管理器
Ctrl+D		打开或关闭用户坐标系	LT	LINETYPE	线型管理器
Ctrl+F		对象捕捉开关（F3）	OS	OSNAP	对象捕捉设置
Ctrl+L		正交模式开关（F8）	ST	STYLE	文字样式设置
Ctrl+N	NEW	新建图形文件	P	PAN	视图平移
Ctrl+O	OPEN	打开图形文件	Z	ZOOM	视图缩放控制
Ctrl+P	PLOT	打开打印对话框	PU	PURGE	清理未使用对象
Ctrl+Q	QUIT	退出程序	AA	AREA	计算面积、周长
Ctrl+S	SAVE	保存文件	DI	DIST	测量两点间距离
Ctrl+V	PASTECLIP	粘贴剪贴板上的内容	T	MTEXT	多行文字编辑器
Ctrl+X	CUTCLIP	剪切所选择内容	DT	DTEXT	单行文字输入
Ctrl+Y	MREDO	重做操作			

表 1-2　常用修改快捷键

快捷键	命令	命令说明	快捷键	命令	命令说明
MA	MATCHPROP	对象特性匹配（复制）	TR	TRIM	修剪
E	ERASE	删除	EX	EXTEND	延伸
ED	DDEDIT	编辑单行文字或多行文字	RO	ROTATE	旋转
CO/CP	COPY	拷贝复制	S	STRETCH	拉伸
MI	MIRROR	镜像	BR	BREAK	打断线条或删除对象的一部分
O	OFFSET	偏移复制	CHA	CHAMFER	创建斜角倒角
AR	ARRAY	阵列	F	FILLET	创建圆弧倒角
M	MOVE	移动	X	EXPLODE	分解
SC	SCALE	比例缩放			

表 1-3　常用编辑快捷键

快捷键	命令	命令说明	快捷键	命令	命令说明
U	UNDO	放弃	PA	PASTECLIP	选择性粘贴
RE	REGEN	重新生成	E	ERASE	删除
R	REDRAW	重绘	TEDIT	TEXTEDIT	编辑文字
CO	COPYCLIP	复制			

表 1-4　常用标注快捷键

快捷键	命令	命令说明	快捷键	命令	命令说明
D	DIMSTYLE	尺寸样式设定	DCO	DIMCONTINUE	连续式标注
QDIM	QDIM	快速标注	DDI	DIMDIAMETER	直径标注
DLI	DIMLINEAR	线性标注	DRA	DIMRADIUS	半径标注
DAL	DIMALIGNED	对齐式线性标注	DAN	DIMANGULAR	角度标注
DBA	DIMBASELINE	基线式标注	DAR	DIMARC	圆弧长度标注
DCE	DIMCENTER	圆心标记			

（2）熟练掌握工程设计标准与规范

掌握本专业设计标准与规范，熟练使用标准规范中的统一图例与符号，确保图纸符合专业规范要求。

（3）建立专属图库

根据专业特点，建立设计说明、总图、工艺图、设施设备加工详图及布置图等各种图库。复制图库中的图元即可绘制新项目的图纸，这会极大地提高工作效率，加快设计进度，实现快速、高效绘图的目标。

在环境工程设计中，如水泵、风机、填料、标排口、各种剖面图等是经常用到的。这些图形可以一次性画好后保存在图库中，也可借用同事的图库，分门别类用图块或以图形的格式保存，需要时随时调用，不必重复绘图。这会大大提高制图效率，并实现工程图纸的统一性。

逐步建立完整齐全的标准图例、专业图库和设计说明文件的过程能使设计人员不断积累设计经验、不断提升绘图水平、不断提高工作效率。因此创建丰富齐全的图库是设计人员专业水平的重要标志。

（4）“少画多编”提高效率

在建立完整齐全的标准图框、标准图例、专业图库和设计说明的文件基础上，以“少画多编，以编代画”的方式开始一个新工程项目的设计绘图，才能最大程度地提高工作效率，加快绘图速度，缩短工程周期。这是高水平设计人员的经验总结。

（5）注重图纸的美观

图纸布局要合理，主图与文字说明整体居中，主图上下左右适当留白，留白间距一致。图层、文字与标注样式统一。标注系统要逻辑无误、条理清晰、层次分明、整齐美观，避免标注参差不齐、长短不一，甚至使人误读误判。

1.2.3　精通阶段

精通阶段的目标是精博结合、炉火纯青。所谓精通阶段，即要求熟练掌握 AutoCAD 中的绝大部分内容，能够以最精准的操作达到高效绘图的目的。AutoCAD 大约有上千个执行命令和设置参数，全部掌握既有难度也无必要，对普通设计人员来说达到熟练程度，能够胜任本职工作已经足够，只有教学或研发人员才需要达到精通程度。

1.3　工程图纸的合标、合规与美学

工程图纸是工程建设项目实施的依据，必须准确描述项目的地点、目标、规模、工艺、施工、安全、环保等全流程的实施要求，为项目实施各个环节提供准确无误的设计数据。为确保工程图纸的准确性、完整性、可读性和一致性，工程图纸的绘制必须遵循国家及相关行业的标准与规范。除了要求工程图纸设计文件合标、合规外，还要求图纸做到整体布局合理、管线布置井井有条、图纸图面精致美观，杜绝数据误读误判，精美的图纸能给人以美感享受、专业欣赏、技术信任和市场竞争力。

1.3.1　工程图纸的合标与合规

图纸是指导工程实施的重要技术文件，也是设计、审批、施工、验收、竣工等环节实

施单位技术人员之间用来表达和交流的重要媒介。设计单位内部需要不同人员对图纸进行校核、审核和审定，大中型工程图纸还要求经过专家会议审定、主管部门的批准，这些过程往往会反复多次。工程图纸的合标、合规就是要确保整个交流过程畅通无阻。

制图标准化的要求可以让不同的设计人员在相同行业的设计绘图时更加规范统一，减少因为个人原因而导致差异，减少因图纸不统一而产生沟通困难、交流障碍。因为一个工程图纸的生命周期里会有很多人参与其中，所以图纸的标准化显得尤为重要。

要求工程图纸合标、合规，包括遵守制图的基本规定、图样画法、尺寸注法、图纸文件管理等方面的内容，这是对设计人员的基本要求。

要求工程图纸符合国家标准、行业标准和专业规范等相关要求，最终目的是提高设计效率、保证图纸质量、便于技术交流、加快工程进度、降低工程成本。

工程图纸符合标准、规范的重要性体现在以下几个方面：

① 保障工程质量：规范的工程图纸能够确保工程施工的可靠性和安全性，避免因设计缺陷导致工程质量问题。

② 预防安全隐患：规范的工程图纸可以预防可能存在的安全隐患，如结构设计不合理、消防设施不达标等，从而避免安全事故的发生。

③ 控制工程造价：规范的工程图纸有助于控制工程造价，通过审查发现并纠正设计中的不合理之处，减少施工过程中的变更指令，避免由此产生的额外成本。

④ 提高施工效率：规范的工程图纸以其完整性和准确性为工程施工提供了可靠依据，确保施工过程顺利进行，提高施工效率。

⑤ 促进设计优化：专业审查机构在审查过程中可以提出优化建议，帮助设计单位改进设计方案，使其更加合理、经济。

⑥ 控制进度成本：及时发现并解决设计问题，可以避免施工过程中因设计变更而引起的工期延误和成本增加。

⑦ 规范资料管理：资料收集存档是工程项目建设中的重要环节，规范的工程图纸资料管理应该具有系统性、逻辑性，对图纸的编号、版本的更新、档案存取、责任追溯等方面进行标准化管理。

工程图纸关系到整个工程质量、工程造价、施工周期、安全环保、节能低碳等方方面面，设计人员必须高度重视工程图纸的合法性、合规性、准确性、可靠性和有效性。

表 1-5 收录了环境工程设计中经常参照的国家制图标准。

表 1-5 环境工程常用国家制图标准

标准号	标准名称	颁布部门	实施时间	状态
GB/T 18229—2000	《CAD 工程制图规则》	国家机械工业局	2001-12-01	现行
GB/T 50001—2017	《房屋建筑制图统一标准》	住房和城乡建设部	2018-05-01	现行
GB/T 50103—2010	《总图制图标准》	住房和城乡建设部	2011-03-01	现行
GB/T 50104—2010	《建筑制图标准》	住房和城乡建设部	2011-03-01	现行
GB/T 50105—2010	《建筑结构制图标准》	住房和城乡建设部	2011-03-01	现行
GB/T 50106—2010	《建筑给水排水制图标准》	住房和城乡建设部	2011-03-01	现行
GB/T 50114—2010	《暖通空调制图标准》	住房和城乡建设部	2011-03-01	现行
GB 50162—1992	《道路工程制图标准》	国家技术监督局、建设部	1993-05-01	现行

续表

标准号	标准名称	颁布部门	实施时间	状态
GB/T 50564—2010	《金属非金属矿山采矿制图标准》	住房和城乡建设部	2010-12-01	现行
GB/T 50786—2012	《建筑电气制图标准》	住房和城乡建设部	2012-10-01	现行
GB/T 51027—2014	《石油化工企业总图制图标准》	住房和城乡建设部	2015-05-01	现行
YD/T 5015—2015	《通信工程制图与图形符号规定》	工业和信息化部	2016-01-01	现行

1.3.2　工程图纸的美学

工程图纸是技术人员用来表达自己对工程规划的理解，把设计思想和理念转化为一种可视化的媒介，通过构思和创意将工程规划的设想转化为现实蓝图。

虽然工程设计图纸并不是绘画艺术，但人的视觉仍然对其有审美要求。图纸布置中尽量避免“头重脚轻”“左右失衡”“中间拥挤”“上浮悬空”“下沉局促”等情况。最终的图纸视觉效果应该是“整体均衡”“疏密相间”。确保图纸符合标准、规范与准确无误的前提下，要求图纸布局合理、管线有序、层次分明、图面美观。美观的工程设计图纸能给予读图者很多直观感知，如愉悦感、优美感、专业感和信任感。相反，一张杂乱无章的图纸将无法获得基本的信任。

很难定义什么是美观的图纸，读图者往往会以符合标准、规范与视觉直观方式来判断，对美观的图纸往往有“眼睛一亮”的感觉。美的内涵体现在整体布局和具体细节之上，应重视图元的每一个细节，如点、线、字、数、符等都应有明确的意义和价值。

具有美感的工程设计图纸，可以反映出设计人员较高的专业素养和对设计精益求精的严谨态度，赢得顾客良好的第一印象，在工程竞标中取得竞争优势。

工程设计图纸的美学要素主要体现在以下几个方面。

（1）虚与实的布局

“实”指的是各种图形、线条和文字等图元，“虚”指空白。绘制工程图纸不仅要严格遵守国家标准规范，还要注意总体图形如何布局、视图元素如何分布、尺寸标注如何分层、技术要求如何书写等方面。根据专业特点，在完整、清晰地表达设计意图的前提下，力求主图居中、重心均衡、整体协调、疏密相间、图面简洁、标注整齐、风格统一。

（2）疏与密的安排

美观的图纸一般是疏密有度，不能将图、字占满整张图纸，给人以拥挤、压迫的感觉，也不能留太多的空白，让人感觉缺少内容。疏与密要把握两点：一是图幅与打印比例的选择；二是内容的取舍。当一张图表达的内容太多时，可考虑将局部内容移出，如用局部详图、大样图、节点图等方式表达。

（3）图纸比例恰当

图纸比例的选择应充分考虑所要表达的图纸元素的大小和复杂程度。通常，大图形应选用小比例，而小图形应采用大比例，最终达到虚实恰当、比例合适的美观要求。

（4）图与文相对协调

在工程设计图上，图与文不能连在一起，大面积的文字与图形的位置要统筹安排。大面积的文字应该写在设计说明区域，一般位于工程设计图的右侧。图形、文字说明、图框都应位于统一的区域，图纸之间应该保持相同风格。做到布局合理、疏密有度、图文得当、风格统一。

（5）图例符号的规范性

工程设计图纸中的符号等同于简化图形，如阀门、法兰与流量计等专业符号，规范使用图例符号可以简化工程图纸。由于图例符号是统一的、标准化的与规范化的，已成为从业人员的共同“设计语言”。因此，在工程设计中，从业人员应全面掌握、熟练运用标准化的图例符号，凡有标准化图例符号的就不必再画实际图形，这将大大提高工作效率。

（6）文字的选择

工程图纸中的中文、英文、数字与符号的选择都应符合国家标准规范中的相关规定，字体与大小应与图纸的整体设计风格和主题保持一致，以确保视觉上的和谐统一。工程图纸应选择简洁、清晰、端庄的字体，一般不采用美术体或变形体。字体太大或太小都会影响图纸质量和图面美观。文字的大小应根据最终的打印图幅比例来选择，以确保文字和图纸的协调。此外，文字的比例和间距也有一定要求，字间距要适当，过大或过小的间距都会影响文字的可读性和整体美观度。文字的字形对图纸的可读性、专业性与正确显示和打印至关重要。

（7）线型的搭配

工程设计图是由线条组成的，线型是工程设计图的主体。在图纸中采用的线型和线宽应符合国家标准规范中的相关规定。

图纸中不同的线型与线宽代表着不同的含义，在遵循国家相关标准与规范的前提下，也反映了设计师的个性与特色。在环境工程设计图例中，给水管、污水管、污泥管；高压线、低压线；蒸汽管、热水管；新建、拆除或预留部分的图形等都应用不同线型和线宽来表示并加以说明，这能够提高图纸的可读性和施工的便利性。熟练运用 AutoCAD 自定义线型功能，它可以将线段、英文、中文组合成一种线型，英文或中文可直接注释管线的名称，使图纸更加直观。

不同的图形采用不同的线型与线宽，可以使图纸中不同图形的含义更加清晰，便于阅读和理解。同一项工程图纸采用的线型与线宽务必要保持统一、风格一致。为了实现这一点，推荐的方法是在 AutoCAD 中先制作绘图模板，再绘制实际图形。在绘图模板中，可先在 CAD［格式］中设置包含线型与线宽的图层，不同线型设置不同图层，包括自定义线型；同时设置［文字样式］、［标注样式］、［表格样式］、［单位］与［图形界限］等。绘制新图时只要将绘图模板［另存为］实际图形名称即可，这样在实际绘图中就无须重复设置。这个方法可以提高设计质量和效率，保持绘图风格的一致性，增加专业性和美观度。

（8）显示、打印与蓝图制作

AutoCAD 的线条可以显示不同颜色，但打印出的图纸一般是白底黑线，即所谓“显示图非打印图”。这可以通过［页面设置管理器］→［页面设置］→［打印样式表］中选取［monochrome.ctb］，把彩色图转换为黑白图再打印。剖面图由不同线型或图形组成，设置的比例决定剖面内线型的疏密，不能过密或过疏，需要根据不同图纸尺寸和图形要求反复调整，直到合适为止。

用于施工的工程设计图纸需要晒成蓝图，而蓝图只有两种颜色：蓝和白。需要涂色的图形还需要考虑在蓝图上的显示效果，并进行调整。

综上所述，工程图纸在项目建设过程中至关重要，它不仅影响项目建设初期的质量、进度、预算及造价，还关系到工程中期的调试、验收，以及后期的维护和管理。

提升工程图纸的美学标准，本质上是在优化设计、施工、验收、使用、维护、管理等各个环节的工作效率。虽然工程设计图纸属于技术产品，但仍应该遵循技术美学的原则并具备普遍的审美价值，做到符合标准、规范的内涵与美学外观的统一，实现功能与美学的交融。

工程图纸的合标合规性、内容的准确性、图面的美观性，可以显著提升其价值、可信度和市场竞争力。因此，每一位设计人员都应该予以重视。

【思考题】

1. 养成良好的绘图习惯体现在哪些方面？它的本质意义是什么？

2. 如何快速从入门到精通？掌握“左手键盘，右手鼠标”绘图操作的关键是什么？

3. 建立自己的图框模板，包括图层（线型、线宽）、文字样式、标注样式的设置，如何理解它对绘图效率与格式统一的意义？

4. 如何理解工程图纸合标合规的重要性？

5. 强调工程图纸美学的本质意义是什么？

2 AutoCAD 操作基础

【本章导读】

本章是 AutoCAD 入门的基础，必须熟练掌握本章内容。其重点包括：

第一，认识、熟悉 CAD 的主界面和功能区块的内容、下拉式菜单及菜单下的命令及每个命令所处的位置和功能。初次接触，多点击、多浏览。鼠标在功能键上停留一秒钟，就会显示中文名称，方便理解。

第二，鼠标操作。鼠标是 CAD 的重要操作工具，必须熟悉其左键、右键功能，以及指向与拖动操作。

第三，键盘操作。先熟记并掌握常用快捷键，相较于用鼠标查找菜单中命令的操作方式提升了效率，为以后熟练操作奠定基础。

第四，目标选择。在不同情形下，目标选择框的不同方向有不同功能，熟练掌握这些功能可以大大提高复杂图纸目标选择的效率。

第五，文件管理和图形保存。可以使图形文件管理有序、存取快速，从而提高绘图效率。

由简至难，可分为三个阶段学习 CAD 操作，由低至高分别是：第一阶段，从主菜单、下拉式菜单寻找命令，进行绘图操作，适合于入门阶段；第二阶段，在主界面调出绘图工具栏，点击工具栏中的命令绘图，适合于掌握阶段；第三阶段是应用快捷键直接进入命令操作，实现左手键盘、右手鼠标的快速操作状态，至此进入熟练阶段。所谓快速从入门到熟练，具体是指从第一、二阶段快速过渡到第三阶段。

2.1 AutoCAD 操作界面 **

初学者应首先熟悉 AutoCAD 的操作界面，了解各区域的功能和内容。刚开始时一般会觉得不知从何入手，不必急躁，每个窗口都可以打开看看，每个命令都可以试试，了解整个操作界面之后，对下一步的学习大有好处。

AutoCAD 有四种工作模式，主菜单 [工具] 下分别为 [草图与注释]、[三维基础]、[三维建模] 和 [AutoCAD 经典] 模式。[AutoCAD 经典] 为默认模式，也是工程设计绘图的模式，如图 2-1 所示。

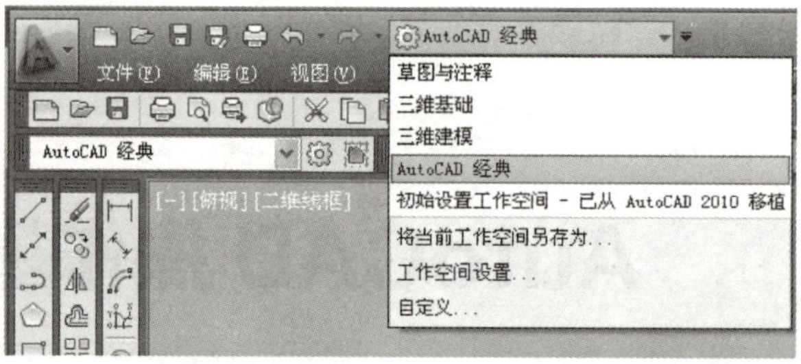

图 2-1　AutoCAD 四种工作模式选择

其中 AutoCAD 经典模式是最常用的模式，初学者在此模式下进行学习操作，本书也是在 AutoCAD 经典模式下进行讲解，其界面如图 2-2 所示。

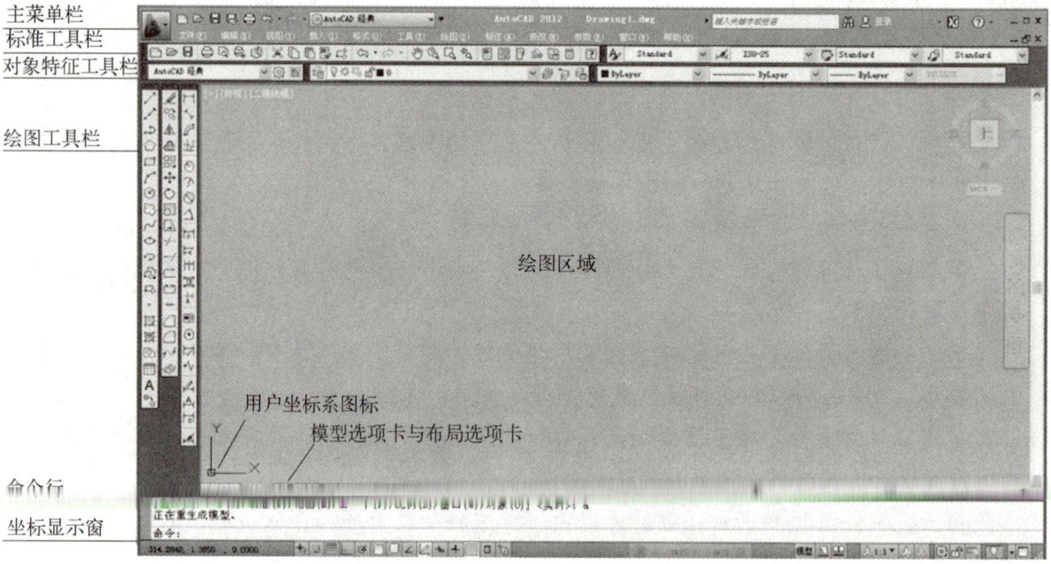

图 2-2　AutoCAD 经典模式操作界面

2.2　鼠标操作 **

鼠标是 AutoCAD 中主要的人机信息交互工具，它的左右键有特定的功能，通常左键代表选择，右键代表确认。熟练地运用鼠标对提高 AutoCAD 的绘图效率至关重要。鼠标的功能与操作主要有以下几个方面。

2.2.1　指向功能

当光标指向某个工具栏的按钮时，系统会自动显示该按钮的名称与帮助信息。

2.2.2　单击左键

单击工具栏的按钮，执行该按钮命令或打开应用程序窗口。

将光标指向某个目标时，单击左键，该目标就会被选中。

移动绘图区的水平或垂直滚动条。

在对话框中选择。

2.2.3 单击右键

相当于执行 Enter 命令。

在工具栏中单击鼠标右键，会弹出工具栏菜单，单击左键调出所需工具栏。

2.2.4 双击左键

指定目标双击左键，可以启动命令、打开文件或应用程序窗口。

2.2.5 拖动鼠标

按住鼠标左键不放并拖动，可实现以下操作：移动快捷对话框、动态缩放视图或调整工具条位置等。

2.3 AutoCAD 快捷键 **

AutoCAD 定义的快捷键和组合键可以直接进入指定操作功能，掌握和使用快捷键可以提高绘图效率。见表 2-1、表 2-2。

表 2-1 常用快捷键与功能

键名	功能	有关命令和按钮	键名	功能	有关命令和按钮
F1	激活帮助窗口	Help 命令	F7	切换打开、关闭栅格显示状态（Grib mode）	
F2	在文本窗口与图形窗口间切换		F8	切换打开、关闭正交状态（Ortho Mode）	Ortho 命令和按钮
F3	切换打开、关闭对象捕捉状态（Osnap）	Osnap 按钮和命令	F9	切换打开、关闭栅格捕捉状态（Snap and Grid）	Snap 命令和按钮
F4	切换打开、关闭三维对象捕捉		F10	切换打开、关闭极轴跟踪状态（Auto Tracking）	Polar 按钮
F5	等轴测面的各方式切换（Isoplane modes）		F11	切换打开、关闭对象捕捉跟踪状态（Object Snap Tracking）	Otrack 按钮
F6	切换打开、关闭动态 UCS				

表 2-2 常用组合键与功能

组合键	功能	相关命令	组合键	功能	相关命令
Ctrl+b	开、关栅格捕捉	F9	Ctrl+n	新建图形文件	New
Ctrl+c	复制图形至剪贴板中	Copyclip	Ctrl+o	打开已有图形文件	Open
Ctrl+f	开、关对象捕捉	F3	Ctrl+p	打开打印对话框	Plot
Ctrl+g	开、关栅格显示	F7	Ctrl+q	退出 CAD	Quit
Ctrl+j	重复执行上一步命令		Ctrl+s	保存图形文件	Qsave、Save As、Save
Ctrl+k	超级链接	Hyperlink			
Ctrl+m	打开选择对话框	Qselect	Ctrl+u	开、关极轴追踪	F10

续表

组合键	功能	相关命令	组合键	功能	相关命令
Ctrl+v	将剪贴板中的内容粘贴至当前图形	Pasteclip	Ctrl+z	连续撤销刚执行过的命令，直至最后一次保存	Undo（Back）
Ctrl+w	开、关选择循环		Ctrl+1	打开特性对话框	properties
Ctrl+x	剪切图形至剪贴板中	Cutclip	Ctrl+2	打开设计中心	adcenter
Ctrl+y	重新执行刚被取消的操作	Redo	Ctrl+6	打开数据库链接管理器	dbConnect

2.4　文件管理 **

2.4.1　新建

打开一幅新的空白图纸或打开一幅标准图形样板（*.dwt）。

【下拉菜单】文件→新建

【命令】new

【说明】新建图形需要从模板文件中选用一幅标准图纸，并在此绘制新图。

2.4.2　打开

打开已有图纸文件，见图 2-3。

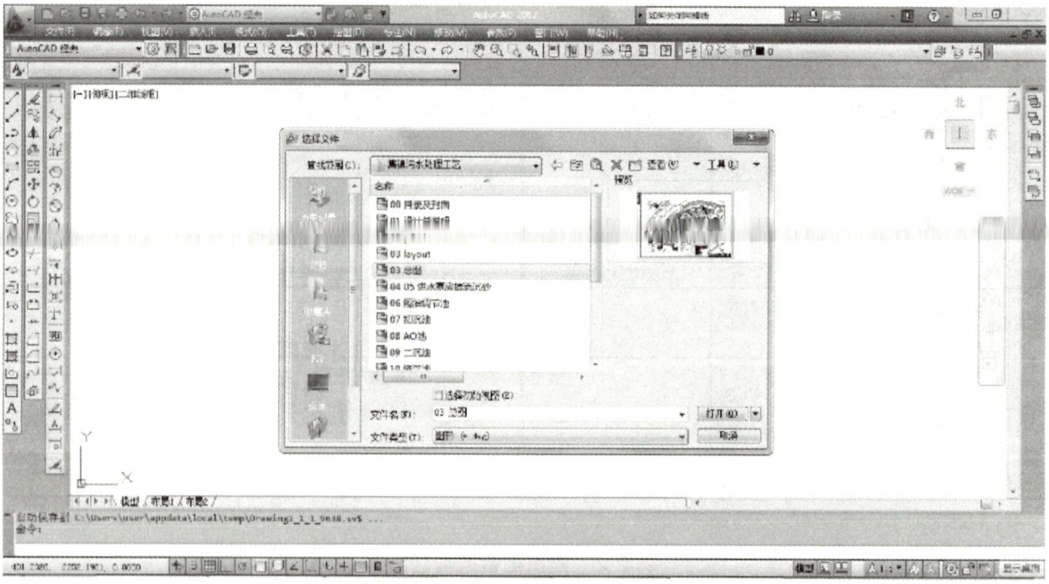

图 2-3　打开文件选择框

【下拉菜单】文件→打开

【命令】open

【说明】双击打开文件夹，单击文件名打开文件。

2.4.3　保存图形

保存当前图形。

【下拉菜单】文件→保存

【命令】qsave

【说明】

① 保存新建的图形：将弹出 [保存图形] 对话框，创建文件名后，[确认]，保存当前显示图形。

② 保存当前的图形：按原路径、原文件名保存。

在绘图过程中，应注意保存文件，以免出现意外情况而丢失图形。应利用 AutoCAD 自动定时保存功能保存文件，自动存盘的间隔时间（分钟）可任意设定。设定方法：在绘图区域内按鼠标右键，从显示的对话框中单击 [选项]→[打开和保存]→[文件安全措施]，设置 [保存间隙分钟数]，如 10 分钟，[确定]。[选项] 对话框功能很多，应熟练掌握，见图 2-4。

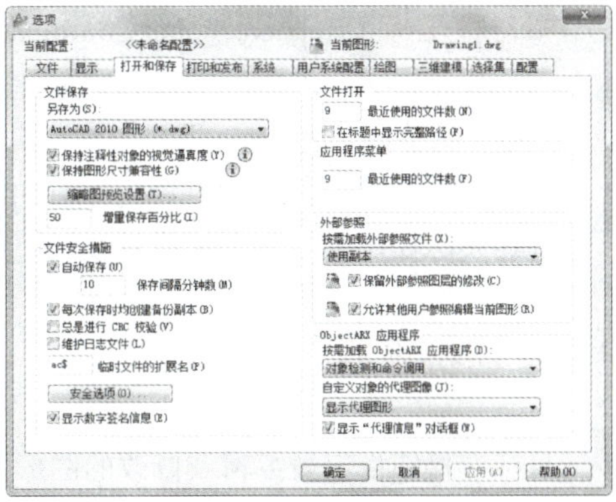

图 2-4 [选项] 对话框

2.4.4 另存图形

以新的文件名保存图形。

【下拉菜单】文件→另存为

弹出 [图形另存为] 对话框，改变文件名和保存路径后确认。

2.4.5 退出 AutoCAD

结束本次绘图，退出 AutoCAD。

【下拉菜单】文件→退出

【命令】quit

【说明】Ctrl+Q 也可以执行此命令。退出前请先保存文件。

2.5 AutoCAD 坐标系统 **

AutoCAD 通用 4 种坐标，即绝对直角坐标、相对直角坐标、绝对极坐标和相对极坐标，见图 2-5。

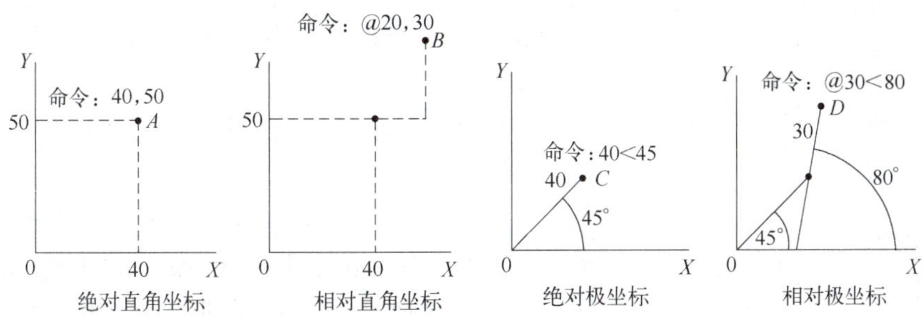

图 2-5 AutoCAD 坐标系统

绝对直角坐标（Absolute Coordinate）：以屏幕的左下角点为原点，坐标为（0，0，0），分别表示 *X*、*Y*、*Z* 坐标都为 0 的点。如要确定 *A*（40，50）点，可在命令行中输入“40，50”

来确定。也可移动光标，观察屏幕左下角的坐标显示为（40，50）时单击鼠标左键。

相对直角坐标（Relative Coordinate）：以前一个点（如 *A* 点）为原点，确定另一个点的坐标。如要确定一个以 *A* 点为起点的相对坐标为（20，30）的 *B* 点，命令行输入“@20，30”。*B* 点的绝对坐标是（40+20，50+30），即（60，80）。

绝对极坐标（Absolute Polar Coordinate）：以屏幕的左下角点为原点，通过输入一个长度值和一个角度值确定另一个点。如要确定一个长度值为 40，角度值为 45° 的 *C* 点，命令行输入“40<45”。

相对极坐标（Relative Polar Coordinate）：以前一个点（如 *C* 点）为起点，以 @ 开头，输入一个长度值和一个角度值来确定另一个点。如要确定一个长度值为 30，角度值为 80° 的 *D* 点，命令行输入“@30<80”。

AutoCAD的极坐标的角度以正东方向为 0°，以逆时针方向为角度增大的方向。

现在实际操作中，确定一条直线的起点和终点直接用鼠标左键即可。

2.6　目标选择 **

目标选择即指定被编辑或修改的图形，选中的目标会变为虚线。

【说明】

① 单击鼠标左键选择目标。单击鼠标左键只能选中直接指定的图形单元，如一段直线、一个圆或一个块。

②“左起全包围”目标框选择。在目标左边单击鼠标左键向右拉出一个矩形框，再单击左键确定目标框的大小，此时完全被矩形框包围的图形被选中，部分被包围的图形不被选中。

③“右起半包围”目标框选择。在目标的右边单击鼠标左键向左拉出一个矩形框，再单击左键确定目标框的大小，此时只要部分被矩形框包围的图形都会被选中。

熟练运用“左起全包围”目标框选择和“右起半包围”目标框选择功能，可以提高目标选择的精度和效率。

2.7　命令操作 **

命令操作可以使用两种方法：常用的操作是先选择命令，再选择目标，也可以先选择目标，再选择要执行的命令，后一种方法称为夹点功能操作。

夹点功能操作是在未选择命令时单击图形，图形即出现虚线和若干蓝色夹点，再单击某个夹点，夹点变红色，该红色夹点称为已激活夹点。此时单击鼠标右键，出现［夹点编辑］对话框，对话框中列出了多种编辑命令，根据需要与命令行的提示即可执行相关命令。按两次 Esc 键退出此项操作。

用左键单击图形，再单击右键，即可弹出［夹点功能］对话框，如图 2-6 所示。

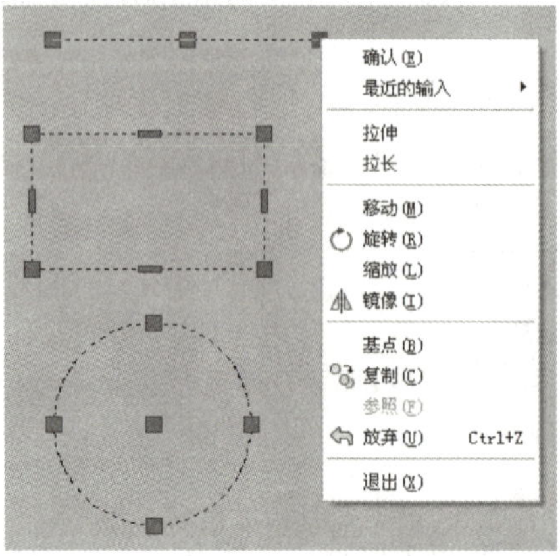

图 2-6 ［夹点功能］对话框

【思考题】

1. 对于初学者，为什么说了解 AutoCAD 的操作界面是第一步？

2. AutoCAD 并不高深，打开每个菜单多看一看、熟悉菜单及菜单下命令的必要性是什么？

3. 鼠标是绘图操作的主要工具，应掌握它的哪些基本操作？

4. 为什么要强调掌握常用快捷键的重要性？实现“左手键盘，右手鼠标”的绘图操作目标的前提是什么？

5. “左起全包围”与“右起半包围”目标框选择的差异是什么？重要性体现在哪里？

6. 夹点功能编辑图形的优缺点有哪些？

3 基本设置

【本章导读】

打开 AutoCAD 后不能直接绘图，就像一个人走进设计室却发现里面的绘图板、纸张、铅笔、尺子等绘图的基本工具还未准备好。CAD 的［格式］菜单就像一个“工具箱”，需要预先把绘图所需的参数设置好，这些参数的设置均需符合相关标准与规范才能开始绘图。正确的学习方法务必从基本设置开始，熟练掌握［格式］菜单下的所有命令。

打开 AutoCAD［AutoCAD 经典］模式，屏幕显示的是以“Drawing1.dwg”为文件名的空白图纸。空白图纸中的设置均为默认设置，图层只有一个“0”层，不要在“0”层绘图，需创建既符合设计规范，又体现设计者个性特色的标准绘图模板。

标准绘图模板的创建步骤：如以“my A1.dwg”为文件名，保存（或另存为）当前空白图纸为标准绘图模板文件，再进行一系列设置。

［图形界限］是绘图区域的实际尺寸范围，需略大于工程实体，要将实体全部置于［图形界限］之内，还要考虑实体的上下左右与图形界限有适当的空隙。

［图层］的含义很多初学者难以理解，我们可以把图层理解为按“线型”命名的工具包，在这个工具包中可以创建我们需要的很多线型，如粗实线、细实线、中心线和虚线等，每个图层可以分别设置线型、线宽与颜色。当我们需要绘制粗实线时就选择粗实线图层，绘制污水管时选择污水管图层，这样可以提高绘图效率。当发现哪个线宽或线型不合适时，无须修改图形，只要修改［图层］设置即可自动更新图纸中所有该图层的线宽或线型。图层的设置数量不限，直到满足要求为止。

还可以使用［自定义线型］的功能设置与本专业相关的线型，把管线的中英文名称直接输入线型中，使管线的名称与走向更加直观，如“——污水——”“——WS——”“——污泥——”或“——空气——”管线等。

绘图时需要用哪一个线型，就选择哪一个图层作为当前图层，注意不要在当前图层中临时修改各项线型参数，因为当前图层设置优先，以后无法通过图层设置一次性自动修改这一线型。注意，在当前图层中应该选择［ByLayer］（随层），即当前图层参数与预置的图层设置一致。

特别需要说明的是，“0”层不能用来画图，也不能重命名或删除。所需图层都要新建，新建的图层数量够用即可，不宜过多。

[**文字样式**]的含义也可理解为以“文字样式”命名的工具包，包括的参数有：字体、字高、字体样式与宽高比例等。就像一张图纸需要不同的线型一样，一张图纸也需要不同的标注字体。可以根据需要设置不同的文字样式，如中文样式、英文样式、标注字体、文字说明等。当需要某个文字样式时，返回到格式中的[文字样式]，将选择的文字样式[置为当前]即可。

[**标注样式**]是用来设置尺寸标注外观的，主要参数包括尺寸线、尺寸界线、箭头、文字与相对距离等。标注样式应严格执行相关标准规范，同时也关系到图纸的准确、清晰与美观。在[标注样式管理器]中[新建]本人的标注样式，设置好各项参数并[置为当前]。需要说明的是，标注样式中各项参数涉及的[ByBlock]（随块）或[ByLayer]（随层），建议都选择[ByLayer]。

应该建立自己的图形模板，如设置一张A1模板，按A1的标准设置图形界限、图层（线型、线宽、颜色）、文字样式、标注样式等。设置完成后另保存为“my A1.dwg”格式，也可以保存为“my A1.dwt”图形样板格式，之后就可以随意调用，并将这个模板另存为实际图形的文件名，即可开始绘图。

实际绘图时，要根据实际图形与A1模板的尺寸计算比例，按此比例将A1模板的[图形界限]放大到能放下实际图形的大小。同时文字[高度]、[符号与箭头]大小、[尺寸线偏移量]等也要同比例加大。[文字外观]中[文字样式]选择已设置的文字样式。需要特别强调的是，模板放大后，实际绘图必须按1∶1的比例绘图，最后在大小适合的标准图纸上打印。

绘图操作在绘图区域左下方的[模型]空间中完成，通过[文件]下拉式菜单中的[页面设置管理器]正确设置打印参数后，可以对图纸进行输出打印。AutoCAD也提供了[布局]图纸空间，图纸空间模拟了输出图纸的页面，并可对输出布局进行修改。在[布局]中可以创建并放置视口对象，还可以添加标题栏和其他几何图形。可以在图形中创建多个布局以显示不同视图，每个布局可以包含不同的打印比例和图纸尺寸。布局显示的图形与图纸页面上打印出来的图形完全一样。在[模型]或[布局]空间中都可以输出打印，可以视不同情形与个人习惯选择使用。

不建议拷贝别人的图纸并以此为模板绘制自己的图纸。因为无法完全了解别人设置的图层、线型、线宽、字体、字高等参数，这会让自己的图纸设置混乱而难以修改，使绘图质量与绘图效率受影响。

本书倡导的所谓良好的绘图习惯，其目的是方便快捷地修改图纸，从草图到施工蓝图需经很多次修改才能完成，方便改图有助于提高工作效率。

3.1 图形界限**

图形界限是指预先设置的最大绘图范围。

【功能】按实际物体或占地面积的大小，以 1 ：1 的比例设置图纸的界限，理论上 CAD 的图形界限可以任意设置。栅格显示的边界，就是图形界限，绘图时应在图形界限内绘图。

【下拉菜单】格式→图形界限

【命令】limits

【操作提示】

指定左下角点或 [开（ON）/ 关（OFF）]〈0.0000，0.0000〉：默认〈X，Y〉坐标原点，回车。

指定右上角点〈420.0000，297.0000〉：根据 A1 图纸的大小，设置〈X，Y〉坐标，输入“841，594”回车。

打开栅格，显示 841 × 594 的绘图界限。用 [绘图]→[矩形] 命令，从栅格的一角点到另一角点画一矩形。在命令行输入“zoom”（或“z”），回车。输入“a”（全部显示），回车，绘图界限显示最大，关闭栅格。

【说明】

① 设置栅格的大小：光标指向栅格，单击鼠标右键，弹出 [栅格设置] 对话框，设置栅格 *X*，*Y* 的值，[确定]。图形界限越大，栅格设置也要增大才能显示。

② 坐标的左下角点，即〈X，Y〉为坐标原点，一般应默认它，不必重新设置。

③ 指定右上角点〈X，Y〉坐标中的逗号，必须是英文输入状态时的逗号，中文输入状态时的逗号无效。

3.2 图层**

图层的功能类似于不同颜色和粗细的铅笔，就像手工绘图需要多种铅笔一样，CAD 中也需要设置多个图层（图 3-1）。每个图层可预先设置一种线型、线宽和颜色，一般要设置多个图层才能满足绘图需要。可以把图层看成是绘制特定线型、线宽和颜色的透明纸，完整的图纸是多个图层的叠加。通过关闭图层可隐藏该图层内容；[锁定] 或 [冻结] 图层，则在

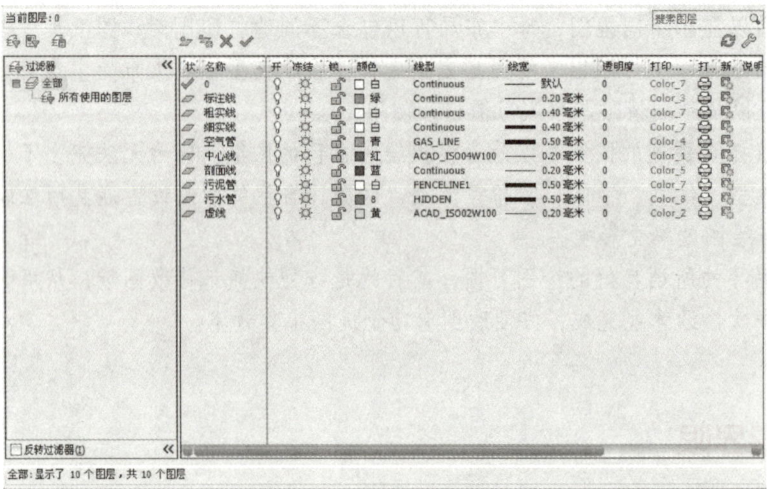

图 3-1 图层的设置

该图层绘制的图形不能被修改。

【下拉菜单】格式→图层

【命令】layer

【操作提示】

☞ 线型：点击［线型］，可以选择不同的线型。线型需从线型库中加载后，再选择。

☞ 开关：打开或关闭某个图层。

☞ 锁定：锁住某个图层，则该图层上的图形不能被修改。

☞ 打印：选择不打印，则某个图层的内容不会被打印。

【说明】

① 图层的名称一般可根据线型的内容或用途来命名。

② 线宽与打印图纸的大小有关，按有关制图标准选取。

③ 绘图时应严格根据图纸的要求选择相应的图层和线型，不应混用。不同图纸中相同性质的图形使用相同的线型，保持统一。

3.3 文字样式**

【功能】设置标注文字的字体、字高、字体样式和宽高比例。

【下拉菜单】格式→文字样式

【命令】style

【操作提示】

☞ 新建：建立并保存一个新文字样式，该样式包含图 3-2 中的各项设置。一般应分别新建一个中文样式和一个英文样式，中文样式中的字体名选择中文字体；英文样式中的字体名选择英文字体。标注中文时用中文样式，标注英文和数字时用英文样式，这样可以避免中英文冲突。可以新建多个文字样式，供需要时调用。

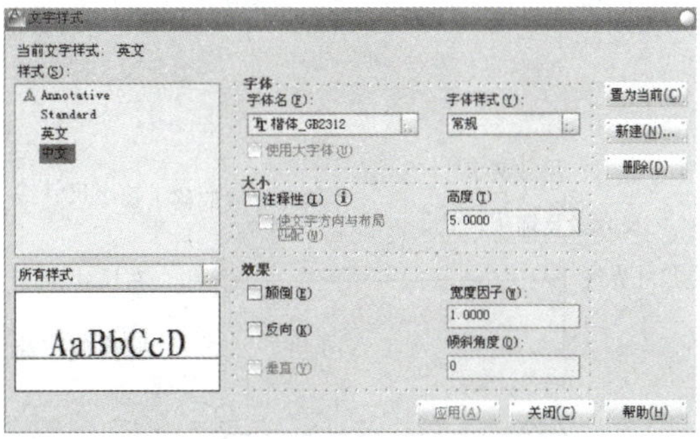

图 3-2　文字样式的设置

☞ 宽度因子：W=1.0 字高等于字宽；W<1.0 字高大于字宽。

☞ 倾斜角度：设置字体倾斜的角度。

☞ 效果：可以设置字体的颠倒或反向。

☞ 如果在［使用大字体］选项中打“√”，则在字体窗口中将看不到中文字体。

3.4 标注样式**

【功能】通过改变标注样式中的各项设置，改变尺寸标注的外观。

【下拉菜单】格式→标注样式

【命令】dimstyle

显示［标注样式处理器］对话框，如图 3-3 所示。

【操作提示】

☞ 新建：建立一个新的标注样式。

☞ 修改：对样式（S）进行修改。

☞ 置为当前：把修改后的一个样式置于当前使用状态。

☞ 替代：替代当前标注样式。

☞ 比较：列出标注样式的各项参数。

点击［修改］，进入［修改标注样式］。

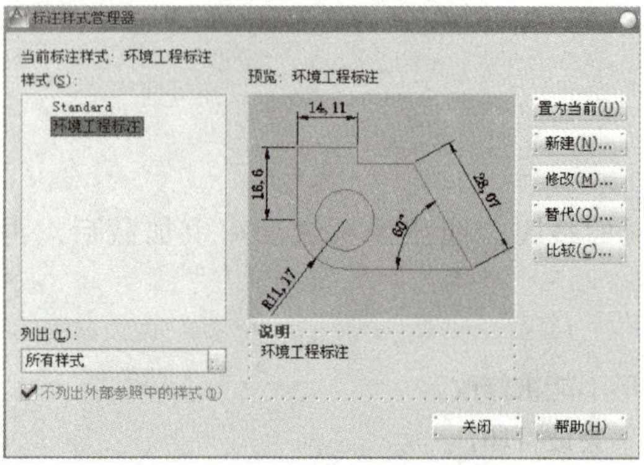

图 3-3　标注样式设置

3.4.1　线

【操作提示】

☞ 尺寸线：尺寸线的颜色和线宽应该随层，也可以改变设置。

☞ 基线间距：当使用基线标注时，上下尺寸线之间的距离。一般基线间距要大于尺寸标注的字高。

☞ 尺寸界线：尺寸界线的颜色、线型、线宽应该随层，也可以改变设置。

☞ 超出尺寸线：尺寸界线超出尺寸线的长度。

☞ 起点偏移量：尺寸界线与被标注物体的间距。

☞ 从尺寸线偏移：尺寸文字与尺寸线的间距。

超出尺寸线、起点偏移量、从尺寸线偏移三项设置应随图形界限（绘图区域）的增大而相应增加。

各项名称如图 3-4 所示。［修改标注样式］→［线］如图 3-5 所示。

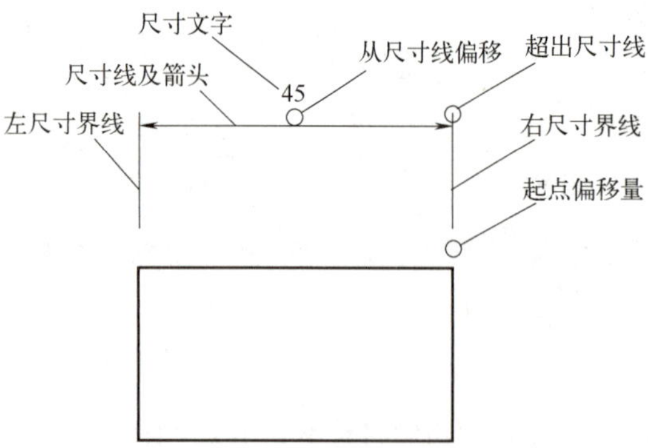

图 3-4　标注样式中的各项参数名称及位置

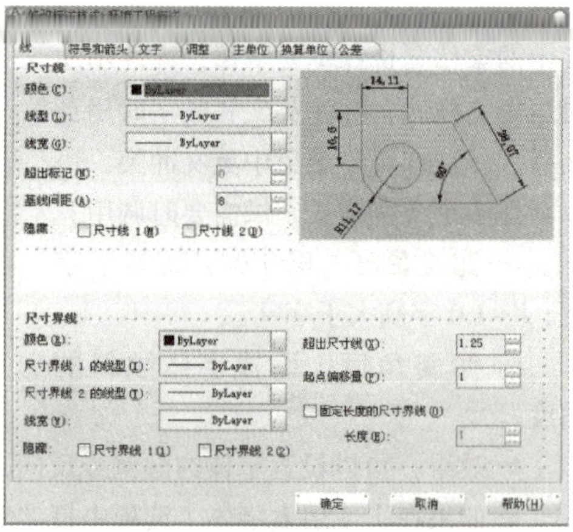

图 3-5 ［修改标注样式］→［线］

3.4.2　符号和箭头

☞ 箭头：选用不同形式的箭头。

☞ 引线：引线标注时选用不同形式的箭头。

☞ 圆心标记：圆心标注时选用标记的大小。

其他参数可以选择默认，也可以根据实际需要调整（图 3-6）。

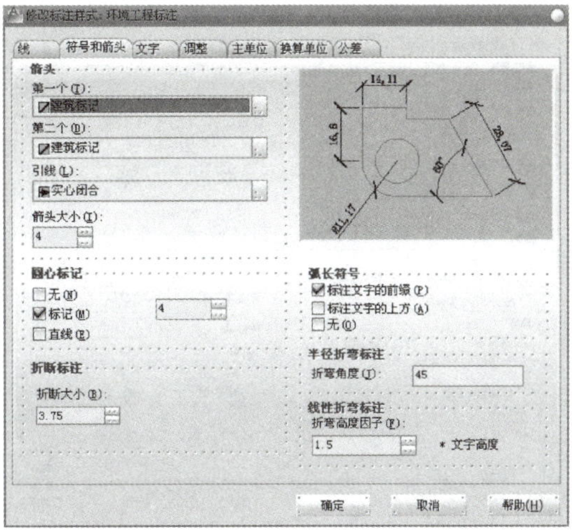

图 3-6　[修改标注样式]→[符号和箭头]

3.4.3　文字

【操作提示】

☞ 文字样式：选用在 [文字样式] 中设置好的文字样式。

☞ 文字颜色：用于设置文字的颜色，可随层也可以改变。

☞ 填充颜色：设置文字背景的填充颜色，推荐 [无]。

☞ 文字高度：选用标注文字的高度。

☞ 分数高度比例：一般默认选择比例为 1。

☞ 文字位置→垂直：可选用置中 / 上方 / 外部 /JIS。一般选用 [上方]。

☞ 文字位置→水平：可选用置中 / 第一条尺寸界线 / 第二条尺寸界线 / 第一条尺寸界线上方 / 第二条尺寸界线上方。一般选用 [置中]。

☞ 观察方向：可选择从左到右或从右到左。默认选用 [从左到右]。

☞ 从尺寸线偏移：设置标注文字与尺寸线之间的距离。

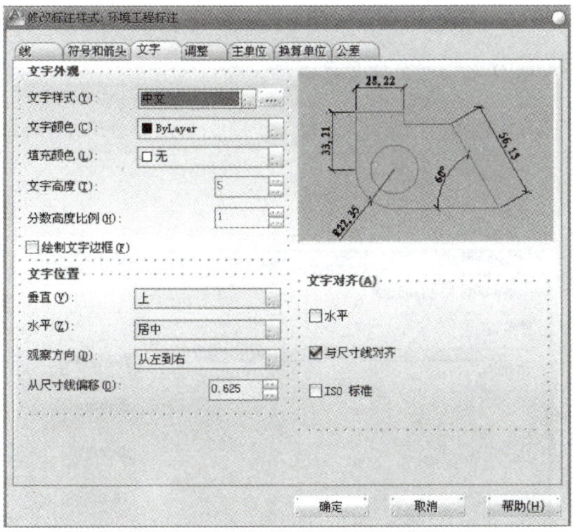

图 3-7　[修改标注样式]→[文字]

☞ 文字对齐→水平：文字始终为水平位置。

☞ 文字对齐→与尺寸线对齐：文字的位置始终与尺寸线平行。

☞ 文字对齐→ ISO 标准：尺寸线倾斜时，文字保持水平位置。见图 3-7。

3.4.4　调整

【操作提示】

☞ 标注时手动放置文字：标注的文字位置由鼠标确定。

☞ 始终在尺寸界线之间绘制尺寸线：标注的文字位置自动在尺寸界线之间居中。

☞ 其他参数可以默认。

3.4.5　主单位

【操作提示】

☞ 单位格式：选用 [小数]。

☞ 精度：根据需要选取标注数字的小数点位数。一般应选择整数，即精度为“0”。

☞ 小数分隔符：选用 [“.” 句点]。

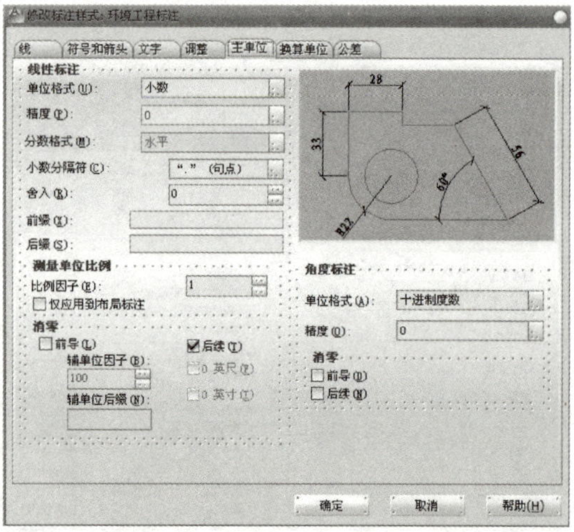

图 3-8 ［修改标注样式］→［主单位］

☞ 前缀、后缀：根据需要输入。

☞ 测量单位比例→比例因子：设置测量单位的倍数，正常应选择［1］，如选用［2］，测量尺寸值是原值的 2 倍。

☞ 其他参数可以默认。如图 3-8。

3.4.6　公差

【操作提示】

☞ 需要时根据要求选取。

设置完毕后［确定］并［置为当前］、［关闭］，即完成标注样式设置。不同用途的标注要求有所不同，因此可以设置几个不同内容的标注样式，如机械绘图标注与工程制图标注等。

3.5　点样式*

【功能】设置点标注的形状与大小。

【下拉菜单】格式→点样式

【命令】ddptype

【说明】

用于标记点、圆心和直线的定距等分和定数等分。

3.6　多线样式

【功能】创建多线样式名及设置多线的数量、线型、颜色和起终点的形状。

【下拉菜单】格式→多线样式

【命令】mlstyle

【操作提示】

☞［新建］多线样式名 A（［多线样式］对话框如图 3-9），进入［修改多线样式：A］对话框（图 3-10）。

☞ 在［修改多线样式：A］中通过［添加］增加多线的数量。

☞ 通过［偏移］选择多线与中线（0.000）的偏移倍数。

☞［颜色］和［线型］选择每条线的颜色和线型。

☞［直线］［外弧］［内弧］［角度］选

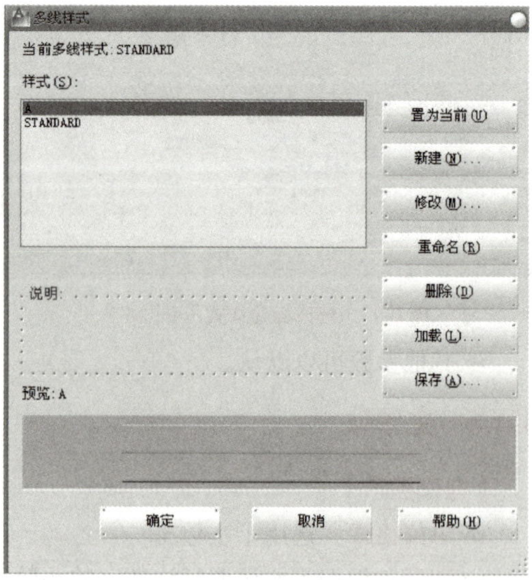

图 3-9 ［多线样式］对话框

择多线封口的形状。

多线样式效果见图 3-11。

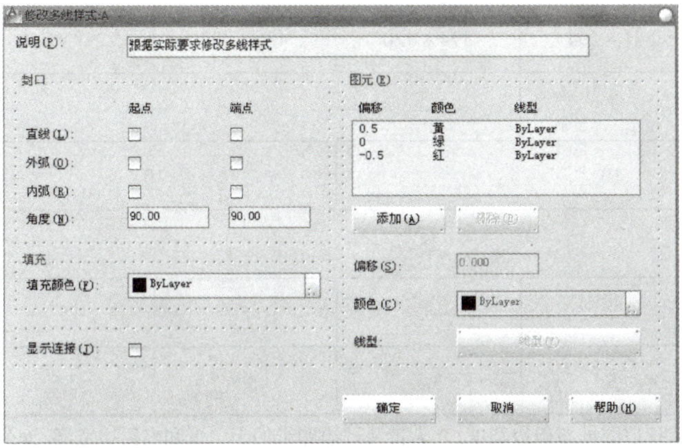

图 3-10 [修改多线样式：A] 对话框

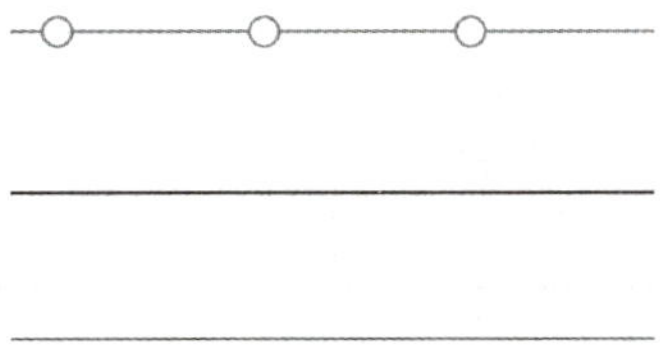

图 3-11 多线样式的效果

3.7 图形单位 **

【功能】设置 *X* 坐标和 *Y* 坐标单位格式和小数位数。

【下拉菜单】格式→单位

【命令】units

【操作提示】

☞ 长度→类型：分数 / 工程 / 建筑 / 科学 / 小数，默认选择 [小数]。

☞ 长度→精度：可选择测量与标注尺寸数值的小数位数，默认选择为 [0]，即整数。

☞ 角度→类型：可根据需要选取，最后 [确定]。

新建各项设置后，[确定]，见图 3-12。

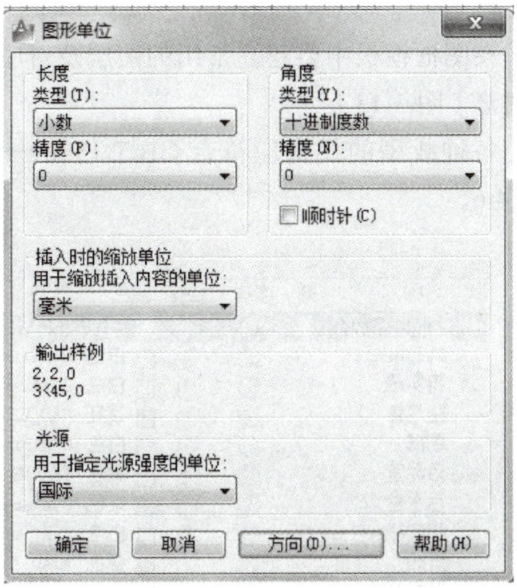

图 3-12 设置图形单位

至此，符合一般用途的标准绘图模板已设置，并以“my A1”的文件名保存在硬盘中。同理，“my A2”“my A0”标准绘图模板可用相同的方法设置，需要时可随时调用。如某图完成后，计划以 A1 幅面打印，建议使用“my A1”，其他类推。

3.8 建立绘图模板 **

标准图框应根据 GB/T 14689—2008《技术制图 图纸幅面和格式》中的规定绘制。标准图纸幅面与对应的文字高度见表 3-1。

表 3-1　标准图纸幅面与文字高度　　单位：mm

<table>
<tr><th>幅面代号</th><th>A0</th><th>A1</th><th>A2</th><th>A3</th><th>A4</th></tr>
<tr><td>$L \times B$</td><td>1189 × 841</td><td>841 × 594</td><td>594 × 420</td><td>420 × 297</td><td>297 × 210</td></tr>
<tr><td>e</td><td colspan="2">20</td><td colspan="3">10</td></tr>
<tr><td>c</td><td colspan="3">10</td><td colspan="2">10</td></tr>
<tr><td>a</td><td colspan="5">25</td></tr>
<tr><td>汉字高度</td><td>7</td><td>7</td><td>5</td><td>5</td><td>5</td></tr>
<tr><td>数字与字母</td><td>5</td><td>5</td><td>3.5</td><td>3.5</td><td>3.5</td></tr>
</table>

注：$L \times B$ 为图纸的长 × 宽；e 为不带装订边图纸的周边宽度；c 为带装订边图纸的上、下和右周边宽度；a 为带装订边图纸的右周边宽度。

以设置 A1 绘图模板为例。

3.8.1　新建标准图框与图题

参照附录 GB/T 18229—2000《CAD 工程制图规则》。

3.8.2　图层、线型和线宽的设置

在图框模板中要建立常用的图层及对应的颜色、线型和线宽。线宽应随图纸幅面的增大而调整（图 3-13）。

各种线型的线宽应符合 GB/T 18229—2000《CAD 工程制图规则》标准要求，可参考表 14-6。

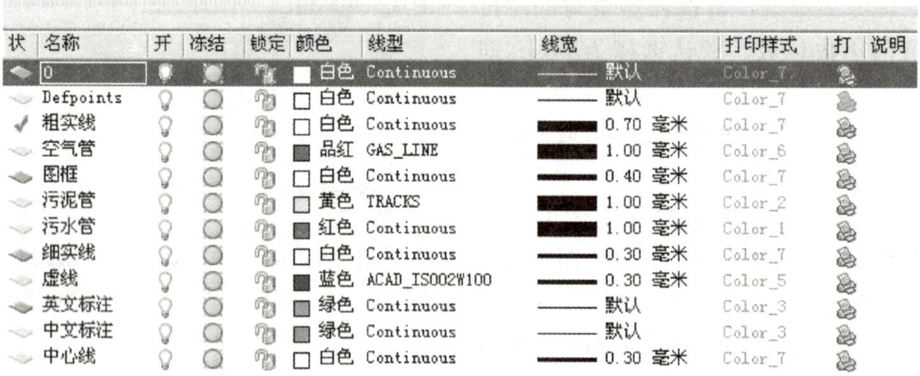

状	名称	开	冻结	锁定	颜色	线型	线宽	打印样式	打	说明
	0				白色	Continuous	默认	Color_7		
	Defpoints				白色	Continuous	默认	Color_7		
✓	粗实线				白色	Continuous	0.70 毫米	Color_7		
	空气管				品红	GAS_LINE	1.00 毫米	Color_6		
	图框				白色	Continuous	0.40 毫米	Color_7		
	污泥管				黄色	TRACKS	1.00 毫米	Color_2		
	污水管				红色	Continuous	1.00 毫米	Color_1		
	细实线				白色	Continuous	0.30 毫米	Color_7		
	虚线				蓝色	ACAD_ISO02W100	0.30 毫米	Color_5		
	英文标注				绿色	Continuous	默认	Color_3		
	中文标注				绿色	Continuous	默认	Color_3		
	中心线				白色	Continuous	0.30 毫米	Color_7		

图 3-13　图层、线型和线宽的设置

3.8.3　保存为绘图模板文件

全部设置完毕，保存为“AutoCAD 图形样板（*.dwt）”文件类型，保存后该图框文件放置在“Template”目录下面，使用时随时调用即可（图 3-14）。也可以在硬盘中保存为“my A1.dwg”图形文件，需要使用时，打开并另存为一张新图后即可开始绘图。

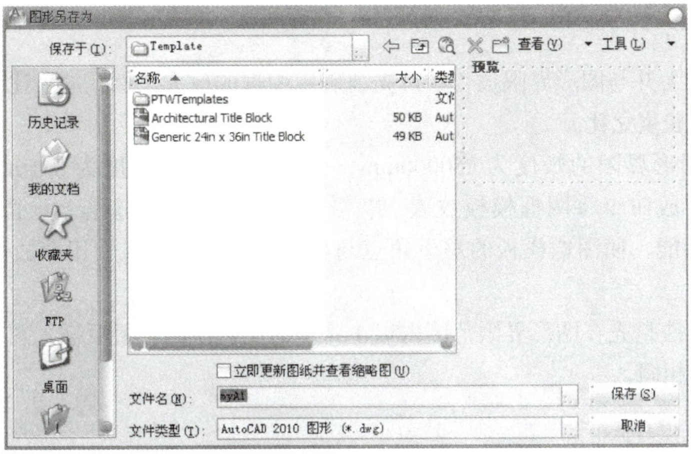

图 3-14　保存绘图模板

3.9　绘图模板的设置 **

环境工程的占地面积一般都比较大，为了能以 1 ∶ 1 的比例绘图，必须设置 CAD 图形界限，图形界限的设置应比占地面积略大一些，使实际占地面积位于绘图模板的内框线内并留有适当间隙。

在实际制图中可以将图框模板先放大到图形界限，然后再开始以 1 ∶ 1 的比例绘图；也可先以 1 ∶ 1 的比例完成绘图后，插入图框模板，再将图框模板放大到图形界限。

按工程项目的占地大小确定图形界限，以项目占地长为 220m，加上左右需留出的空白，确定图形长度为 250m、宽为 120m 为例，确定图形界限为长 250000mm，宽度按标准图纸的长宽比确定。

3.9.1　实际图形界限的设置

按标准图纸的长宽比 1.414 ∶ 1，确定图形界限为（250000，176576）。注意其中逗号必须是英文输入状态下的逗号。

【下拉菜单】格式→图形界限

重新设置模型空间界限：

指定左下角点或[开（ON）/关（OFF）]<0.0000，0.0000>：回车。

指定右上角点 <420.0000，297.0000>：250000，176576回车。

全部图形显示：

命令：z，回车。

命令：a，回车。

打开栅格，命令行显示：“栅格太密，无法显示”。

光标指向［栅格显示］，按鼠标右键，单击设置，打开［草图设置］，在［启用栅格］处打对勾，［栅格间距］中增加 X、Y 坐标值，直到显示栅格。栅格距离一般设置为图形尺寸的 1% 以上就可正常显示。栅格显示的范围为图形界限，应在界限内绘图，以便正确打印。按 F7 键可以开启或关闭栅格显示。

3.9.2　图框放大比例的确定

要将图框放大并与图形界限重合，首先要确定图框的放大比例。放大比例为实际占地长度与图纸幅面的长度之比。

本例中，图形界限的长度为 250000mm，A1 图纸幅面的长度为 841mm，其放大倍数为 297 倍。用缩放命令将图框模板放大 297 倍，使图形界限（栅格）重合。注意放大时，应用栅格捕捉功能，使图框模板的左下角点与坐标原点重合，或使用缩放命令后指定基点（0，0）。

还有一种方法是先在图形界限范围内以 1 ∶ 1 的比例绘图，最后插入图框模板，图框放大的方法与上例相同。

3.9.3　文字高度的确定

图框放大以后，标注的数字和文字的高度、箭头长度、起点偏移量、从尺寸线偏移、超出尺寸线与线性比例等参数设置均需同比例放大，以与放大后的图框相适应。

经过以上设置的绘图模板已与占地面积相适应，可以用 1 ∶ 1 比例的绘图了。要注意图形应在图纸的中心位置，图形的四周应留出适当的空白，上下左右的空白应相近。以上设置不仅是为了符合绘图的有关标准规范与美观，也是为了保证图纸打印一次成功。

【思考题】

1. 为了保证工程图纸的规范性、统一性，如何通过设置绘图模板来实现？
2. 正确掌握图层、文字样式、标注样式与主单位设置的重要性是什么？
3. 线型与线宽所代表的实际意义是什么？自定义线型设置有一定难度，但为什么仍有必要掌握！
4. 先放大图框再画图，还是先画图再套入图框，哪个方法更优？
5. 本章哪些内容与 CAD 绘图标准与规范关系最密切？
6. 如何保证图纸打印一次成功？

4 绘图

【本章导读】

AutoCAD 主菜单［绘图］包含了所有绘制原始图形的命令，最常用的可以分为以下几类：直线与多边形、圆弧与椭圆、图块与画点、图案填充、文字输入等，这是初学者必须要掌握的内容。

画［直线］是最基本的命令，因为绝大部分图形都是由直线组成的。画直线最精确的方法是用鼠标确定起点，用键盘在命令行中指定长度与角度。也可以用鼠标确定长度与角度，但不精确、效率低。

画［圆］与［圆弧］的二级命令最多，提供了很多种以圆心、半径、直径、起点与端点确定画圆或弧的方法，可以根据实际情况与绘图习惯选用。

［文字］是该主菜单下的一个重要命令，它是输入文字的主要途径。输入文字较多时推荐使用［多行文字］选项，输入文字较少时推荐使用［单行文字］选项。字体、字号、比例等参数根据需要在文字对话框中预先设置。CAD 可以设置多种文字样式，以适应不同场合对文字的使用要求，但文字样式的选择应遵循行业标准的要求。

在实际工作中会常常遇到这种情况，即打开外部图纸时，显示没有对应的字体而无法显示图中的文字，遇到这种情况有两种方法解决：一是拷贝外部的字体文件粘贴到 CAD 文件中的“.txt”目录下；二是打开外部图纸时提示“缺少一个或多个 SHX 文件，希望执行什么操作？”选择“为每一个 .SHX 文件指定替换文件”，在“指定字体给样式 STANDARD”中选择大字体“gbcbig.shx”，反复点击［确定］，直到正常显示字体。

经常需要在文本中插入直径的符号，只要在文本框中输入英文的“%%c”即可。

［图块］的功能在实际绘图中非常有用，它可将一个常用的原始图形做成图块文件单独保存，随时调用，无限复制，只要确定插入位置与比例，插入图块可以代替绘图，减少重复劳动，提高工作效率。不同专业的设计人员可以根据专业特点与绘图习惯建立属于自己的图库，如环境工程设计人员可以将水泵、风机、闸门、出水堰与图例等常用图建成图库，方便随时调用。对于重复的图形，提倡设计人员多用“以编代画”的方式，即用编辑的方式代替画图，如多使用复制、粘贴、阵列、偏移、插入图块等命令代替画图，这样工作效率可以成倍提高。

需要说明的是在［绘图］中［图块］(block）命令建立的图块保存在临时文件中，退出 CAD 后消失。如要永久保存图块，需要在命令行中输入“Wblock”，所建立的图块将保存在指定文件中，可永久保存。

［图案填充］命令很常用，就是画剖面线。可以根据对话框提示，选择不同线型、不同剖面线比例绘制剖面图。剖面线的选择需要遵照相关标准规范，不同的剖面线代表不同含义。需要注意的是，剖面线的边界需要完全封闭，否则无法执行命令。

总之，［绘图］主菜单是 AutoCAD 学习中的重点内容，也是初学者的入门基础，建议予以重视。

4.1　直线**

【功能】画直线。

【下拉菜单】绘图→直线

【工具栏】

【命令】line

【操作提示】用鼠标左键单击确定直线第一点的位置，光标指向下一点的直线方面，在命令行输入直线的长度，回车，确定直线的下一点，画出第一条直线。[直线] 命令可以通过输入距离和方向连续操作。

【说明】

① 画正交直线时打开［正交］(F8)，画任意方向直线时关闭［正交］(F8)。

② 精确的直线长度应在命令行“指定下一点：”后由键盘输入的值确定。虽然鼠标左键也能确定直线长度，但不精确，效率低。

③ 在命令行键入“C”，可以封闭 2 条或以上连续直线的起点与终点。

4.2　射线

【功能】创建单向无限延长的直线，通常作为辅助线使用。

【下拉菜单】绘图→射线

【命令】ray

4.3　构造线

【功能】创建双向无限延长的直线，通常作为辅助线使用。

【下拉菜单】绘图→构造线

【工具栏】

【命令】xline

4.4　多线

【功能】一次画多条平行线。

【下拉菜单】绘图→多线

【命令】mline

【说明】

① 有关设置参见 3.6 多线样式。

② 在命令行键入“C”，可以封闭多线的起点与终点。

4.5 多段线*

【功能】连续绘制不同线宽的直线和圆弧组成的线段。

【下拉菜单】绘图→多段线

【工具栏】绘图：

【命令】pline

指定起点：选定多段线的起点

指定下一个点或[圆弧（A）/闭合（C）/半宽（H）/长度（L）/放弃（U）/宽度（W）]：指定下一点或输入选项。

【操作提示】

☞ 圆弧（A）：画圆弧。

☞ 闭合（C）：封闭起点与终点。

☞ 半宽（H）：设置多段线半宽度。

☞ 长度（L）：指定多段线的长度。

☞ 放弃（U）：放弃上一命令。

☞ 宽度（W）：设置多段线宽度。

【说明】

① 多段线是一个整体，用分解命令分解后成为最基本的图元。

② 带线宽的多段线分解后成为该图层设置的直线。

4.6 正多边形*

【功能】绘制 3 ～ 1024 条等边的闭合图形。

【下拉菜单】绘图→正多边形

【工具栏】

【命令】polygon

【操作提示】

输入边的数目 <4>：6，回车

指定正多边形的中心点或[边（E）]：鼠标指定

输入选项[内接于圆（I）/外切于圆（C）]<I>：回车

指定圆的半径：50，回车

【说明】指定圆的半径同样是 50，外切于圆的六边形大于内接于圆的六边形。

4.7 矩形**

【功能】绘制矩形。

【下拉菜单】绘图→矩形

【工具栏】

【命令】rectang 或 rectangle

【操作提示】

① 指定第一个角点或[倒角（C）/ 标高（E）/ 圆角（F）/ 厚度（T）/ 宽度（W）]: f

② 指定矩形的圆角半径 <0>: 5

③ 指定另一个角点或[尺寸（D）]: d

④ 指定矩形的长度 <0>: 100

⑤ 指定矩形的宽度 <0>: 50

见图 4-1。

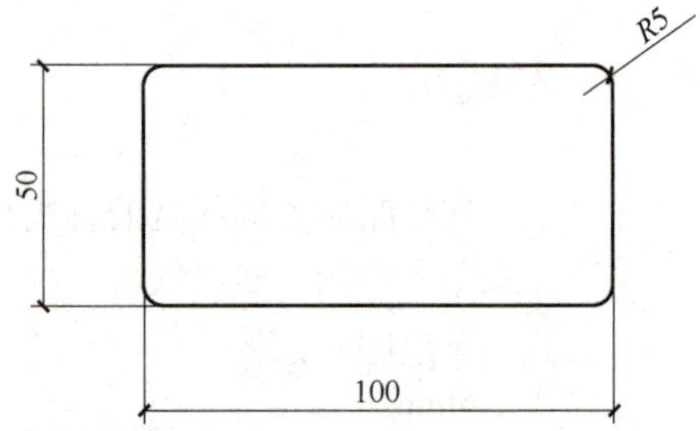

图 4-1　预先设置圆角的矩形

☞ 倒角：设置矩形的倒角尺寸。

☞ 标高：指定矩形的标高。

☞ 圆角：指定矩形的圆角半径。

☞ 厚度：指定矩形的厚度。

☞ 宽度：为矩形指定多段线的宽度。

【说明】

① 第一点决定矩形的坐标点，第二点决定矩形的大小，它的边平行于当前用户坐标系的 X 轴和 Y 轴。

② 矩形由多段线组成，分解后成为直线。

4.8　螺旋

【功能】绘制开口的二维或三维螺旋（图 4-2）。

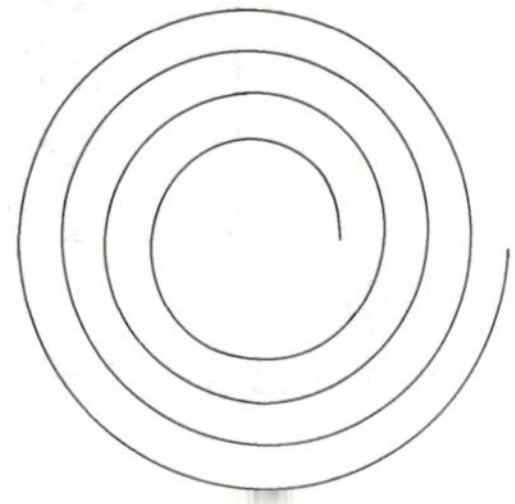

图 4-2　绘制开口的二维螺旋

【下拉菜单】绘图→螺旋

【工具栏】

【命令】_Helix

【操作提示】

圈数 =3.0000　扭曲 =CCW

指定底面的中心点：

指定底面半径或[直径（D）]<100.0000>:

指定顶面半径或[直径（D）]<100.0000>: 300

指定螺旋高度或[轴端点（A）/ 圈数（T）/ 圈高（H）/ 扭曲（W）]<200.0000>: t

输入圈数 <3.0000>: 4

指定螺旋高度或[轴端点（A）/ 圈数（T）/ 圈高（H）/ 扭曲（W）]<200.0000>:

4.9　圆弧**

【功能】画圆弧。

【下拉菜单】绘图→圆弧

【工具栏】

【命令】arc

指定圆弧的起点或[圆心(C)]:

指定圆弧的第二个点或[圆心(C)/端点(E)]:三点画圆弧。

【说明】在下拉式菜单中共有 10 多种画圆弧的方法,根据需要选用。

4.10 圆 **

【功能】画圆。

【下拉菜单】绘图→圆

【工具栏】

【命令】circle

【操作提示】指定圆的圆心或[三点(3P)/两点(2P)/切点、切点、半径(T)]:由鼠标指定。

指定圆的半径或[直径(D)]:键盘输入。

☞ 三点(3P):三点画圆。

☞ 两点(2P):两点画圆。

☞ 相切、相切、半径(T):与两个物体相切画圆。

☞ 相切、相切、相切:与三个物体相切画圆。

4.11 圆环

【功能】绘制填充的圆环(图 4-3)。

【下拉菜单】绘图→圆环

【命令】donut

【操作提示】指定圆环的内径 <1>:5

指定圆环的外径 <1>:20

指定圆环的中心点或 < 退出 >:用鼠标指定。

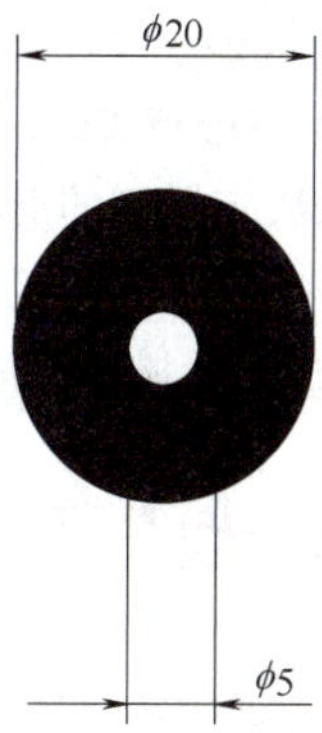

图 4-3 填充的圆环

【功能】绘制不填充的圆环(图 4-4)。

【命令】fill

【操作提示】

输入模式[开(ON)/关(OFF)]< 开 >:off

命令:_donut

指定圆环的内径 <5>:指定第二点:

指定圆环的外径 <20>:

指定圆环的中心点或 < 退出 >:鼠标指定。

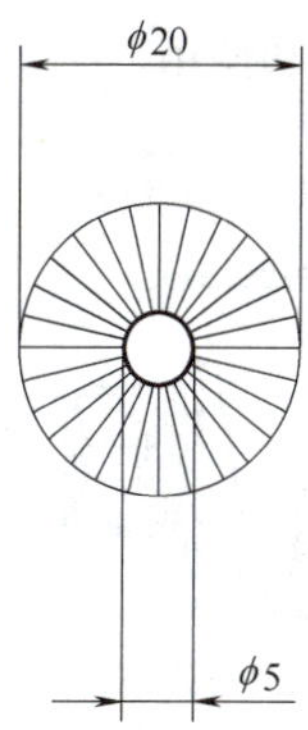

图 4-4 不填充的圆环

4.12 样条曲线 **

【功能】绘制通过指定点的曲线。

【下拉菜单】绘图→样条曲线

【工具栏】

【命令】spline

【操作提示】指定第一个点或[对象（O）]：由鼠标指定。

指定下一点：<正交 关>：由鼠标指定。

指定下一点或[闭合（C）/ 拟合公差（F）]<起点切向>：由鼠标指定。

指定下一点或[闭合（C）/]拟合公差（F）<起点切向>：由鼠标指定。

☞ 闭合（C）：封闭起点和终点。

4.13　椭圆 *

【功能】绘制椭圆。

【下拉菜单】绘图→椭圆

【工具栏】

【命令】ellipse

【操作提示】指定椭圆的轴端点或[圆弧（A）/ 中心点（C）]：由鼠标指定。

指定椭圆的中心点：由鼠标指定。

指定轴的另一个端点：由键盘或鼠标指定。

指定另一条半轴长度或[旋转（R）]：30

☞ 圆弧（A）：画椭圆弧。

☞ 中心点（C）：先指定椭圆的中心，再指定椭圆一轴的长度，最后指定椭圆另一轴的长度来决定椭圆的形状。

☞ 旋转（R）：绕长轴旋转设定角度。

【说明】椭圆的形状由长轴与短轴决定。

4.14　块

【功能】多个图形组合后定义为一个整体图形，称为块或图块，并以块文件命名。调用块文件名，即可将块图形插入其他图形中。输入“block”命令创建的块，只保留在内存中，关机后就会消失；在命令行输入“wblock”创建的图块将以文件的形式保存在硬盘中，可长期保存和使用。

4.14.1　创建块

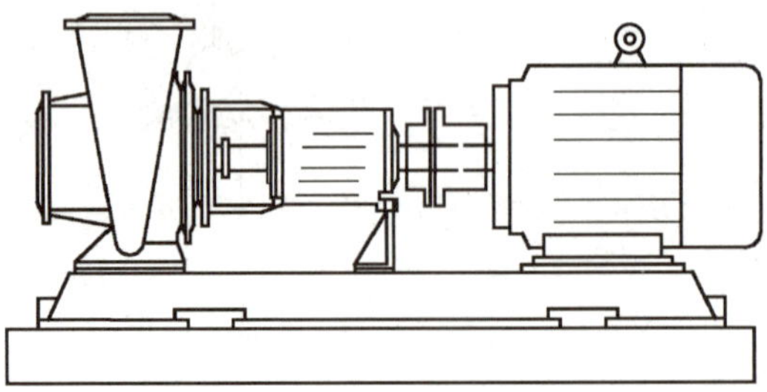

图 4-5　创建清水泵图块

【下拉菜单】绘图→块→创建

【工具栏】

【命令】block

【操作提示】先画拟创建块的图形（图 4-5），以清水泵为例。

☞ 名称：必须为每一个图块定义名称，如清水泵。

☞ 基点→拾取点：指在图块中光标拾

取点的位置。拾取点的位置最好选择图形中的特征点，如角点、中心点等，这是为了方便插入图块时找准基点。

☞ 对象→选择对象：将定义为块的图形全部选择。

☞ 保留：定义为块后原图形不变。转换为块：定义为块后原图形转变为图块。删除：定义为块后原图形被删除。

【说明】

① 被定义后的图块中所包含的线型、线宽和颜色不能修改。

② 输入“block”命令创建的清水泵图块被保存在内存中，可以随时调用，但关机后消失（图 4-6）。

【命令】wblock

① 在命令行输入“wblock”创建的图块保存在指定路径的硬盘中，可永久保存，随时调用（图 4-7）。

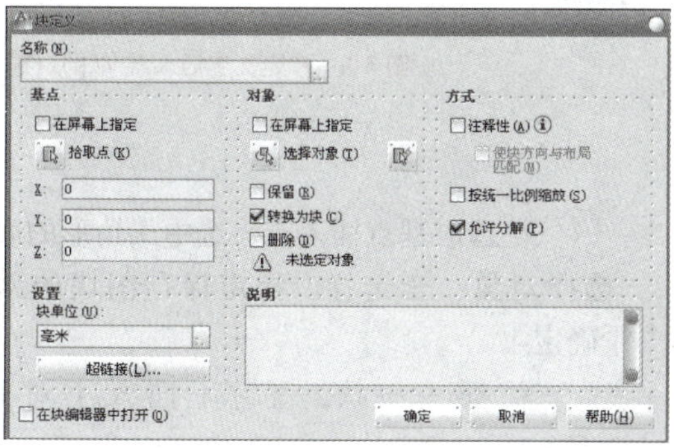

图 4-6 ［块定义］对话框

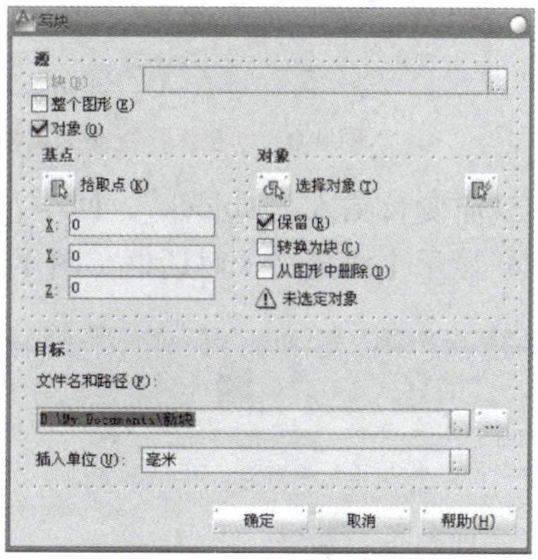

图 4-7 ［写块］对话框

② 操作与［块］命令基本相同，不同的是需要指定保存文件的路径，建议分门别类设置不同类型的文件夹建立图库，方便快速查找。

确定后，块被创建，需要时由插入命令插入指定位置。

4.14.2 块的定义属性

【功能】定义与图块相关连的文字信息，当块插入图形中时，文字信息也可方便插入。该命令在标注水位标高、管径和带图形的文字（符号）标注时特别有用。

【下拉菜单】绘图→块→定义属性

【操作提示】

☞ 模式→选择：验证。

☞ 属性→标记：代表块中文字信息的标记。

☞ 属性→提示：可在命令行提示的文字信息。

☞ 默认：输入文字或数值的原始值，也可以插入字段作为说明。

☞ 插入点：指定文字插入点的位置。

【说明】以绘制、定义水位标高为例，说明定义属性的操作步骤。

① 画水位标高的图形。

② 绘图→块→定义属性。

③［属性定义］对话框（图 4-8）中选中［验证］，输入［标记］“W”，［提示］“水平标高”；［默认］“0.00”。

④ 选中文字插入的位置 W（图 4-9），［确定］。

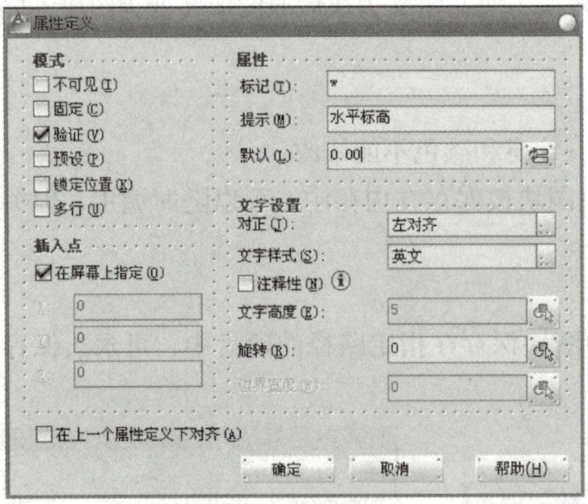

图 4-8　创建水平标高的属性定义

图 4-9　指定文字插入点 W 的位置

⑤ 命令行输入“wblock”，回车。

⑥ 显示［块定义］对话框（图 4-10）。

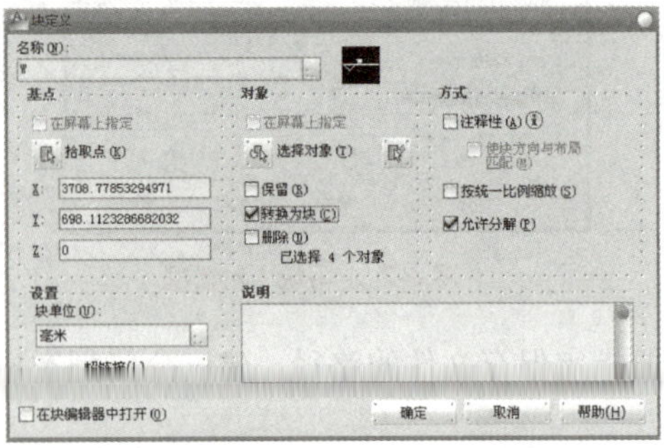

图 4-10　定义属性后的图形创建成块

⑦ 选取基点插入点，选中三角形的底端。选择对象：全选择。指定保存图块的路径，［确定］。

⑧ 插入→块，显示［插入］对话框（图 4-11）。

⑨ 输入块名“W”，［确定］。

⑩ 命令行显示，指定插入点或输入属性值水位标高 <0.000>：2.800，回车。

【注】水平标高单位为米，保留 3 位小数。赋值后的水平标高（图 4-12）。

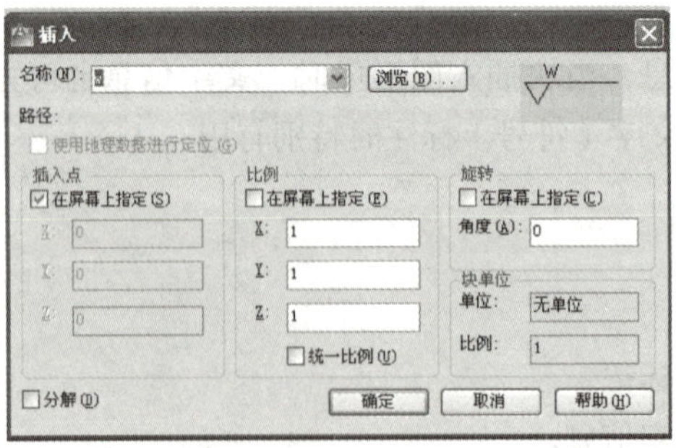

图 4-11　［插入］对话框

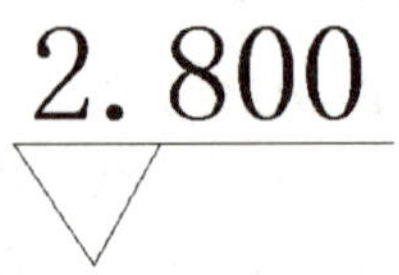

图 4-12　赋值后的水平标高

4.15　表格

【功能】插入表格

【下拉菜单】绘图→表格

【工具栏】

在表格对话框（图 4-13）中可以选择列数和列宽、行数和行高。

指向目标按鼠标右键，可以对表格格式和内容进行修改，如图 4-14 所示。

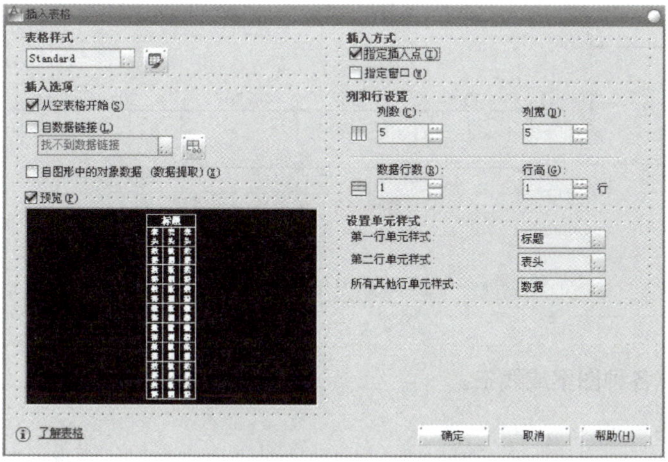

图 4-13 插入表格对话框

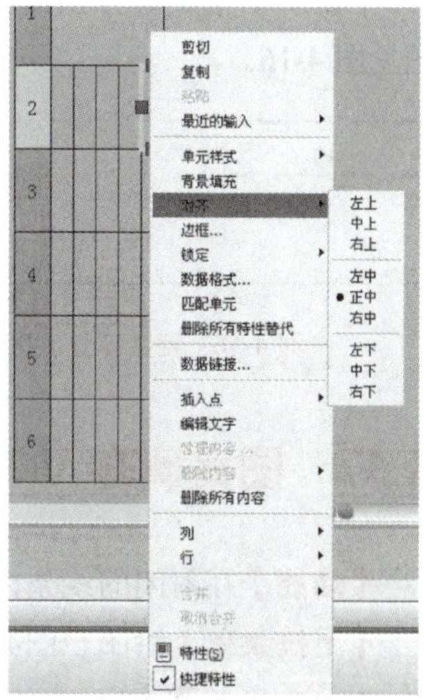

图 4-14 表格修改对话框

4.16 点*

【功能】画点或用点分割直线，点也可用图块替代。

【下拉菜单】绘图→点

【工具栏】

【命令】point

☞ 单点：画一个点。

☞ 多点：画多个点。

☞ 定数等分：用点或块将直线分割成设置的等分。

☞ 定距等分：用点或块将直线分割成设置的距离。

4.16.1 定数等分

【功能】在一条直线上标记确定数量的等分。

【命令】divide

选择要定数等分的对象：

是否对齐块和对象？［是（Y）/ 否（N）]<Y>：回车

输入线段数目：3，回车

以点为标记，将直线分为三等分（图 4-15）。

4.16.2 定距等分

【功能】在一条直线上标记指定距离的等分。

【命令】measure

选择要定距等分的对象：

是否对齐块和对象？［是（Y）/ 否（N）]<Y>：回车

指定线段长度：30，回车

【说明】定距等分由鼠标点击直线的一端开始计数，剩余部分在直线的另一端，其示意图见图 4-16。

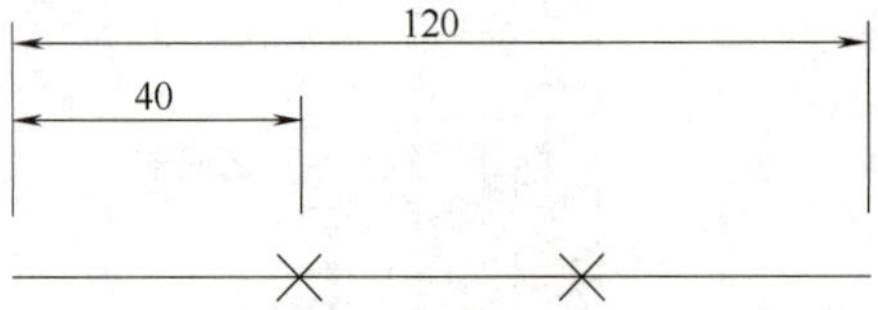

图 4-15　定数等分示意图

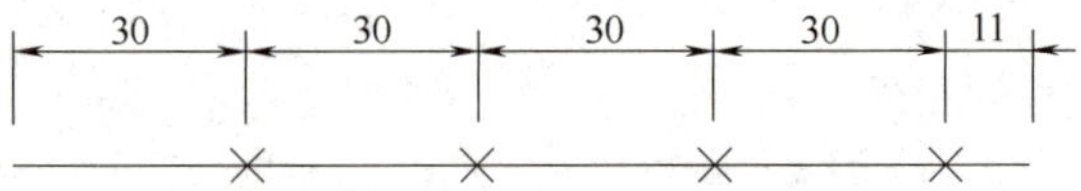

图 4-16　定距等分示意图

4.17　图案填充**

【功能】在封闭的线条内填充各种图案或线条。

【下拉菜单】绘图→图案填充

【工具栏】

【命令】bhatch

【操作提示】在［图案填充和渐变色］对话框（图 4-17）中，可以选择不同的填充图案。

☞ 角度和比例：［角度］选择填充斜线的角度，0° 表示与图例中的角度一致，实际为 45° 的斜线。［比例］越大，填充线的间隔越大。填充线的间隔应与图纸大小成正比，不要过密也不要过疏。

☞ 拾取点：左键单击填充区域内任意一点，虚线内显示的是将被填充的区域。

☞ 选择对象：单击包围填充区域的每一条线，形成一个封闭区域

☞ 继承特性：可以将一个填充图案的特性，包括图案、线型、线宽和颜色，复制到另一个填充图案中。

完成图案填充的图形见图 4-18。

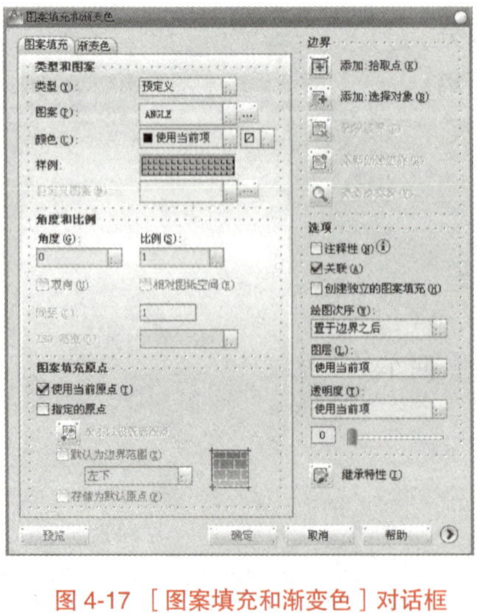

图 4-17　［图案填充和渐变色］对话框

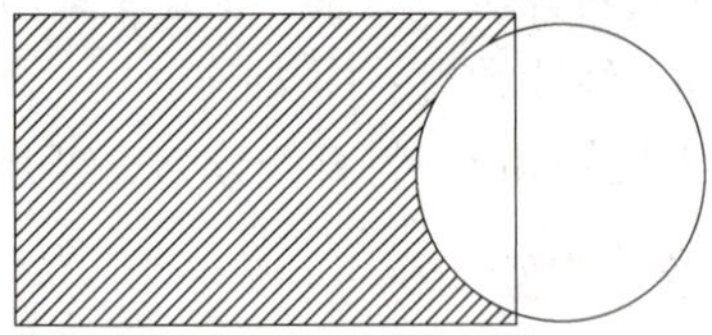

图 4-18　完成图案填充的图形

【说明】

① 如果区域的边界没有完全封闭，填充将不能完成。

② 已填充的图案性质为图块，分解后成为线条图元。

4.18 文字**

【功能】用于标注文字。分为 [多行文字] 与 [单行文字], [多行文字] 适用于字数较多时标注，如在文本框中输入文字；[单行文字] 适用于字数较少时标注，如表格。在光标处输入。

【下拉菜单】绘图→文字→多行文字

【工具栏】A

【命令】mtext

当前文字样式：尽量调用已在 [文字格式] 中设置的文字样式，以确保一套图纸中同类文字的统一。当然，也可以根据实际需要在文字对话框（图 4-19）中临时修改文字参数。

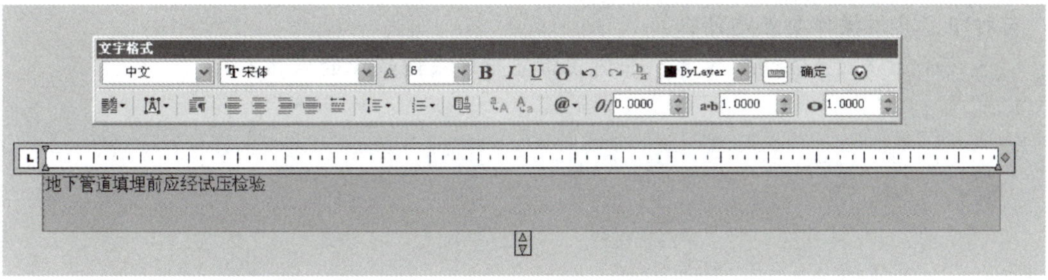

图 4-19 ［文字格式］对话框

指定第一角点：

指定对角点或 [高度（H）/ 对正（J）/ 行距（L）/ 旋转（R）/ 样式（S）/ 宽度（W）]:

【操作提示】

☞ 高度：指定文字高度。

☞ 对正：指定文字对正方式。

☞ 行距：指定文字行距。

☞ 旋转：指定文字旋转角度。

☞ 样式：指定已设置的文字样式。

☞ 宽度：文字的行宽在命令行输入。

【下拉菜单】绘图→文字→单行文字

【工具栏】AI

【命令】text

指定文字的起点或 [对正（J）/ 样式（S）]:

指定高度 <10.0000>：回车

指定文字的旋转角度 <0>：回车

输入文字：输入文字

再按两次回车键退出单行文字输入。

【说明】

① 多行文字的修改比单行文字方便灵活，不仅可以修改文字，还可修改文字的字高、

字体等其他特性。

② 单行文字修改时只能修改文字，但单行文字填充表格时比较方便。

【思考题】

1.［绘图］主菜单下的命令很多，但常用的归纳起来无非是线、圆、弧、块、字、表与填充等。因起始条件不同，所以有诸多方法选择，请分别总结最快捷的方法。

2. 绘图时尽量使用已经设置的图层、文字样式和标注等样式，不要随意在当前界面下临时改变的意义是什么？

3. 如何使用［图块］的功能建立自己的图库？以提高设计水平和绘图效率。

4. 画剖面线时使用［图案填充］命令，其线型与比例直接关系到是否能正确显示与打印，具体操作要点是什么？

5. 如何扩充 CAD 的字体库？如何正常显示外来图纸中的字体？

5 修改

【本章导读】

主菜单［修改］中的命令很多，提供了所有修改图形的工具。它的功能主要有两个：一是改变原图形的尺寸、形状或位置；二是利用原图形产生新的图形，起到“以修代画”的作用。尤其是第二个功能，如果能够熟练应用可以大大提高绘图效率，例如，［复制］可以将原图复制多个相同图形；［镜像］可以将左右或上下的原图对称复制；［偏移］和［阵列］可以将原图按行距、列距或圆周排列复制相同的图形。画一个图形费时费力，而通过［修改］可以快速高效地完成目标图形。假如画一个鸡蛋需要1分钟，画100个鸡蛋就需要100分钟，而通过［阵列］100个鸡蛋只需1秒钟。所以熟练掌握［修改］命令并灵活应用“以修代画”，可以大大提高绘图效率。

修改图形首先要选中原图，可以用鼠标左键单击选中，也可以两次单击左键形成一个选择框。在复杂图形中要修改一组原图时，常用选择框选中。用选择框选择图形时需注意：左键第一点从左边开始或是从右边开始结果不一样，第一点从左边开始形成的选择框，完全被选择框包围的原图才会被选中，称为“左起全包围”选中；鼠标第一点从右边开始形成的选择框，只要部分被选择框选中的原图都会被选中，称为“右起半包围”选中。熟练运用“左起全包围”与“右起半包围”的方法可以提高选择图形的精确度，达到快速高效改图的目的。

还有［夹点］功能可以不借助［修改］命令，也能对直线、圆与圆弧、矩形进行更快捷地修改，读者可以大胆尝试它的功能。

［修改］主菜单下的命令很多，好像“是图均可改”，但有时改图不如重画，在修改与重画两者之间，应该选择效率优先。

5.1 特性**

【功能】在特性选择框中可以直接修改图形的属性，如图层、颜色、线型、线宽、坐标等信息。当需要修改多参数时，使用本命令比较方便。

【下拉菜单】修改→特性

【工具栏】

【命令】properties

打开［特性］对话框后，点击任意圆时，测量并显示该圆的特性参数（图 5-1）。

【说明】

① 先打开［特性］对话框，再选择修改的对象，对话框会显示该对象的基本信息，直接在对话框中修改数据就可以修改图形。

② 输入数据后，回车，图形将改变，再按 Esc 键两次，退出。

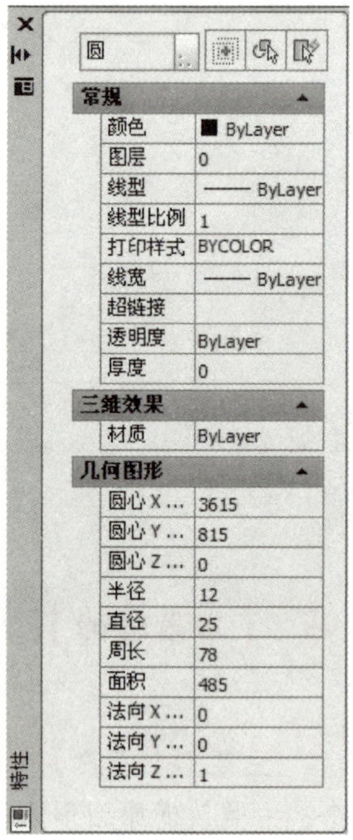

图 5-1　一个圆的特性参数显示框

5.2　特性匹配 **

【功能】特性匹配可以直接把一个图形的性质，如图层、颜色、线型、线宽、文字、标注和填充图案等特性复制到另一个图形中。

【下拉菜单】修改→特性匹配

【工具栏】

【命令】matchprop

选择源对象：选择源对象。

当前活动设置：颜色、图层、线型、线型比例、线宽、厚度、打印样式、文字、标注、填充图案。

选择目标对象或［设置（S）］：选择要改变的目标对象。

5.3　对象

【功能】可以对外部参照、图像、图案填充、多段线、样条曲线、阵列、多重引线、多线、属性、块说明和文字进行修改（图 5-2）。

【下拉菜单】修改→对象

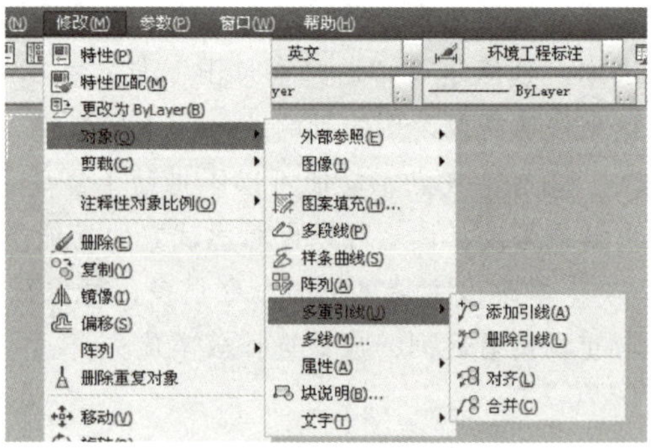

图 5-2　［对象］菜单栏

5.4　删除 **

【功能】删除图形。

【下拉菜单】修改→删除

【工具栏】

【命令】erase

【操作提示】进入删除命令后，选中目标，［确定］。或者先选中目标，后点击［删除］命令，执行结果相同。

5.5　复制**

【功能】复制图形。

【下拉菜单】修改→复制

【工具栏】

【命令】copy

【操作提示】选择对象

指定基点［位移（D）/ 模式（O）]：回车

选择对象后，［确定］。鼠标点取对象中的任一点，拖至复制位置，单击鼠标左键，单击右键［确定］后结束。

5.6　镜像**

【功能】把一个图形复制为左右、上下或轴线对称的图形。

【下拉菜单】修改→镜像

【工具栏】

【命令】mirror

选择对象：

指定镜像线的第一点；

指定镜像线的第二点；

是否删除源对象？［是（Y）/ 否（N）] <N>：回车

【操作提示】

☞ 选择对象：选择直线（镜像线）一边的源对象。

☞ 是否删除源对象：输入“Y”，源图形被删除，输入“N”，源图形不删除。默认为不删除。

【说明】

选择镜像线时应打开正交和对象捕捉，以便准确快速指定镜像线的第一点和第二点，见图 5-3。

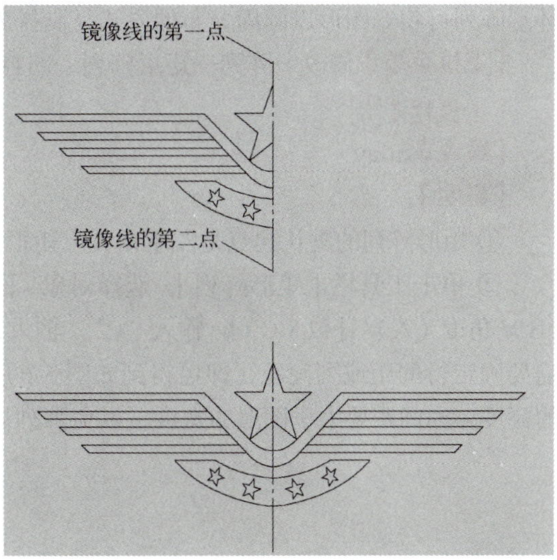

图 5-3　镜像命令示意图

5.7　偏移**

【功能】直线偏移时，以设定的距离向光标指定的方向复制另一条直线；圆偏移时，圆心不变，向外偏移时增加半径、向内偏移时减小半径再画一圆；矩形偏移时，中心不变，增加或减少边长后再画一矩形。

【下拉菜单】修改→偏移

【工具栏】

【命令】offset

指定偏移距离或［通过（T）］<20>：回车

选择要偏移的对象或 < 退出 >：鼠标指定

指定点以确定偏移所在一侧：鼠标指定偏移方向

直线向左偏移 20 的效果、圆偏移 20（半径）的效果和矩形偏移 20 的效果见图 5-4。

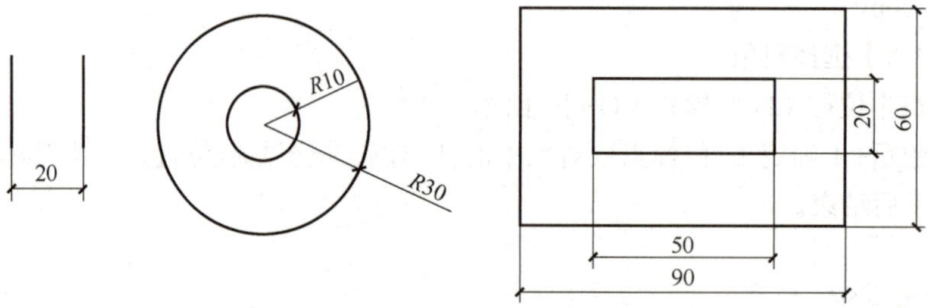

图 5-4　偏移命令示意图

5.8　阵列**

【功能】阵列分为矩形阵列和环形阵列。矩形阵列可将图形以行和列的方式复制排列；环形阵列可将一图形以圆周分布的方式复制排列。

【下拉菜单】修改→阵列→矩形阵列、路径阵列、环形阵列

【工具栏】

【命令】array

【说明】

① 矩形阵列的默认起点是左下角，以矩形阵列演示阵列的应用（图 5-5）。

② 单击工具栏［矩形阵列］，选择对象，［确定］，出现：为项目数指定对角点或［基点（B）/ 角度（A）/ 计数（C）］。输入“C”，输入行数“3”，输入列数“5”，指定对角点或根据需要确定行间距或列间距，即可得到如图 5-6 所示矩阵图形。注意设置的行间距要大于图形的高度，列间距要大于图形的宽度，以免阵列后图形重叠。

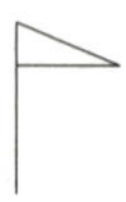

图 5-5　阵列前的图形

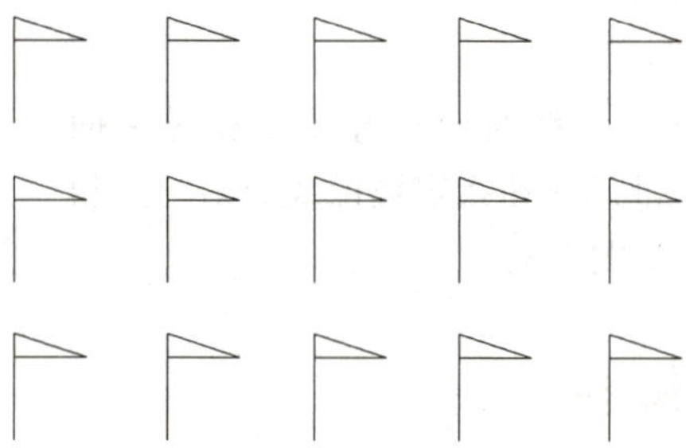

图 5-6　阵列后的图形

5.9　移动**

【功能】可把图形从一个位置移到另一个位置。

【下拉菜单】修改→移动

【工具栏】

【命令】move

【操作提示】选择对象：选择要移动的图形。

指定基点或位移：指定位移的第二点或<使用第一点作为位移>。由鼠标决定移动方向，从命令行输入移动的距离数值，或打开对象捕捉，将图形移动到目标点位置。

5.10　旋转**

【功能】可将图形绕指定的圆心旋转一定的角度。

【下拉菜单】修改→旋转

【工具栏】

【命令】rotate

【操作提示】选择对象：选择要旋转的图形。

指定基点：指定旋转的圆心。

指定旋转角度或[参照（R）]：旋转角度的方向默认值为逆时针方向（图 5-7）。

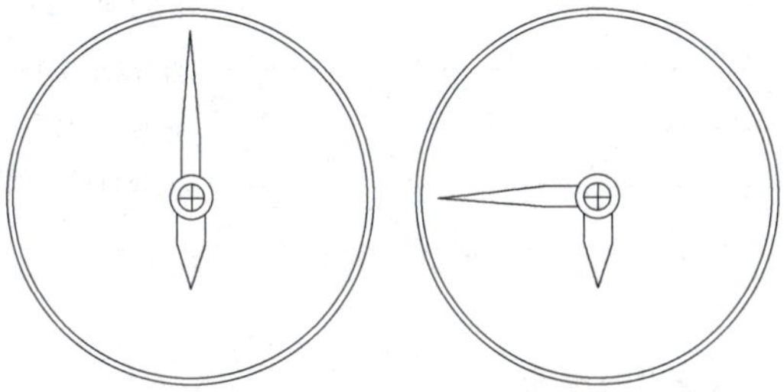

图 5-7　长针逆时针旋转 90°前后的图形

5.11　缩放**

【功能】放大或缩小图形。

【下拉菜单】修改→缩放

【工具栏】

【命令】scale

【操作提示】指定基点：指定缩放的中心点。

指定比例因子或[参照（R）]：比例因子大于 0 为放大、小于 0 为缩小。

5.12　拉伸

【功能】通过拉伸修改图形。

【下拉菜单】修改→拉伸

【工具栏】

【命令】stretch

【操作提示】以交叉窗口或交叉多边形选择要拉伸的对象：应以“左起半包围”的方式选择拉伸对象。

拉伸的距离可以由鼠标指定，也可由键盘输入。拉伸前后示意如图 5-8 所示。

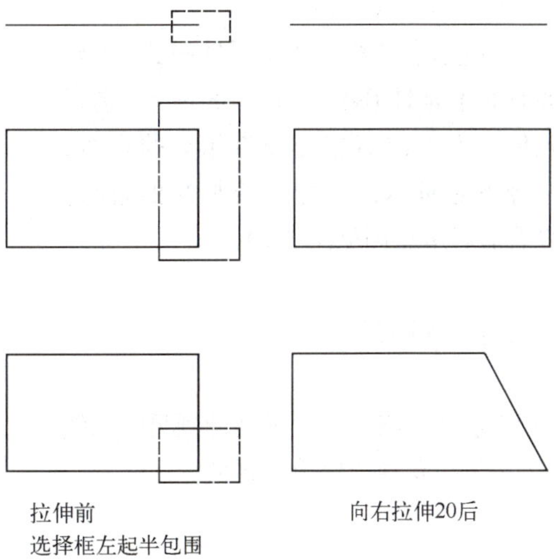

图 5-8　拉伸前后示意图

5.13　拉长

【功能】拉长或缩短线段、多段线和圆弧的长度。

【下拉菜单】修改→拉长

【命令】lengthen

【操作提示】选择对象或[增量（DE）/百分数（P）/全部（T）/动态（DY）]:

☞ 增量（DE）：在原线段长度的基础上增加指定的量。

☞ 百分数（P）：以原线段长度为百分数，大于 100 为拉长、小于 100 为缩短。

☞ 全部（T）：改变后线段最终的长度。

☞ 动态（DY）：由鼠标拖动改变线段的长度。

拉长前后示意图如图 5-9 所示。

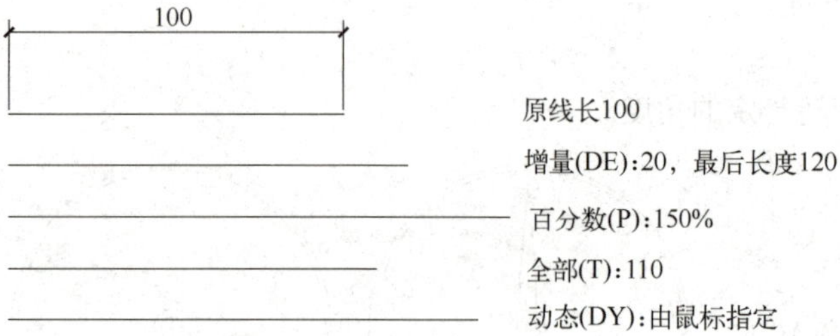

图 5-9　拉长前后示意图

5.14　修剪**

【功能】以一条线为边界，修剪另一条线。

【下拉菜单】修改→修剪

【工具栏】

【命令】trim

【操作提示】当前设置：投影 =UCS，边 = 延伸

选择剪切边 ...

选择对象：选择修剪的边界线，再点击超出边界线部分，对象被修剪。

[栏选（F）/窗交（C）/投影（P）/边（E）/放弃（U）]:

【说明】选择［边］延伸模式 E[延伸 (E)/ 不延伸 (N)]<不延伸>: e，选择延伸，可以修剪相交或不相交的直线；选择不延伸 N，只能修剪相交的直线。修剪前后示意图见图 5-10。

图 5-10　修剪前后示意图

5.15　延伸**

【功能】将一条直线延伸到另一条线。

【下拉菜单】修改→延伸

【工具栏】

【命令】extend

【操作提示】当前设置：投影 =UCS，边 = 延伸

选择要延伸到的边界线，再点击靠近边界线的一端，直线被延伸。

[栏选（F）/ 窗交（C）/ 投影（P）/ 边（E）/ 放弃（U）]: e

选择 [边] 延伸模式 E [延伸（E）/ 不延伸（N）]< 延伸 >: e，可以延伸到不相交的直线。

延伸前后示意图见图 5-11。

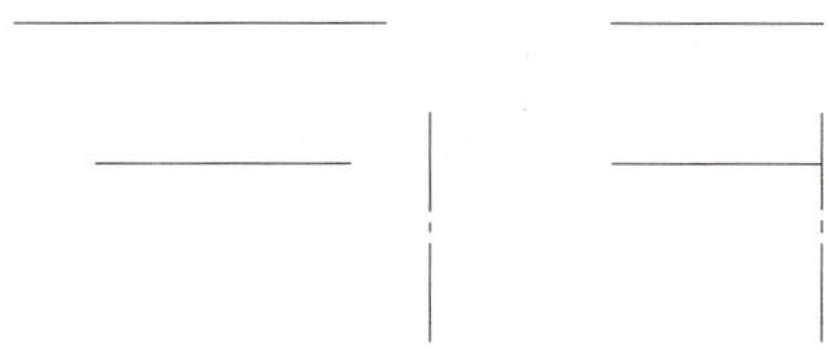

延伸前　　延伸后

边设置为不延伸　　边设置为延伸

图 5-11　延伸前后示意图

5.16　打断

【功能】在直线中间断开一定距离。

【下拉菜单】修改→打断

【工具栏】

【命令】break

【操作提示】选择对象：选择要打断的第一点。

指定第二个打断点或 [第一点（F）]：指定打断的第二点。

☞ 输入“F”，则第一点不打断，在第二点与第三点之间打断。

5.17　倒角 **

【功能】直线、多段线的等边倒角或不等边倒角。

【下拉菜单】修改→倒角

【工具栏】

【命令】chamfer

（“修剪”模式）当前倒角距离 1=0，距离 2=0

选择第一条直线或 [放弃（U）/ 多段线（P）/ 距离（D）/ 角度（A）/ 修剪（T）/ 方式（E）/ 多个（M）]: d

指定 第一个 倒角距离 <0>：10

指定 第二个 倒角距离 <10>：10

【操作提示】

☞ 多段线（P）：指明被倒角的对象为多段线，可实现一次全部倒角。

☞ 距离（D）：输入倒角的距离。

☞ 角度（A）：输入倒角的角度。

☞ 修剪（T）：选择修剪，实现倒角；选择不修剪，倒角后仍保留原直线。

5.18　圆角 **

【功能】由指定的半径将两条直线夹角变成圆角。

【下拉菜单】修改→圆角

【工具栏】

【命令】fillet

当前设置：模式 = 修剪，半径 =0

选择第一个对象或[放弃（U）/ 多段线（P）/ 半径（R）/ 修剪（T）/ 多个（M）]: r

指定圆角半径 <0>: 20

选择第一个对象或[放弃（U）/ 多段线（P）/ 半径（R）/ 修剪（T）/ 多个（M）]:

选择第二个对象，或按住 Shift 键选择对象以应用角点或[半径（R）]:

【操作提示】

☞ 多段线（P）：指明被修圆角的对象为多段线，可实现一次全部倒角。

☞ 半径（R）：输入圆角的半径。

☞ 修剪（T）：选择修剪，实现圆角；选择不修剪，圆角后仍保留原直线。

5.19 分解**

【功能】将图块分解为最简单的图元。

【下拉菜单】修改→分解

【工具栏】

【命令】explode

选择对象：找到 1 个。

【说明】多段线分解后为直线或圆弧；图块和图案填充分解后为基本的线条，标注分解后为基本的直线和数字。

【思考题】

1. 利用原始图形产生新的图形，如何理解“以修代画”“少画多编”对提高绘图效率的作用？

2. 修改图形时，是先选择命令后选择目标，还是先选中目标后选择命令？什么情况下哪个更便捷？

3.［特性匹配］命令，类似 Word 中的格式刷，可以将原图形的特性（如图层、线型、线宽、颜色、字体、字高等）复制到新图形中，方便好用，如何操作？

4.［修改］菜单好像“万图均可改”，但有时改图不如重画，在修改与重画两者之间，如何体现效率优先？

5. 唯一能打散图块进行修改的命令是［分解］，［分解］前后的图形有哪些变化？

6 编 辑

【本章导读】

AutoCAD 主菜单［编辑］可对文件图形进行常规编辑，其功能主要可分为以下几类：放弃与重做，剪切、复制与粘贴，清除与查找等。

绘图时，［放弃］命令可以回退到上一步，［重做］命令可以恢复已撤消的上一步操作。

剪切、复制与粘贴借助于剪贴板，将所选对象在当前文件图形或打开的其他文件图形之间进行删除、复制或粘贴。为精准定位对象，常使用带基点复制。

［清除］(del) 操作与［修改］下拉菜单中的［删除］(erase) 和键盘 Delete 键的功能相同。

［查找］是修改或替换文字的重要命令，可以一次性用新字符串替换整个文件中多个相同的字符串。

另外还有一种夹点编辑功能，单击鼠标左键选择对象，对象上即显示夹点，通过夹点改变图形。

主菜单［编辑］的功能是［绘图］与［修改］操作的补充与完善，可以用来纠错，减少重复性工作，提高工作效率，还有与外部文件交换信息的功能。因此，对编辑命令的熟练掌握和使用有助于提高设计和绘图的效率。

6.1 放弃**

【功能】撤销最近一次操作。

【下拉菜单】编辑→放弃

【工具栏】

【命令】u

【说明】

① 可以多次输入“u”，每次后退一步，直到“最近保存”的图形为止。

② 无法执行某个操作时，将显示命令的名称，但不执行任何操作。不能放弃对当前图形的外部操作（如打印或写入文件）。

③ 执行命令期间，修改模式或使用透明命令无效，只有主命令有效。

④ u 命令与输入 undo 等效。

6.2　重做 **

【功能】撤销上一次的 undo 或 u 命令的效果。

【下拉菜单】编辑→重做

【工具栏】

【命令】redo

【说明】redo 只能撤销单个 undo 或 u 命令，且必须立即跟随在 undo 或 u 命令之后。

6.3　剪切 **

【功能】将所选对象复制到剪贴板并从图形中删除。

【下拉菜单】编辑→剪切

【工具栏】

【命令】cutclip

【说明】

① cutclip 可将选定的对象复制到剪贴板，并从图形中将其删除。

② 剪贴板中的内容可作为嵌入式 OLE 对象粘贴到文档或图形中，cutclip 不创建 OLE 链接信息。

③ 如果要在其他应用程序中使用图形文件中的对象，可以先将这些对象剪切到剪贴板，然后将其粘贴到其他应用程序中。还可以使用［剪切］和［粘贴］在图形之间传输对象。

6.4　复制 **

【功能】将所选对象复制到剪贴板。

【下拉菜单】编辑→复制

【工具栏】

【命令】copyclip

【说明】

① copyclip 将选定的所有对象复制到剪贴板，剪贴板中的内容可粘贴到文档或图形中。

② 将对象复制到剪贴板，再将剪贴板的内容粘贴到图形中，该图形将保留原图的格式信息。还可以使用［复制］和［粘贴］在图形间传输对象。

6.5　带基点复制 *

【功能】使用指定基点将对象复制到剪贴板中。

【下拉菜单】编辑→带基点复制

【命令】copybase

执行命令后 AutoCAD 将提示：

指定基点：选定一个基点，一般选择图形中的关键点作为基点。

选择对象：可用各种方法选择。

【说明】

① 将复制对象粘贴到同一图形或其他图形时，AutoCAD 相对于指定的基点放置该对象，因此能够精确定位粘贴位置。

② 使用快捷菜单：在绘图区域中单击鼠标右键，然后选择［带基点复制］。

6.6 复制链接

【功能】将当前视图复制到剪贴板中以便链接到其他 OLE（对象链接与嵌入技术）应用程序。

【下拉菜单】编辑→复制链接

【命令】copylink

【说明】可以将当前视图复制到剪贴板，然后将剪贴板的内容作为链接的 OLE 对象粘贴到另一个文档中。

6.7 粘贴**

【功能】将剪贴板中的对象粘贴到当前图形中。

【下拉菜单】编辑→粘贴

【工具栏】

【命令】pasteclip

【说明】

① 如果剪贴板中包含 ASCII（美国信息交换标准代码）文字，则该文字将使用多行文字的默认设置，以多行文字（mtext）对象的形式插入。电子表格以表格的形式插入。

② 除 AutoCAD 对象之外，所有其他对象都以嵌入或链接（OLE）的形式插入。要编辑这些 OLE 对象，请在图形中双击它们，打开创建它们的应用程序。

③ 将对象复制到剪贴板时，同时包含可用格式信息。将剪贴板的内容粘贴到图形中时，将保留原图信息。还可以使用［复制］和［粘贴］在图形间传输对象。

6.8 粘贴为块

【功能】将剪贴板中的对象作为块粘贴到当前图形中。

【下拉菜单】编辑→粘贴为块

【命令】pasteblock

执行命令后 AutoCAD 将提示：

指定插入点：选定一个插入点。

【说明】AutoCAD 将复制到剪贴板的对象作为块粘贴到图形中指定的插入点。

6.9 粘贴为超链接

【功能】将剪贴板数据作为超链接插入当前图形中。

【下拉菜单】编辑→粘贴为超链接

【命令】pasteashyperlink

执行命令后 AutoCAD 将提示：

首先选择一个文档，例如文本文件、电子表格文件、图形文件或图像文件，将其复制到剪贴板。然后使用此命令将超链接关联到附带任何选定对象的文档。

6.10　粘贴到原坐标

【功能】使用原坐标将剪贴板中的对象粘贴到当前图形中。

【下拉菜单】编辑→粘贴到原坐标

【命令】pasteorig

复制到剪贴板的对象将被粘贴到当前图形中，其粘贴位置与原始图形中使用的坐标相同。

6.11　选择性粘贴

【功能】将剪贴板中的对象粘贴到当前图形中，并控制数据格式。

【下拉菜单】编辑→选择性粘贴

【命令】pastespec

激活［选择性粘贴］对话框，如图 6-1 所示。

图 6-1　［选择性粘贴］对话框

【操作提示】在对话框中设置粘贴文件的文件格式和链接选项：

☞ 来源：显示包含已复制信息的文档名称，还显示已复制文档的特定部分。

☞ 粘贴：将剪贴板内容粘贴到当前图形中作为内嵌对象。

☞ 粘贴链接：将剪贴板内容粘贴到当前图形中。如果源应用程序支持 OLE 链接，AutoCAD 将创建与原文件的链接。

☞ 显示为图标：插入应用程序图标的图片而不是数据。若要查看和编辑数据，请双击该图标。

【说明】AutoCAD 支持 Windows® 对象链接与嵌入（OLE）功能。将对象从支持 OLE 的应用程序插入到 AutoCAD 图形时，可以保持其与源文件的链接。

6.12　清除

【功能】从图形中删除对象。

【下拉菜单】编辑→清除

【工具栏】

【命令】erase

【说明】

① 可以从图形中删除选定的对象。此方法不会将对象移动到剪贴板。

② 如果处理的是三维对象，则还可以删除面、网格和顶点等子对象。

③ 无须选择要删除的对象，而是可以输入一个选项。例如，输入“L”删除绘制的上一个对象，输入“P”删除前一个选择集，或者输入“ALL”删除所有对象。还可以输入“？”以获得所有选项的列表。

6.13　OLE 链接

【功能】更新、修改和取消现有的 OLE 链接。

【下拉菜单】编辑→OLE 链接

【命令】olelinks

执行命令后，显示［链接］对话框，如图 6-2 所示。

【操作提示】

☞ 链接：列出关于链接对象的信息，所列出的信息取决于链接的类型。要修改链接对象的信息，请选择该对象。

☞ 源：显示源文件路径名和对象类型。

☞ 类型：显示格式类型。

☞ 更新（自动 / 手动）：打开文档时，提示用户更新链接。

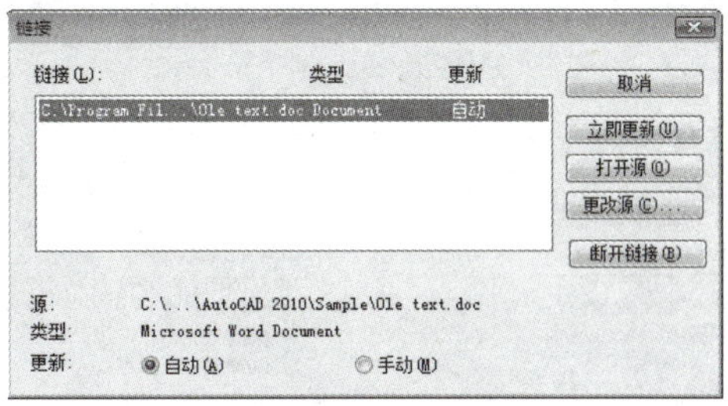

图 6-2　［链接］对话框

☞ 立即更新：更新选定的链接。

☞ 打开源：打开源文件并亮显与 AutoCAD 图形相链接的部分。

☞ 更改源：显示［更改源］对话框（［标准文件］对话框），从中可以指定其他源文件。

☞ 断开链接：切断对象与原始文件之间的链接。将 AutoCAD 图形中的链接对象变为 Windows 图元文件，即使将来原始文件发生了变化，图元文件也不受影响。

【说明】

如果图形中不存在现有的 OLE 链接，则［编辑］菜单上的［OLE 链接］将不可用，并且不会显示［链接］对话框。

6.14　查找

【功能】查找指定的文字，然后可以选择性地将其替换为其他文字。

【下拉菜单】编辑→查找

【工具栏】文字：

【命令】find

显示［查找和替换］对话框，如图 6-3 所示。

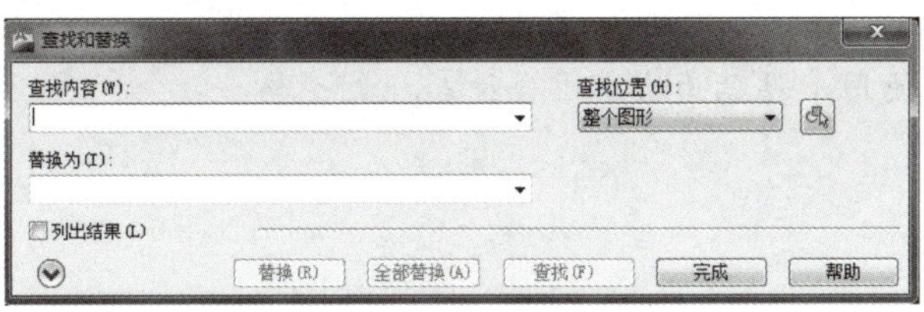

图 6-3　［查找和替换］对话框

【操作提示】

☞ 查找内容：指定要查找的字符串。输入包含任意通配符的文字字符串，或从列表中选择最近使用过的六个字符串的其中之一。

☞ 替换为：指定用于替换找到文字的字符串。输入字符串，或从列表中最近使用过的六个字符串中选择一个。

☞ 查找位置：指定是搜索整个图形、当前布局还是搜索当前选定的对象。如果已选择一个对象，则默认值为［所选对象］。如果未选择对象，则默认值为［整个图形］。也可以用［选择对象］按钮临时关闭该对话框，并创建或修改选择集。

☞ 选择对象按钮：临时关闭该对话框以便可以在图形中选择对象。按回车键返回对话框。当选择对象时，默认情况下［查找位置］将显示［所选对象］。

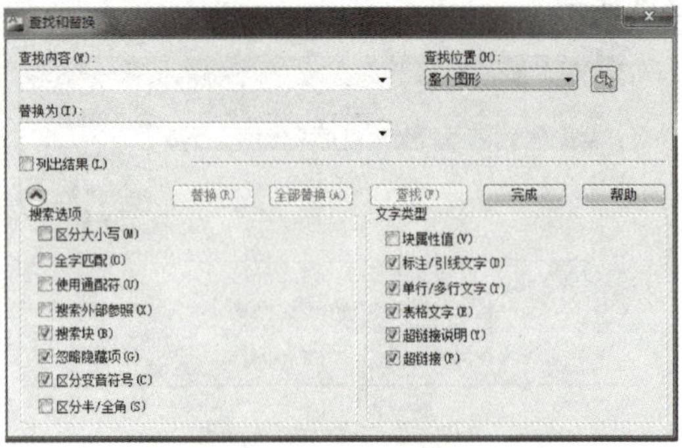

图 6-4［查找和替换选项］对话框

☞ 选项：显示［查找和替换选项］对话框，如图 6-4 所示，从中可以定义要查找的对象和文本的类型。

☞ 查找 / 查找下一个：需要查找可在［查找内容］里输入的文字。如果没有在［查找内容］里输入文字，则该选项不可用。AutoCAD 在［上下文］区域显示找到的文字。一旦找到第一个匹配的文本，［查找］选项变为［查找下一个］。用［查找下一个］可以查找下一个匹配的文本。

☞ 替换：用在［替换为］里输入的文字替换找到的文字。

☞ 全部替换：查找所有与在［查找内容］里输入的文字匹配的文本并用在［替换为］里输入的文字替换之。AutoCAD 根据在［查找位置］里的设置，在整个图形或当前选择中进行查找和替换。状态区对替换进行确认并显示替换次数。

☞ 搜索选项：定义查找对象和文字的类型。

☞ 文字类型：指定搜索中的文字对象的类型。默认情况下，选定所有选项。

【说明】可以查找、替换、选择或缩放包含在模型空间的加载对象以及当前布局中的文本。如果局部打开当前图形，查找和替换命令对没有加载的对象不予显示。

【思考题】

1.［带基点复制］是否使粘贴位置更准确？

2.［编辑］主菜单下的［复制 copyclip］与［修改］主菜单下的［复制 copy］有何区别？

3. 什么情况下使用［粘贴为块］更合适？

7 标　注

【本章导读】

尺寸标注是图纸中最重要的内容之一，图形的形状、大小和相互位置必须通过尺寸标注来表达。因此，尺寸标注不正确、不规范的图纸就不是一张合格的工程图纸，错误的尺寸标注可能导致工程施工错误，进而造成工程延误和经济损失。

使用 CAD 最重要的原则是始终以 1 ∶ 1 的实际尺寸绘图（局部图除外），标注时 CAD 将自动显示实际尺寸，省心省力且准确精确。以放大或缩小的比例绘图都是错误的做法。输出图纸时可以按规定比例打印在不同规格（A4 ～ A0）的图纸上，标注尺寸数字不变。

标注前需通过［标注样式］中的［标注样式管理器］进行正确设置，需［新建］或［修改］一个标注样式，对标注线、符号箭头、文字、主单位、尺寸界线、超出尺寸线与起点偏移量进行正确设置。不正确的设置将导致不规范的标注。

AutoCAD 主菜单［标注］包含 20 多种尺寸标注方式与标注样式设置参数，常用的可以分为以下几类：长度标注、角度标注、半径与直径标注、弧长标注、形位公差标注、多重引线标注等。

尺寸标注时应遵循以下规则：①标注的尺寸数值就是物体的真实大小。②图样中的尺寸以毫米为单位时，不需要标注单位；采用其他单位时，则应注明。③物体一个维度的尺寸只标注一次，并应标注在最能反映该图形的位置上。

［快速标注］只需对标注对象单击鼠标左键，即可标注一条直线的尺寸。

［线性标注］用来标注线段长度，只需指定一条直线上的两个端点即可。

［角度标注］用来标注两条直线的夹角。

［半径标注］用来标注圆或圆弧的半径。需要标注直径时，可在命令行中进行选择。

［弧长标注］用来标注圆弧长度。

［坐标标注］用来标注指定点的 X 或 Y 坐标值，只需指定点或端点即可。

［基线标注］用来标注一组线性尺寸，以左尺寸界线为基准线，分层次标注相邻的直线尺寸。需要注意的是，［基线间距］应大于标注文字的高度，否则会互相重叠。此命令有利于提高标注效率与图纸美观，有条件时尽量使用。

［连续标注］用来标注一组线性尺寸，在同一水平的尺寸线上连续标注多个直线尺寸，左起第一个尺寸界线终点为第二个尺寸线的标注起点。此命令有利于提高标注效率与图纸美观，有条件时尽量使用。

为了更加直观，常用标注的名称与图例参见下图：

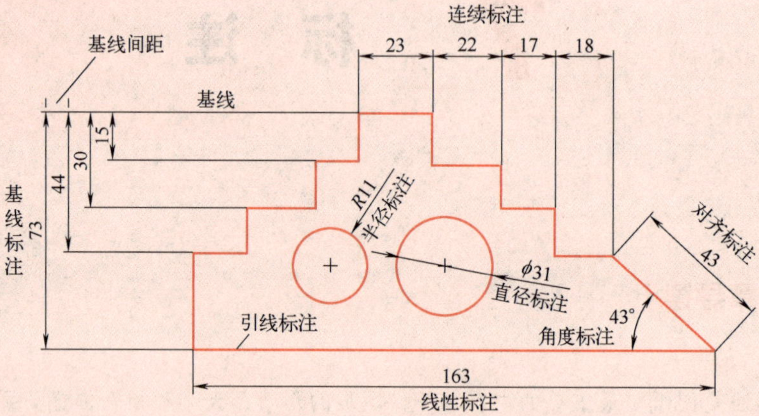

尺寸标注时务必打开［对象捕捉］中的［端点捕捉］(其他不用的捕捉可关闭)，AutoCAD 将自动准确地捕捉到端点，这是保证标注精度与提高绘图效率的必要措施。

值得提醒的是，［标注］菜单中提供了一些修改现有标注的命令，有时重新标注比修改更简便。

正确标注图形尺寸是保证图纸的准确性、规范性和美观性的重要基础，是初学者必须掌握的内容。

7.1　快速标注**

【功能】将长度、圆弧、角度、半径、直径、坐标等常用标注综合为一个快速标注命令。

【下拉菜单】标注→快速标注

【工具栏】标注：

【命令】qdim

指定尺寸线位置或［连续（C）/ 并列（S）/ 基线（B）/ 坐标（O）/ 半径（R）/ 直径（D）/ 基准点（P）/ 编辑（E）]：指定一点作为尺寸线位置或输入选项。

【操作提示】

☞ 连续（C）：进行连续标注。

☞ 并列（S）：进行并列标注。

☞ 基线（B）：进行基线标注。

☞ 坐标（O）：进行坐标标注。

☞ 半径（R）：进行半径标注。

☞ 直径（D）：进行直径标注。

☞ 基准点（P）：为基线和坐标标注设置新的基准点。

☞ 编辑（E）：编辑一系列标注，指定要删除的标注点、输入“A”添加或按 Enter 键返回上一个提示。

☞ 设置：为指定尺寸界线原点设置默认对象捕捉。

左键单击直线，右键确认即可进行快速标注，如图 7-1 所示。

【说明】快速标注默认是线性标注，也可以通过命令行输入选项改变标注类型，如输入“B”，则是基线标注。

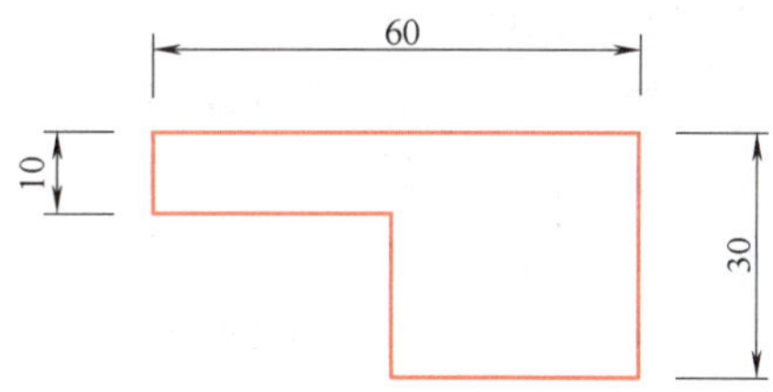

图 7-1　快速标注

7.2　线性标注 **

【功能】创建水平、垂直或旋转的尺寸标注。

【下拉菜单】标注→线性

【工具栏】标注：

【命令】dimlinear

打开［对象捕捉］中的［端点捕捉］。

指定第一个尺寸界线原点或 <选择对象>：

指定第二个尺寸界线原点：

然后显示以下提示：

指定尺寸线位置或［多行文字（M）/ 文字（T）/ 角度（A）/ 水平（H）/ 垂直（V）/ 旋转（R）］：指定一点作为尺寸线的位置并确定绘制尺寸界线的方向，即可自动标注直线尺寸数值。或输入选项。

【操作提示】

☞ 多行文字（M）：显示在位文字编辑器，可用于输入多行文字、Unicode（统一码）字符串、特殊字符或符号。正常情况下标注尺寸数值会自动显示。

☞ 文字（T）：根据命令行提示，可用于输入单行文字、Unicode 字符串、特殊字符或符号。正常情况下标注尺寸数值为自动显示。

☞ 角度（A）：修改尺寸线、尺寸界线和标注文字的角度。

☞ 水平（H）：创建水平线性标注。

指定尺寸线位置或［多行文字（M）/ 文字（T）/ 角度（A）］：指定点或输入选项，选项解释与本操作提示的前三个相同。

☞ 垂直（V）：创建垂直线性标注。

指定尺寸线位置或［多行文字（M）/ 文字（T）/ 角度（A）］：指定点或输入选项，选项解释与本操作提示的前三个相同。

☞ 旋转（R）：创建旋转线性标注。

指定尺寸线的角度 <当前值>：指定角度按回车键。

线性标注如图 7-2 所示。

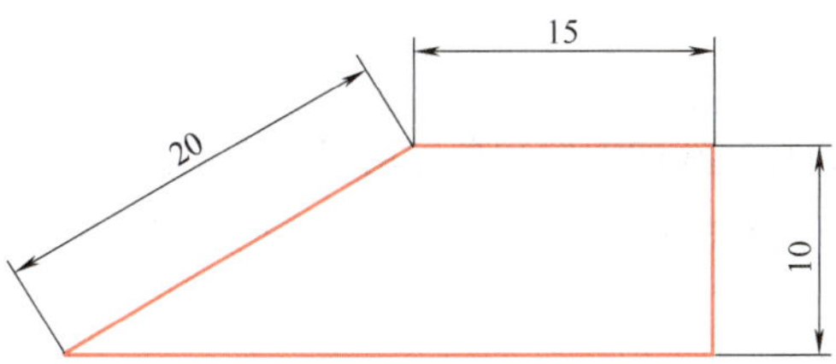

图 7-2　线性标注

【说明】

① 在选择对象之后，自动确定第一条和

第二条尺寸界线的原点。

② 如果选择了直线段和圆弧段，AutoCAD 用直线段或圆弧段的端点作为尺寸界线的原点。

③ 如果修改了系统自动标注的文字，就会失去尺寸标注的关联性，即尺寸数字不再随标注对象的改变而改变。

④ 图中标注“20”为选择旋转（R）后的效果，对斜线的标注推荐使用［对齐标注］更为快捷。

7.3　对齐标注 **

【功能】创建对齐线性标注。

【下拉菜单】标注→对齐

【工具栏】标注：

【命令】dimaligned

指定第一条尺寸界线原点后提示：

指定第二条尺寸界线原点：指定点

然后显示以下提示：

指定尺寸线位置或［多行文字（M）/ 文字（T）/ 角度（A）]：指定一点作为尺寸线位置或输入选项。

【操作提示】

☞ 多行文字（M）：与［线性标注］方法相同。

☞ 文字（T）：与［线性标注］方法相同。

☞ 角度（A）：与［线性标注］方法相同。

对齐线性标注如图 7-3 所示。

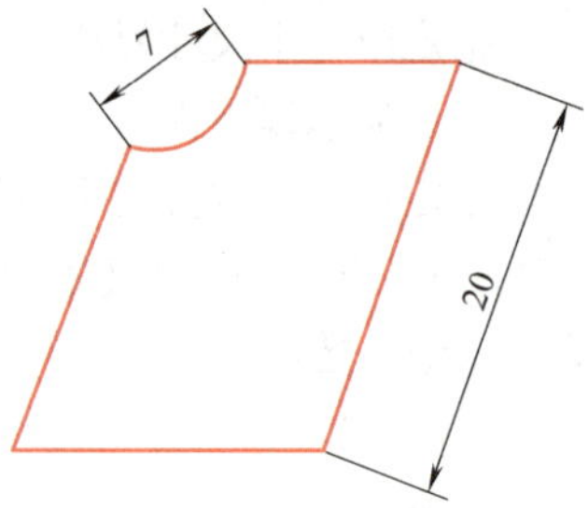

图 7-3　对齐线性标注

【说明】

① 对齐标注常用于斜线、两点间的线性或非线性标注。

② 在对齐标注中，尺寸线平行于尺寸界线原点连成的直线。

③ 若选择直线或圆弧，其端点将用作尺寸界线的原点；若选择一个圆，其直径端点将作为尺寸界线的原点。

7.4　弧长标注 **

【功能】创建圆弧长度标注。

【下拉菜单】标注→弧长标注

【工具栏】标注：

【命令】dimarc

单击弧线即可自动标注弧度符号及弧长数值，标注线的方向与长度由鼠标决定。

指定弧长标注位置或［多行文字（M）/ 文字（T）/ 角度（A）/ 部分（P）/ 引线（L）]：可根据需要指定点或输入选项。

【操作提示】

☞ 部分（P）：缩短弧长标注的长度。指定弧长标注的第一个点：指定圆弧上弧长标注的起点；指定弧长标注的第二个点：指定圆弧上弧长标注的终点。

☞ 引线（L）：添加引线对象；仅当圆弧（或圆弧段）大于 90° 时才会显示此选项；引线是按径向绘制的，指向所标注圆弧的圆心。

其他选项与线性标注类似。

圆弧标注如图 7-4 所示。

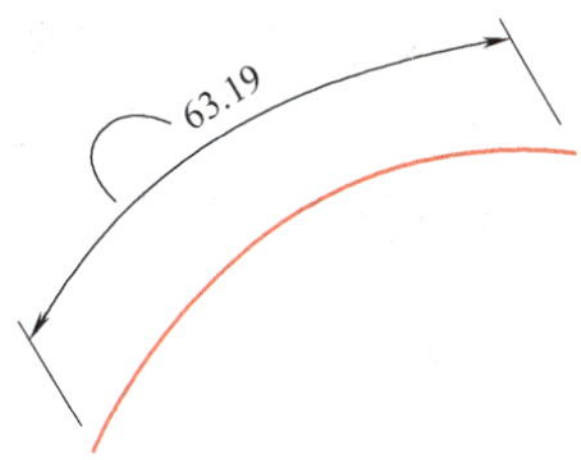

图 7-4 圆弧标注

7.5 坐标标注**

【功能】创建坐标标注。

【下拉菜单】标注→坐标

【工具栏】标注：

【命令】dimordinate

指定点坐标：选定待标注坐标的一点。

指定引线端点或 [X 基准（X）/Y 基准（Y）/ 多行文字（M）/ 文字（T）/ 角度（A）]：根据需要的坐标选择合适的引线方向单击鼠标完成操作。从标注点向垂直方向引线可以标注横坐标，向水平方向引线则可以标注纵坐标。

【操作提示】

☞ X 基准（X）：单击鼠标后，竖向拖动显示测量点的 *X* 坐标。

☞ Y 基准（Y）：单击鼠标后，横向拖动显示测量点的 *Y* 坐标。

☞ 多行文字（M）：显示在位文字编辑器，可用于编辑多行文字。

☞ 文字（T）：可修改标注单行文字。

☞ 角度（A）：可修改标注文字的角度。

坐标标注如图 7-5 所示。

【说明】坐标标注由标注点 *X* 或 *Y* 值和引线组成。

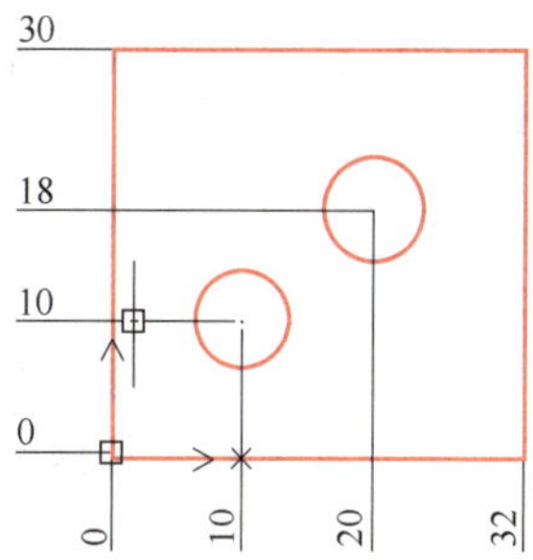

图 7-5 坐标标注

7.6 半径标注**

【功能】为圆或圆弧创建半径标注。

【下拉菜单】标注→半径

【工具栏】标注：

【命令】dimradius

选择圆弧或圆：选定待标注的圆弧或圆。

指定尺寸线位置或 [多行文字（M）/ 文字（T）/ 角度（A）]：指定一点作为尺寸线的位置并确定绘制尺寸界线的方向，或输入选项。

【操作提示】

☞ 多行文字（M）：显示在位文字编辑器，可用于编辑标注多行文字。

☞ 文字（T）：可修改标注单行文字。

☞ 角度（A）：可修改标注文字的角度。

在［修改标注样式］对话框中［文字对齐］一栏选择［ISO 标准］。

半径标注如图 7-6 所示。

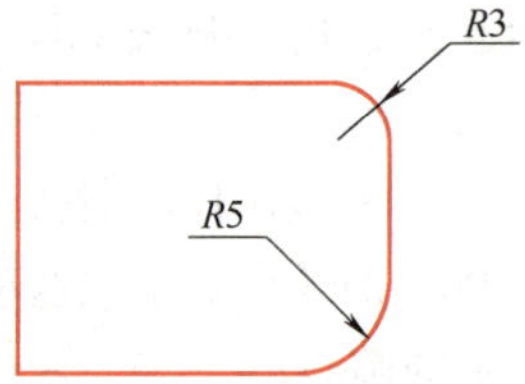

图 7-6　半径标注

【说明】

① 半径标注由一条具有指向圆或圆弧的箭头及半径尺寸线组成。尺寸数字前加“R”表示半径。

② 可以通过改变［标注样式］改变半径标注的形式。

7.7　折弯标注 **

【功能】为圆和圆弧创建折弯标注。

【下拉菜单】标注→折弯

【工具栏】标注：

【命令】dimjogged

选择圆弧或圆：选择一个圆弧、圆或多段线圆弧段。

指定图示中心位置：指定点。

【操作提示】

☞ 尺寸线位置：确定尺寸线的角度和标注文字的位置。如果由于未将标注放置在圆弧上而导致标注指向圆弧外，则 AutoCAD 会自动绘制圆弧延伸线。

☞ 多行文字（M）：显示在位文字编辑器，可用于编辑标注多行文字。

☞ 文字（T）：可修改标注单行文字。

☞ 角度（A）：可修改标注文字的角度。

折弯标注如图 7-7 所示。

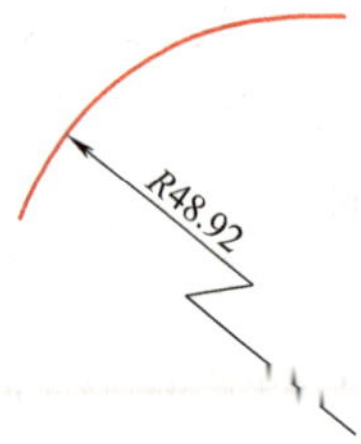

图 7-7　折弯标注

7.8　直径标注 **

【功能】为圆或圆弧创建直径标注。

【下拉菜单】标注→直径

【工具栏】标注：

【命令】dimdiameter

选择圆弧或圆：选定待标注的圆弧或圆。

指定尺寸线位置或［多行文字（M）/ 文字（T）/ 角度（A）］：指定圆上的任何一点，移动鼠标可选择尺寸线的位置，并确定尺寸界线的方向。

【操作提示】

☞ 多行文字（M）：显示在位文字编辑器，可用于编辑标注多行文字。

☞ 文字（T）：可修改标注单行文字。

☞ 角度（A）：可修改标注文字的角度。

直径标注如图 7-8 所示。

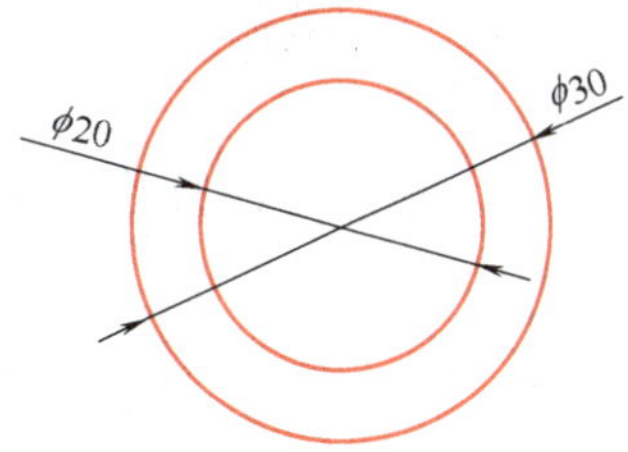

图 7-8 直径标注

【说明】

① 直径标注在尺寸数字前加符号“ϕ”表示直径。

② 对于圆柱剖面等直径标注，则采用线性标注，并在标注尺寸数字前加直径符号字符串“%%c”，例如：在命令行输入“%%c20”，标注的效果为“ϕ20”。

【注意】“c”为英文状态下输入。

7.9 角度标注 **

【功能】创建角度标注。

【下拉菜单】标注→角度

【工具栏】标注：

【命令】dimangular

选择圆弧、圆、直线或<指定顶点>：选定一个圆弧、圆的其中一点或夹角的两条直线。

指定标注弧线位置或 [多行文字（M）/ 文字（T）/ 角度（A）]：指定一点作为尺寸线的位置并确定绘制尺寸界线的方向，或输入选项。

【操作提示】

☞ 选择圆弧：使用选定圆弧上的点作为三点角度标注的定义点；圆弧的圆心是角度的顶点。圆弧端点作为尺寸界线的起点。

☞ 选择圆：将选择点作为第一条尺寸界线的起点。圆的圆心是角度的顶点；第二个角度顶点是第二条尺寸界线的起点，且无须位于圆上。

☞ 选择直线：用两条直线定义角度。程序通过将每条直线作为角度的矢量，将直线的交点作为角度顶点来确定角度。尺寸线跨越这两条直线之间的角度。如果尺寸线与被标注的直线不相交，将根据需要添加尺寸界线，以延长一条或两条直线。圆弧总是小于 180°。

☞ 指定三点：创建基于指定三点的标注。

☞ 标注圆弧线位置：指定尺寸线的位置并确定尺寸界线的绘制方向。

☞ 多行文字（M）：显示在位文字编辑器，可用于编辑标注多行文字。

☞ 文字（T）：可修改标注单行文字。

☞ 角度（A）：可修改标注文字的角度。

☞ 象限：指定标注应锁定到的象限。打开象限后，将标注文字放置在角度标注外时，尺寸线会超过尺寸界线。

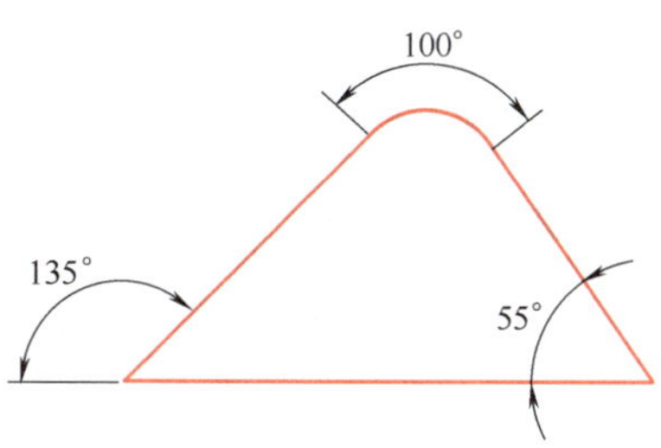

图 7-9 角度标注

角度标注如图 7-9 所示。

【说明】

① 若选择圆弧，则使用选定圆弧上的点作为三点角度标注的定义点。圆弧的圆心是角度的顶点，圆弧端点作为尺寸界线的起点。

② 指定尺寸线的位置不同，标注的样式也会变化。

7.10　基线标注**

【功能】先进行线性标注，以线性标注的左尺寸界线为基准线，分上下层次标注直线。

【下拉菜单】标注→基线

【工具栏】标注：

【命令】dimbaseline

指定第二条尺寸界线原点或 [放弃（U）/ 选择（S）] < 选择 >：最后按鼠标右键结束。

【操作提示】

☞ 第二条尺寸界线原点：默认情况下，使用基准标注的第一条尺寸界线作为基线标注的尺寸界线原点。

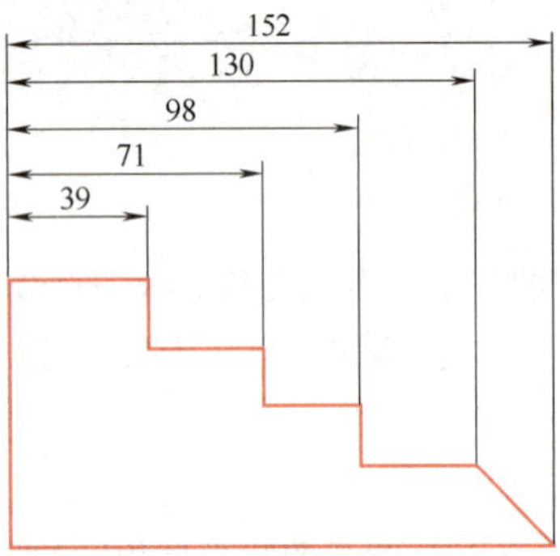

图 7-10　基线标注

☞ 放弃：放弃上一次输入的基线标注。

【说明】

① 如在当前任务中未先进行线性标注，命令行将始终提示：选择 [线性标注]。

② 基线标注默认的尺寸界线是线性标注的左侧尺寸界线。

③ [基线标注] 前必须先进行 [线性标注]，然后，鼠标左键单击右侧的标注点，AutoCAD 将自动生成以左侧尺寸界线为基线的第二条尺寸标注线，依次类推，形成上下平行的尺寸标注组合。

在主菜单 [格式] → [标注样式] → [线] 中修改 [基线间距]，该值要大于标注文字的高度，以避免重叠。

基线标注如图 7-10 所示。

不同标注间距的效果如图 7-11 所示。

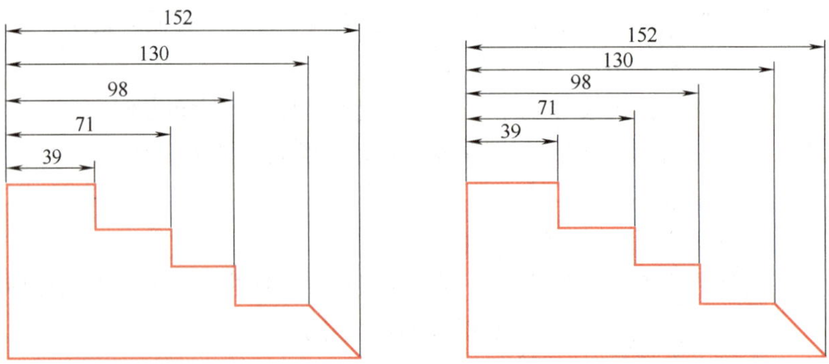

(a) 基线间距为15mm　　(b) 基线间距为10mm

图 7-11　基线间距调整前后示意图

7.11　连续标注**

【功能】先进行线性标注，以线性标注的右尺寸界线为基准线，连续标注直线。

【下拉菜单】标注→连续

【工具栏】标注：

【命令】dimcontinue

指定第二条尺寸界线原点或［放弃（U）/ 选择（S）］<选择>：最后按鼠标右键结束。

【操作提示】

☞［连续标注］前必须先进行［线性标注］，然后，鼠标左键单击右侧的标注点，AutoCAD 将自动生成以左侧尺寸界线的终点为第二条尺寸标注线的起点，依次类推，在一条直线上形成连续尺寸标注组合。

☞ 放弃：放弃上一次输入的连续标注。

【说明】如在当前任务中未先进行线性标注，命令行将提示：选择基准标注（线性标注）。连续标注如图 7-12 所示。

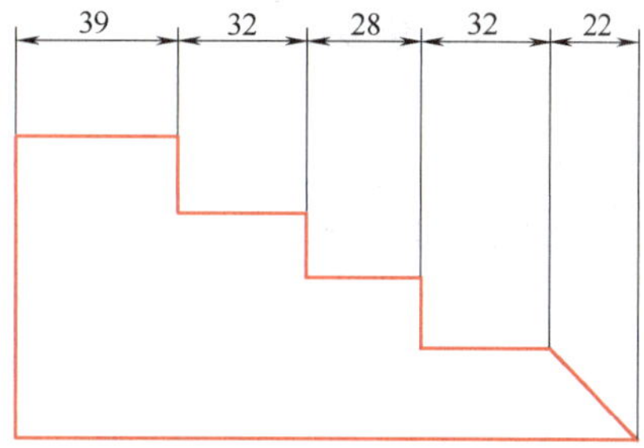

图 7-12　连续标注

7.12　标注间距 **

【功能】调整线性标注或角度标注之间的间距。

【下拉菜单】标注→标注间距

【工具栏】标注：

【命令】dimspace

【操作提示】

☞ 输入间距值：选择的基线间距要大于文字高度，否则文字会重叠。例如，如果输入值为 5，则标注将以 5 个单位的距离隔开。

☞ 自动（A）：根据标注样式中指定的文字高度自动计算间距。所得的间距值是标注文字高度的 2 倍。

【说明】

此处的［标注间距］与［标注样式］→［线］中的［基线间距］含义相同，不同的是：［基线间距］是在［标注样式］中预先设定；［标注间距］是在命令行中临时设定。

为了整套工程图纸格式统一，正常情况下应优先使用预先设定的［基线间距］。

7.13　标注打断

【功能】在标注和尺寸界线与其他对象的相交处打断或恢复标注和尺寸界线。

【下拉菜单】标注→标注打断

【工具栏】标注：

【命令】dimbreak

【操作提示】

☞ 选择要打断的标注线或［自动（A）/ 手动（M）/ 删除（R）]< 自动 >：选择手动（M）比较灵活。

【说明】

此功能可以改变标注尺寸线或尺寸界线的形式。因为标注尺寸线与文字是一组图块，也可以通过下拉菜单［修改］→［分解］图块后，删除不想要的部分。

7.14　多重引线*

【功能】创建多重引线。

【下拉菜单】标注→多重引线

【工具栏】标注：

【命令】mleader

多重引线对象通常包含箭头、水平基线、引线或曲线和多行文字对象或块。如图 7-13 所示。

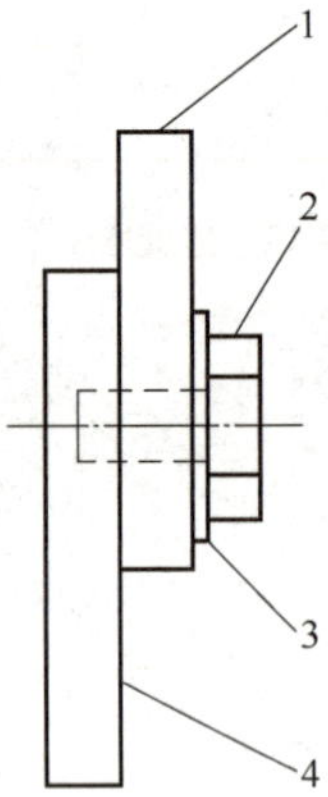

图 7-13　多重引线

【操作提示】

☞ 引线箭头优先（H）：指定多重引线对象箭头的位置。

☞ 引线基线优先（L）：指定多重引线对象的基线的位置。

☞ 内容优先（C）：优先指定与多重引线对象相关联的文字或块的位置。

☞ 选项（O）：指定用于放置多重引线对象的选项。

【说明】

① 多重引线可创建为箭头优先、引线基线优先或内容优先。如果已使用多重引线样式，则可以从该指定样式创建引线。

② 在装配图中，可以使用［注释］选项卡［引线］面板中的［添加引线］按钮，在选定的多重引线对象添加更多引线。

③ 可以使用［注释］选项卡［引线］面板中的［删除引线］按钮，从选定的多重引线对象中删除引线。

④ 使用［注释］选项卡［引线］面板中的［多重引线合并］按钮，可以将选定的包含块的多重引线的内容组成一组并附着到单一引线上。

7.15　公差

【功能】创建形位公差。

【下拉菜单】标注→公差

【工具栏】标注：

【命令】tolerance

执行该命令后出现［形位公差］对话框，如图 7-14 所示。

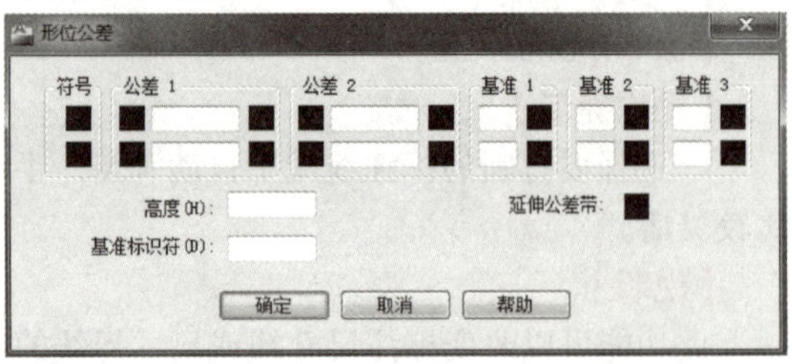

图 7-14　［形位公差］对话框

单击［符号］栏下的黑色正方形，从对话框中选择要标注的公差类型。

单击［公差］栏下的第一个黑色正方形，选择是否显示直径符号。

单击［公差］栏下的后边黑色正方形，选择包容条件类型。

设置［基准 1］。

设置［基准 2］。
设置［基准 3］。
设置［高度］;
设置［基准标识符］;
设置［延伸公差带］。

【操作提示】

☞ 基准 1：在特征控制框中创建第一级基准参照。基准参照由值和修饰符号组成。基准是理论上精确的几何参照，用于建立特征的公差带。

☞ 高度：创建特征控制框中的延伸公差为零值。投影公差带控制固定垂直部分延伸区的高度变化，并以位置公差控制公差精度。

☞ 基准标识符：创建由参照字母组成的基准标识符。基准是理论上精确的几何参照，用于建立其他特征的位置和公差带。点、直线、平面、圆柱等都能作为基准。

☞ 延伸公差带：在延伸公差带值的后面插入延伸公差带符号。

形位公差标注如图 7-15 所示。

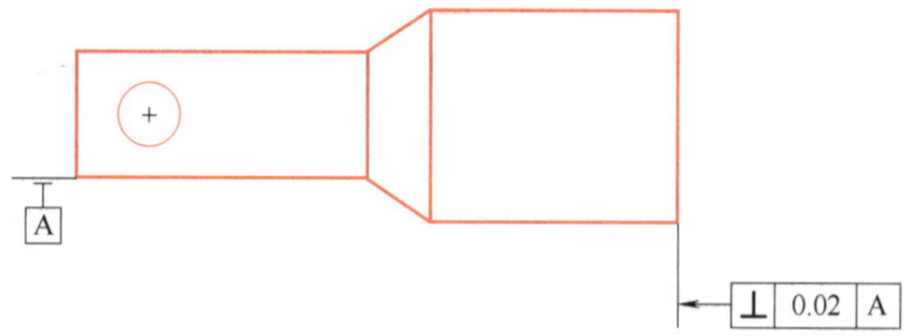

图 7-15 形位公差标注

7.16 圆心标记*

【功能】创建圆、圆弧的圆心标记或中心标记。

【下拉菜单】标注→圆心标记

【工具栏】标注：

【命令】dimcenter

选择圆弧或圆：选择要标注圆心标记的圆弧或圆，左键单击，自动标注。

标注圆心标记如图 7-16 所示。

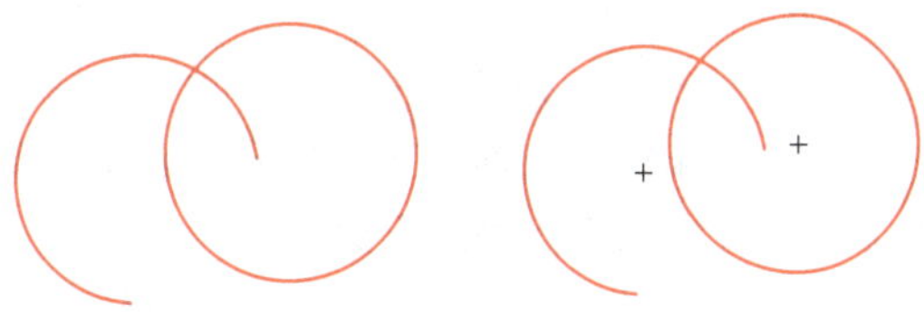

图 7-16 标注圆心标记

【说明】圆心标记符号的样式在［格式］→［点样式］中设置。

7.17 检验

【功能】在选定的标注中添加或删除检验标注。

【下拉菜单】标注→检验

【工具栏】标注：

【命令】diminspect

使用［检验标注］对话框设置检验边框的外观和检验率值（图 7-17）。

【操作提示】

☞ 选择标注：指定要添加或删除检验标注的尺寸标注。可以打开［检验标注］对话框之前或之后选择标注。单击［选择标注］按钮后选择标注，按回车键返回［检验标注］对话框。

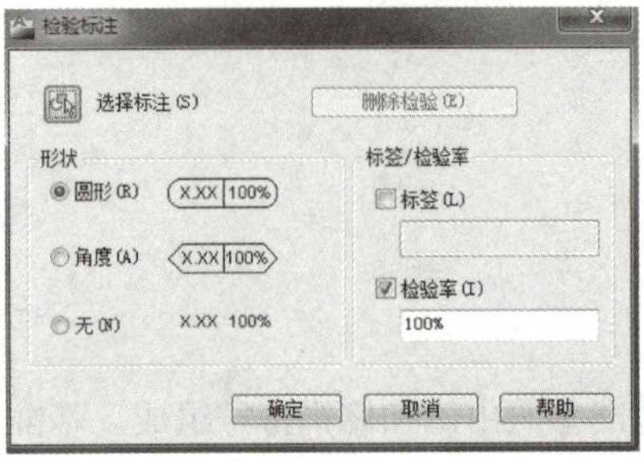

图 7-17 ［检验标注］对话框

☞ 删除检验：从选定的标注中删除检验标注。

☞ 形状：设置检验标注的边框样式。

☞ 圆形：用两端点上的半圆和垂直线创建边框。

☞ 角度：用在两端点上形成 90° 角的直线和垂直线创建边框。

☞ 无：不显示任何边框和分隔线。

☞ 标签 / 检验率：为检验标注指定标签文字和检验率。

☞ 标签：打开和关闭标签文字显示。标签值：指定标签文字。选择［标签］复选框后，标签将在检验标注最左侧显示。

☞ 检验率：打开和关闭比例文字显示。检验率值：指定检查部件的频率。值以百分比表示，有效范围为 0 ～ 100。选择［检验率］复选框后，将在检验标注的最右侧显示检验率。

7.18　折弯线性

【功能】在线性标注或对齐标注中添加或删除折弯线。

【下拉菜单】标注→折弯线性

【工具栏】标注：

【命令】dimjogline

标注中的折弯线表示所标注对象中的折断。标注值表示实际距离，而不是在图形中测量的距离。

【操作提示】

☞ 添加折弯：指定要向其添加折弯的线性标注或对齐标注。系统将提示用户指定折弯的位置。按回车键可在标注文字与第一条尺寸界线之间的中点处放置折弯，或在基于标注文字位置的尺寸线的中点处放置折弯。

☞ 删除：指定要删除折弯的线性标注或对齐标注。

7.19　倾斜

【功能】编辑标注文字和调整线性标注的尺寸界线倾斜角度。

【下拉菜单】标注→倾斜

【工具栏】标注：

【命令】dimedit

选择对象：使用对象选择方式选择要倾斜的标注对象。

输入倾斜角度：

倾斜后的标注如图 7-18 所示。

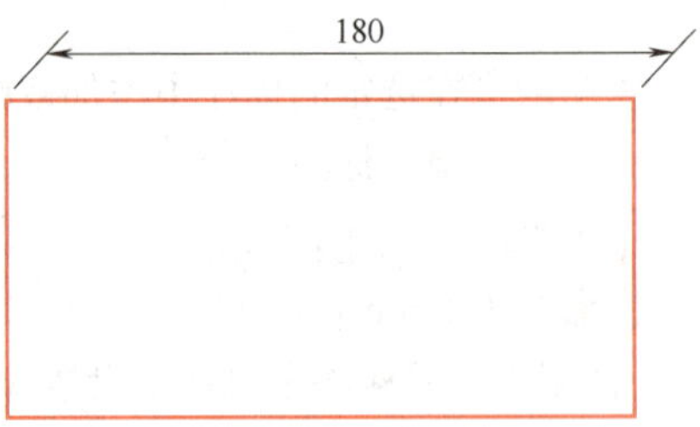

图 7-18　倾斜标注

【操作提示】

☞ 默认：使用在位文字编辑器更改标注文字。用尖括号（< >）表示生成的测量值。用控制代码和 Unicode 字符串来输入特殊字符或符号。要编辑或替换生成的测量值，请删除尖括号，输入新的标注文字，然后选择［确定］。

☞ 旋转：旋转标注文字。此选项与倾斜命令的［角度］选项类似。输入“0”将标注文字按默认方向放置。默认方向由［新建标注样式］对话框、［修改标注样式］对话框和［替代当前样式］对话框中的［文字］选项卡上的垂直和水平文字设置决定。

☞ 倾斜：当尺寸界线与图形的其他要素冲突时可使用。倾斜角从 UCS 的 X 轴测量。

倾斜标注如图 7-18 所示。

7.20 对齐文字

【功能】调整标注文字的位置或内容。

【下拉菜单】标注→对齐文字

【命令】dimtedit

选择标注：编辑、改变标注文字的位置。

指定标注文字的新位置或［左（L）/ 右（R）/ 中心（C）/ 默认（H）/ 角度（A）]：可使用鼠标指定标注文字的位置。

【操作提示】

☞ 默认：将标注文字恢复至默认位置和旋转角度（由标注样式定义）。

☞ 新建：使用在位文字编辑器修改标注文字。尖括号（<>）表示自动生成的测量值。输入控制代码或 Unicode 字符串可插入特殊符号。若要替换测量值，需删除尖括号并输入新的标注文字，然后选择［确定］。如果标注样式中未启用换算单位，可通过输入方括号（[ ]）显示。

☞ 旋转：旋转标注文字。输入“0”则按默认方向放置。默认方向由［新建标注样式］对话框、［修改标注样式］对话框和［替代当前样式］对话框中的［文字］选项卡上的垂直和水平文字设置进行设置。

☞ 倾斜：调整尺寸界线角度以避免与其他图形冲突。倾斜角基于 UCS 的 X 轴测量。

编辑标注文字位置如图 7-19 所示。

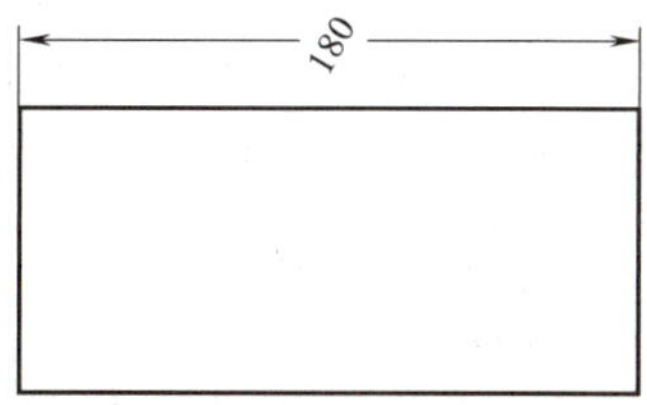

图 7-19 编辑标注文字的位置

7.21 标注样式**

【功能】创建、修改或比较标注样式，设置当前样式及其替代选项。

标注尺寸线、箭头、文字、单位、尺寸界线、超出尺寸线与起点偏移量都要通过［标注样式管理器］进行正确设置，错误的设置将导致不规范的标注，标注样式的正确设置是规范标注的基础，也是图纸合标合规与美观的最重要标志。工程设计人员务必熟练掌握。实际工作中不要使用现有的标注样式，应该重新设置符合本工程特点与规范的标注样式。

【下拉菜单】标注→标注样式

【工具栏】标注：

【命令】dimstyle

【操作提示】

此对话框（图 7-20）提供以下选项。

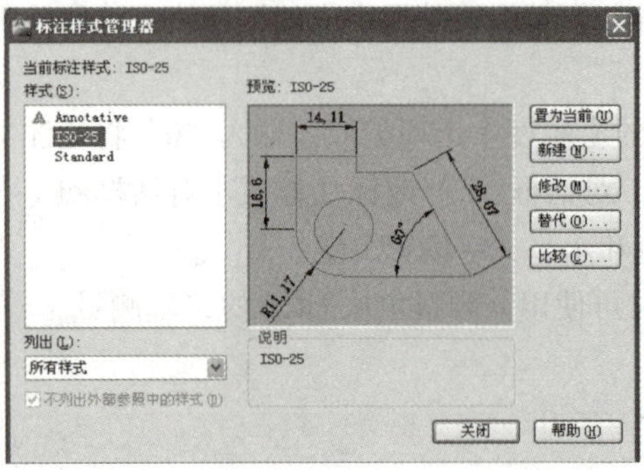

图 7-20 ［标注样式管理器］对话框

☞ 当前标注样式：显示当前使用的标注样式名称。默认标注样式为标准（Standard）。当前样式将应用于所创建的标注。

☞ 样式：列出图形中的标注样式。当前样式高亮显示。在列表中单击鼠标右键可显示快捷菜单及选项，可设置当前标注样式、重命名样式和删除样式。注：不能删除当前样式或当前图形使用的样式。

☞ 列出：在［样式］列表中控制样式显示。如果要查看图形中所有的标注样式，请选择［所有样式］。如果只希望查看图形中已使用的标注样式，请选择［正在使用的样式］。

☞ 不列出外部参照中的样式：如果选择此选项，则［样式］列表中将不显示外部参照图形的标注样式。

☞ 预览：显示［样式］列表中选定样式的图示效果。

☞ 说明：说明［样式］列表中与当前样式相关的选定样式。如果说明超出给定的空间，可以单击窗格并使用箭头键向下滚动查看。

☞ 置为当前：将在［样式］下选定的标注样式设置为当前标注样式。当前样式将应用于当前的图形标注。

☞ 新建：显示［创建新标注样式］对话框，可以新建一个标注样式。画图前都应该新建一个符合本专业要求的标注样式，并且所有图中使用同一标注样式，以保持图纸统一风格。

☞ 修改：显示［修改标注样］对话框，从中可以修改标注样式。对话框选项与［新建标注样式］对话框中的选项相同。

☞ 替代：显示［替代当前样式］对话框，从中可以设置标注样式的临时替代值。对话框选项与［新建标注样式］对话框中的选项相同。替代将作为未保存的更改结果显示在［样式］列表中的标注样式下。

☞ 比较：显示［比较标注样式］对话框，从中可以比较两个标注样式或列出一个标注样式的所有特性。

【注】此处的［标注样式］与［格式］中［标注样式］相同。

7.22　替代

【功能】替代标注系统变量的设置。

【下拉菜单】标注→替代

【工具栏】标注：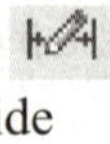

【命令】dimoverride

输入要替代的标注变量名。

输入标注变量的新值。

选择需要应用替代的标注对象。

【操作提示】

☞ 要替代的标注变量名：替代指定尺寸标注系统变量的值。

☞清除替代：清除选定标注对象的所有替代值，将标注对象恢复为原标注样式设置。

【说明】此命令只替代与标注对象相关联的尺寸标注系统变量，但不影响当前的标注样式。

7.23 重新关联标注

【功能】将选定的标注重新关联至几何对象或其特定点。

【下拉菜单】标注→重新关联标注

【工具栏】标注：

【命令】dimreassociate

【操作提示】

依次亮显每个选定的标注，并显示适于选定标注的关联点的提示；

每个关联点提示旁边都显示一个标记；

如果当前标注的定义点与几何对象无关联，则标记将显示为 X；

如果定义点与几何对象相关联，则标记将显示为框内的 X。

【说明】此命令不会更改标注中的 DIMLFAC（线性比例因子）设置。

【思考题】

1. 如何理解正确的标注对工程图纸的规范性与美观性具有的重要意义？

2. 如何正确设置［标注样式］？

3. 请列举尺寸标注的要素有哪些，如何正确设置？

4. 如何使尺寸标注更精确？

5. 如何理解标注样式的设置是工程制图中最重要的内容？为什么实际工作中不能使用现有的标注样式，应重新设置符合工程特点与规范的标注样式？

6. 在［标注样式管理器］中，［超出尺寸线］［起点偏移量］与［文字从尺寸线偏移］分别控制标注的哪些部分？如何认识这三个参数对标注的重要性？

8 视图

【本章导读】

AutoCAD 主菜单中的［视图］包含了操作控制视图界面的主要命令，可分为重画、重生成与全部重生成，缩放与平移，视口、显示与工具栏等。

所谓视图，就是在某个位置和角度观察到的、并按一定比例显示的目标图形。绘制图形时，既要观察图形的整体效果，又要查看图形的局部细节，为此 AutoCAD 提供了一种类似照相机的功能，可以随时以任何比例显示图形的任意部位，还可以在不同视口中同时显示图形的不同部位。这一功能在复杂图形中较为常用。

当绘图时间较长时，视图可能因标记点等的存在显得有些杂乱，这时可用重画、重生成或全部重生成等命令改善屏幕显示。例如，一个圆经多次缩放后会显示成一个多边形，重生成后会恢复成光滑的圆形。

缩放视图可以放大或缩小图形对象的显示比例，便于观察图形的整体结构和局部细节。缩放视图不改变对象的真实尺寸，只改变显示的比例。

在编辑图形对象时，如果当前视口的图形太大不能显示全部图形时，可以平移视图，以显示被隐藏部分的图形。执行平移操作不会改变图形对象的位置和视图比例，只改变当前视图中显示的内容。

［视口］可显示用户模型中不同视图的区域。在大型或复杂的图形中，显示不同的视图可以缩短在单一视图中缩放或平移的时间。在图纸空间中可以创建、缩放并布局图形，可以创建一个或多个布局视口。

［显示］菜单项用于控制与视图显示有关的特性：UCS 图标的显示特性；全局控制属性的可见性；文本窗口显示控制等。

［工具栏］菜单用于选择需要显示或隐藏的工具栏，也可新建、重命名或删除某个工具栏。由于屏幕空间有限，不可能显示所有命令，［工具栏］可以将最常用的命令从命令列表中拖动到快速访问工具栏、工具符号栏或工具选项板中。［工具栏］菜单设置应熟练掌握，它可以将最常用的工具栏放置在最方便的位置，允许自定义用户界面，体现个人的绘图习惯和高效操作。

AutoCAD 主菜单中的［视图］功能仅提供屏幕显示方面的多种选项，不影响实际图形的尺寸和位置。掌握这部分功能可为绘图操作提供更多的便利。

8.1 重画 *

【功能】快速刷新或清除当前视口中的点标记，而不影响图形数据。

在绘图和编辑过程中，有时会在屏幕上留下一些杂乱的显示内容（杂散像素）。为了消除这些痕迹，不影响图形的正常观察，可以执行重画操作。

【下拉菜单】视图→重画

【命令】redraw，redrawall（或 'redraw，'redrawall，用于透明使用）

重画一般情况下会自动执行。redraw 命令只刷新当前视口，redrawall 命令刷新所有视口。

【说明】透明使用是指在其他命令的应用过程中也可以使用该命令。

8.2 重生成 *

【功能】在当前视口内重新生成图形。

【下拉菜单】视图→重生成

【命令】regen

【说明】更新图形的屏幕显示，从而优化显示图像的效果。例如，一个圆经多次缩放后会显示成一个多边形，重生成后会恢复成光滑的圆形。

8.3 全部重生成 *

【功能】重生成整个图形并刷新所有视口。

【下拉菜单】视图→全部重生成

【命令】regenall

【说明】更新图形的屏幕显示，从而优化显示和对象选择的性能。

8.4 缩放 **

【功能】放大或缩小视图，缩放只改变局部视图显示的大小，不会改变实际图形的大小。

【下拉菜单】视图→缩放（范围、窗口、上一个、全部、动态、实时、中心、对象、放大、缩小）

【工具栏】在［标准］工具栏中有实时缩放、缩放上一个、窗口缩放。在［缩放］工具栏中有动态缩放、比例缩放、中心缩放、放大、缩小、全部缩放、范围缩放。

【命令】zoom（或 'zoom，用于透明使用）

指定窗口角点，输入比例因子（nX 或 nXP），或者［全部（A）/ 中心点（C）/ 动态（D）/ 范围（E）/ 上一个（P）/ 比例（S）/ 窗口（W）/ 对象（O）］<实时>：用鼠标指定窗口的一个角点，再指定窗口的另一个角点；输入比例因子或选项，回车进入实时缩放。

【操作提示】

☞ 输入比例因子（nX 或 nXP）：按照一定比例进行缩放，X 指相对于模型空间缩放，XP 指相对于图纸空间缩放。

☞ 全部（A）：在当前视图中显示整个图形。对应菜单：视图→缩放→全部。

☞ 中心点：指定一个中心点，该点作为视口中图形显示的中心。对应菜单：视图→缩放→中心点。

☞ 动态（D）：动态显示图形，该选项集成了平移（PAN）命令和缩放（ZOOM）命令中的“全部（A）”和“窗口（W）”功能。对应菜单：视图→缩放→动态。

☞ 范围（E）：将图形在当前视口中最大限度地显示。对应菜单：视图→缩放→范围。

☞ 上一个（P）：恢复上一个视口内显示的图形，最多可以恢复 10 次。对应菜单：视图→缩放→上一个。

☞ 比例（S）：根据输入的比例来显示图形。对应菜单：视图→缩放→比例。

☞ 窗口（W）：缩放由两点定义的窗口范围内的图形到整个窗口的范围。对应菜单：视图 →缩放→窗口。

☞ 对象（O）：缩放以便尽可能地显示一个或多个选定的对象并使其位于视图的中心。

☞ 实时：在提示后直接回车，进入实时缩放状态，按住鼠标向上或向左放大图形，按住鼠标向下或向右缩小图形。对应菜单：[视图] → [缩放] → [实时]。

另外，在下拉菜单中，[视图] → [缩放] → [放大]，相当于比例缩放中的比例为 2X；视图→缩放→缩小，相当于比例缩放中的比例为 0.5X。

【说明】该命令经常透明使用以方便编辑操作，但在使用三维视图方向（VPOINT）或动态视图（DVIEW）命令时，或在使用另一个缩放（ZOOM）、平移（PAN）或命名视图（VIEW）命令时，不能透明使用 ZOOM 命令。

特别提醒：这里的缩放（ZOOM）与 [修改] 中的 [缩放]（SCALE），中文名称相同，但含义与功能完全不同。前者可将实际图形尺寸放大缩小，后者仅将屏幕显示放大缩小，不影响图形尺寸。

8.5　平移 **

【功能】通过使用平移命令或窗口滚动条，可以移动视图。平移只改变视窗的位置，不会改变实际图形的大小。

【下拉菜单】视图→平移（实时、定点、左、右、上、下）

【工具栏】

【命令】pan（或 'pan，用于透明使用）

【操作提示】

☞ 实时：出现手形光标时，按住鼠标左键移动视图，也可使用鼠标滚轮移动图形。

☞ 定点：可将图形从第一指定点移到另一指定点。

☞ 左：向左移动视图。

☞ 右：向右移动视图。

☞ 上：向上移动视图。

☞ 下：向下移动视图。

8.6 视口**

【功能】创建新的视口配置，或命名和保存模型视口配置。对话框中可用的选项取决于用户是配置模型视口（或平铺视口，在模型选项卡中），还是配置布局视口（在布局选项卡中，图纸空间）。

【下拉菜单】视图→视口

【工具栏】在［视口］工具栏中有：显示［视口］对话框 、单个视口 、多边形视口 、将对象转换为视口 、剪裁现有视口 。

【命令】vports

【操作提示】执行命令后，在屏幕上弹出［视口］对话框，如图 8-1 所示。

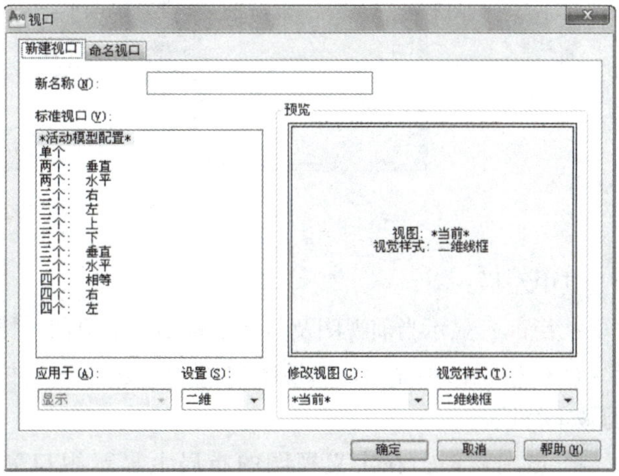

图 8-1 ［视口］对话框

其中两个选项卡中的各选项与菜单栏的各选项意义相同，即：

☞ 命名视口：显示命名视口的布局选项。

☞ 新建视口：创建新视口。

☞ 一个视口：在界面中创建一个视图。

☞ 两个视口：在界面中创建两个视图。

☞ 三个视口：在界面中创建三个视图。

☞ 四个视口：在界面中创建四个视图。

☞ 多边形视口：用指定的点创建不规则形状的视口。

☞ 对象：指定闭合的多段线、椭圆、样条曲线、面域或圆，转换为视口。

☞ 合并：将两个相邻视口合并为一个大视口。

【说明】AutoCAD 可在屏幕上同时建立多个窗口，即视口。它分为平铺视口（模型空间）和浮动视口（图纸空间）两种类型。平铺视口有以下特点：对每个视口而言，最多被分为 4 个视口，每个视口可继续被分成最多 4 个子视口，如此类推；可以采用缩放、平移等命令控制该视口中的图形显示范围和大小，而不影响其他视口；可以对任何一个视口中的图形进行编辑，效果都一样。

8.7 命名视图

【功能】按名称保存或恢复视图。

【下拉菜单】视图→命名视图

【工具栏】

【命令】view

【操作提示】执行命令后，在屏幕上弹出［视图管理器］窗口，如图 8-2 所示。

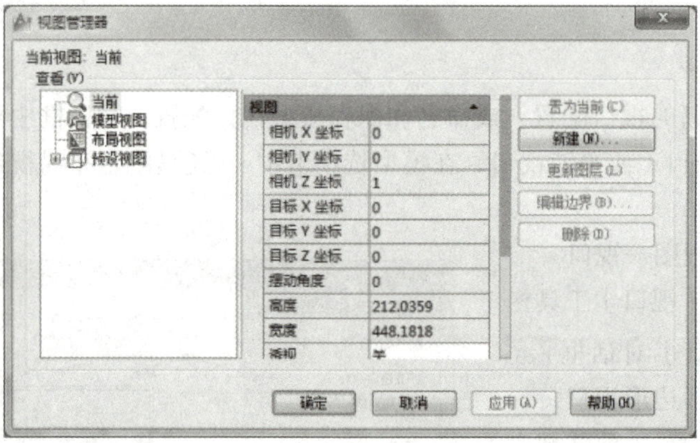

图 8-2 “视图管理器”窗口

其中左栏：

☞ 当前：显示当前视图及其［查看］和［剪裁］特性。

☞ 模型视图：显示命名视图和相机视图列表，并列出选定视图的［基本］、［查看］和［剪裁］特性。

☞ 布局视图：在定义视图的布局上显示视口列表，并列出选定视图的［基本］和［查看］特性。

☞ 预设视图：显示正交视图和等轴测视图列表，并列出选定视图的［基本］特性。

中间栏显示该视图的各种特性。

单击右栏［新建］按钮，在屏幕上弹出如图 8-3 所示的［新建视图 / 快照特性］窗口。在该窗口中为该视图输入名称和视图类别(可选)。

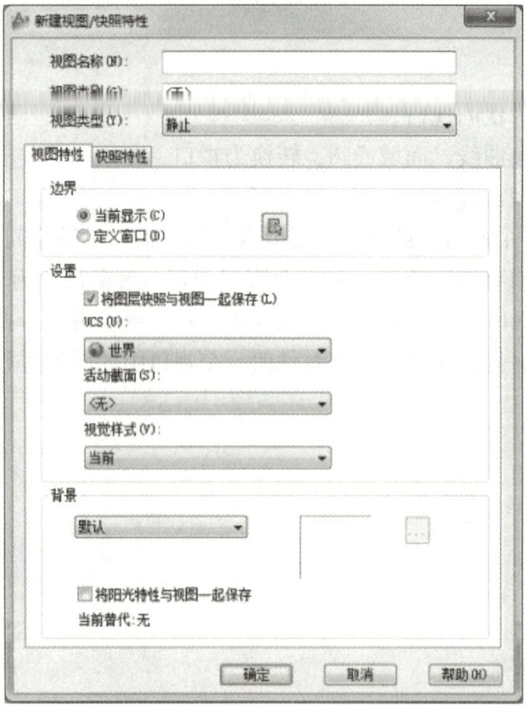

图 8-3 新建视图 / 快照特性窗口

选择以下选项之一来定义视图区域。

☞ 当前显示：包括当前可见的所有图形。

☞ 定义窗口：保存部分当前显示。

单击［确定］按钮，保存新视图并返回［视图管理器］窗口，再单击［确定］按钮关闭此窗口。

要恢复或删除命名视图时，先在［视图管理器］窗口选择该命名视图，再单击［置为当前］或［删除］按钮，再单击“确定”按钮。

【说明】按名称保存特定视图后，可以在布局和打印或需参考特定细节时恢复它们。命名视图随图形一起保存并可以随时使用。在构造布局时，可以将命名视图恢复到布局的视口中。

8.8 显示

控制与视图显示有关的特性，可分成几个子项。

8.8.1 USC 图标

【功能】控制 UCS 图标的显示特性

【下拉菜单】视图→显示→UCS 图标（开、原点、特性）

【命令】ucsicon

【操作提示】

☞ 开（ON）：显示 UCS 图标。

☞ 关（OFF）：关闭 UCS 图标显示。

☞ 全部（A）：将对图标的修改应用到所有活动视口。

☞ 非原点（N）：不管 UCS 原点在何处，在视口的左下角显示图标。

☞ 原点（OR）：在坐标系原点（0，0，0）显示该图标。如果原点不在屏幕上，或者图标未在视口边界处剪裁而不能放置在原点处，图标将显示在视口的左下角。

☞ 特性（P）：打开［UCS 图标］对话框，在此可以控制UCS图标的样式、可见性和位置。如图 8-4 所示。

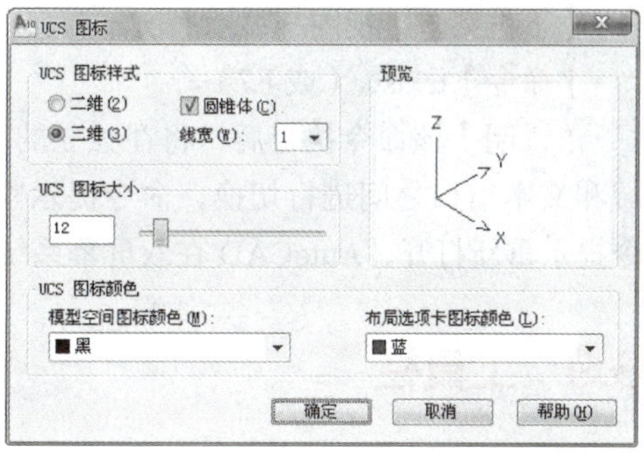

图 8-4 ［UCS 图标］对话框

［UCS 图标］对话框含义如下：

［UCS 图标样式］：指定二维或三维 UCS 图标的显示及其外观。圆锥体：如果选中三维 UCS 图标，则 *X* 轴和 *Y* 轴显示为三维圆锥箭头。如果不选择［圆锥体］，则显示为二维箭头。线宽：控制选中三维 UCS 图标的线宽（可选 1、2 或 3 个像素）。

［预览］：显示 UCS 图标在模型空间中的预览效果。

［UCS 图标大小］：按视口大小的百分比来控制图标的大小。默认值为 12，有效值范围是 5 ～ 95。注意：UCS 图标大小与显示它的视口大小成比例。

［UCS 图标颜色］：控制 UCS 图标在模型空间视口和布局选项卡中显示的颜色。

［模型空间图标颜色］：控制 UCS图标在模型空间视口显示的颜色。

［布局选项卡图标颜色］：控制 UCS 图标在布局选项卡中显示的颜色。

【说明】

① AutoCAD 在图纸空间和模型空间中显示不同的 UCS 图标。在两种空间中，当图标放置在当前 UCS 原点时，将在图标的底部出现一个加号（+）。对于二维 UCS 图标，如果当前 UCS 与世界坐标系相同，则在图标的 *Y* 轴显示字母“W”。对于三维 UCS 图标，如果 UCS 与世界坐标系相同，将在 *XY* 平面的原点显示一个矩形。

② 对于二维 UCS 图标，如果俯视 UCS（沿 *Z* 轴正方向），则图标的底部会有一个框。仰视 UCS 时，方框消失。对于三维 UCS 图标，俯视 *XY* 平面时，*Z* 轴是实线；仰视 *XY* 平面时，*Z* 轴则为虚线。

③ 如果 UCS 旋转使 *Z* 轴位于与观察平面平行的平面上，也就是说，如果 *XY* 平面对观察者来说显示为边，那么二维 UCS 图标将被断铅笔图标所代替。三维 UCS 图标不使用断铅笔图标。

8.8.2　属性显示

【功能】全局控制属性的可见性

【下拉菜单】视图→显示→属性显示（普通、开、关）

【命令】attdisp

【操作提示】

☞ 普通（N）：保持每个属性当前的可见性设置。

☞ 开（ON）：显示所有属性。

☞ 关（OFF）：隐藏所有属性。

【说明】属性是与块关联的文字信息。除非 REGENAUTO（控制自动重生成的变量）处于关闭状态，否则改变属性的可见性后，AutoCAD 将重生成图形。AutoCAD 将属性的当前可见性存储在 ATTMODE（控制属性显示）系统变量中。

8.8.3　文本窗口

【功能】生成窗口显示文本信息，如当前的操作命令、文件的保存路径等。

【下拉菜单】视图→显示→文本窗口

【命令】textscr（或 F2）

【说明】该命令执行后，将在独立的窗口中显示 AutoCAD 命令行。按 F2 键可在绘图区域和文本窗口之间进行切换。命令提示隐藏时，可在文本窗口中输入“commandline”将命令提示重新打开。AutoCAD 在双屏幕系统中不支持此命令。

8.9　工具栏 **

【功能】指定要显示、关闭和定位的用户工具栏界面。

【下拉菜单】视图→工具栏

【命令】toolbar

【操作提示】执行命令后，出现如图 8-5 所示对话框。

在该对话框中可选择需要显示或隐藏的工具栏，也可新建、重命名或删除某个工具栏。

光标指向工具栏，按鼠标右键，即弹出工具栏菜单，就可选用某一工具栏。

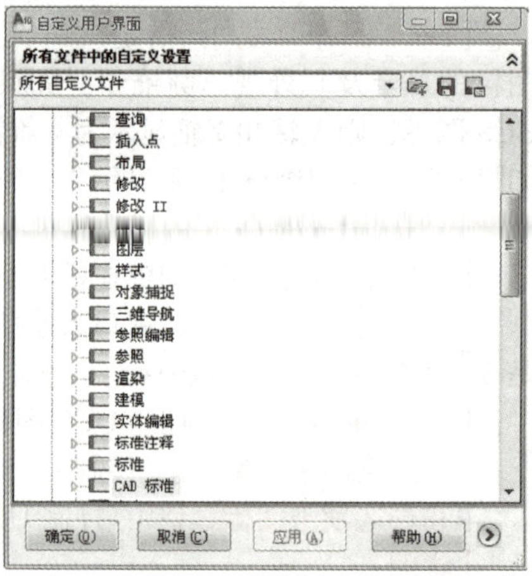

图 8-5 ［自定义用户界面］对话框

【思考题】

1. 为什么说视图功能只改变图形显示，以达到最佳的视觉效果？
2. 如果不满足于 CAD 默认的操作界面，如何通过［工具栏］自定义用户界面？
3. 对于大尺度的复杂图形，如何在全局与细节之间随意切换？

9 插入

【本章导读】

AutoCAD 主菜单［插入］的主要功能是将外部文件或图形插入当前图形中，方便文件之间的资源交流。命令可分为以下几类：插入块，插入 DWG 参照与外部参照，插入 DWF、DGN、PDF 参考底图与光栅图像参照，插入字段与点云，创建布局，输入 3D Studio 文件、ACIS 文件、二进制图形交换文件与 Windows 图元文件，插入 OLE 对象与超链接等。

命令［块］，也称为图块，它将一组图形或文本集成为一个图元，保存在内存或硬盘文件中可以随时调用，如环境工程中常用的风机、水泵、标排口等，以减少常用图形的重复绘制而提高工作效率。在使用图块之前，用户必须先建立块图并保存在自己的图库文件中。

输入“BLOCK”命令建立的图块保存在内存中，电脑关机后消失；在命令行中输入“WBLOCK”命令创建的图块，可在硬盘文件中永久保存。图块可以用于创建自己的图库，不但能够提高绘图效率，也是设计者积累经验的过程。越是经验丰富的设计者，他的图库也越丰富，种类越齐全，绘图效率也越高。设计人员应熟练掌握图块的建立、分类保存和快速调用等操作。

外部参照是一种灵活的图形引用方法，使用外部参照可以将多个图形链接到当前图形。外部参照的图形数据仍保存在原图形文件中，当前图形中保存的只是外部参照的名称和路径，作为外部参照的图形会随着原图形的修改而更新。因此，外部参照不会明显增加当前图形文件大小。

ACIS 文件是由 AutoCAD 软件生成的一种基于二进制编码的图形文件。ACIS 代表 AutoCAD 的 IS 数据格式，主要用于存储绘图信息。这种文件格式是 AutoCAD 为了与其他 CAD 软件兼容而设计的一种中间文件格式，具有跨平台的特点。

二进制图形交换文件一般是指以 BMP 为后缀的位图图像格式文件，几乎所有的图像处理软件都能打开它。Windows 图元文件是微软公司定义的一种 Windows 平台下的图形文件格式，以“WMF”为后缀。

OLE 对象链接与嵌入是一种应用程序的集成技术，可以在多种 Windows 应用程序之间进行数据交换，或组成一个合成文档。Windows 版本的 AutoCAD 系统同样支持该功能，可以将其他 Windows 应用程序的对象链接或嵌入到 AutoCAD 图形中，或者在其他程序中链接或嵌入 AutoCAD 图形。使用 OLE 技术可以在 AutoCAD 中附加多种类型的文件，如文本文件、电子表格、来自光栅或矢量源的图像文件等。

超链接就是将 AutoCAD 中的文字或图形与其他数据、信息、动画、声音等建立链接关系。用超链接可实现由当前文字或图形到关联图形文件的跳转。其链接的对象可以是现有的文件或 Web 页。

AutoCAD 下拉式菜单中的［插入］功能提供了与外部文件交换的便利性，可根据不同情形选择使用，其中［块］的功能最为重要，应该熟练掌握。需要提醒的是创建［块］（BLOCK）的命令在［绘图］主菜单下，创建［块］（WBLOCK）的命令需要从命令行手动输入，而插入［块］的命令在［插入］主菜单下，通过［浏览］找到保存路径及文件夹，找到需要的块。

9.1　块**

【功能】将块或图形插入到当前图形中。

【下拉菜单】插入→块

【工具栏】

【命令】insert

【操作提示】通过［浏览］保存路径及文件夹找到需要的块。如图 9-1 所示。

在［名称］一栏中选择当前图形中已定义的块，或单击［浏览］选择外部 DWG 文件；

设置块的插入点、比例和旋转角度；

单击［确定］按钮完成插入。

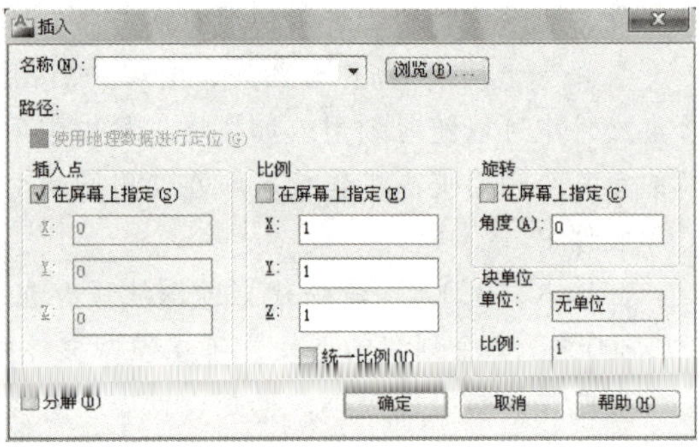

图 9-1 ［插入］对话框

【说明】

① 可以用外部文件覆盖当前图形中的某个块定义。

② 如果只想要插入块中的部分内容，可先插入后选择［分解］，再编辑成想要的图形。

③ 根据需要，在命令提示行中输入插入点、比例和旋转角度等参数。

【注意】创建图块的保存路径应尽量简短，文件名目录与子目录应条理清晰，使用时便于查找。

9.2　DWG 参照

【功能】插入 DWG 文件作为外部参照。

【下拉菜单】插入→ DWG 参照

【工具栏】

【命令】xattach

【操作提示】调用该命令后，显示［选择参照文件］对话框，如图 9-2 所示。选择 DWG 文件后显示［附着外部参照］对话框，如图 9-3 所示。附着该文件后可通过［外部参照］功能区选项卡调整和裁剪外部参照。

图 9-2 [选择参照文件] 对话框

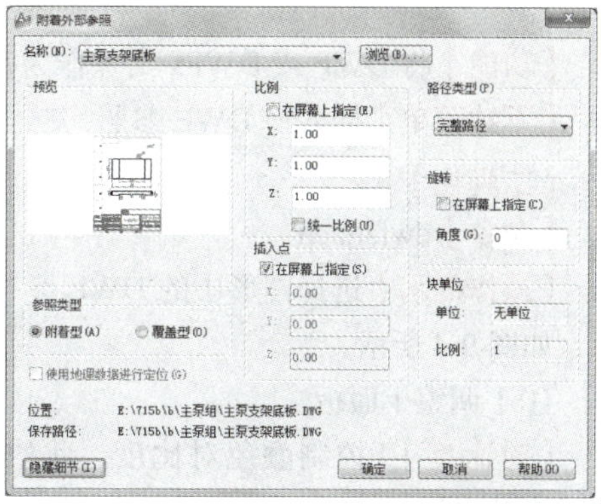

图 9-3 [附着外部参照] 对话框

① [名称]：显示已选定的 DWG 参照文件。

② [浏览]：单击 [浏览] 显示 [选择参照文件] 对话框，从中可以为当前图形选择新的外部参照。

③ [预览]：显示已选定的 DWG 文件的预览图。

④ [参照类型]：指定外部参照为附着型或覆盖型。附着型是指嵌套参照时包含所有层级；覆盖型是指嵌套参照时忽略该层级。

⑤ [使用地理数据进行定位]：将地理数据用作参照的图形。

⑥ [比例]

[在屏幕上指定]：允许用户在命令提示下或通过定点设备输入。如果没有选择 [在屏幕上指定]，则请输入比例值。

[比例因子] 字段：直接输入比例值，默认比例因子为 1。

⑦ [插入点]

[在屏幕上指定]：指定是通过命令提示输入，还是通过定点设备输入。如果未选择 [在屏幕上指定]，则需输入插入点的 X、Y 和 Z 坐标值。

X：设置 X 坐标值。

Y：设置 Y 坐标值。

Z：设置 Z 坐标值。

⑧ [路径类型]：选择 [完整路径]、[相对路径] 或 [无路径]。

⑨ [旋转]

[在屏幕上指定]：如果选择了 [在屏幕上指定]，则可以在退出该对话框后用定点设备旋转对象或在命令提示下输入旋转角度值。

[角度]：如果未选择 [在屏幕上指定] 选项，则可以在对话框里输入旋转角度值。默认旋转角度为 0。

⑩ [块单位]

[单位]：显示为插入块指定的 INSUNITS 值。

[比例]：显示单位比例因子，它是根据块和图形单位的 INSUNITS 值计算出来的。

[位置]：显示外部参照文件的路径。

[保存路径]：显示附着外部参照时与图形一起保存的路径，路径取决于 [路径类型] 设置。

9.3　DWF 参照

【功能】将 DWF 或 DWFx 文件作为参考底图插入当前图形中。

【下拉菜单】插入→ DWF 参照

【工具栏】

【命令】dwfattach

【操作提示】选择图形中的 DWF 参考底图时，[DWF 参考底图] 选项卡将显示在功能区上，如图 9-4 所示。

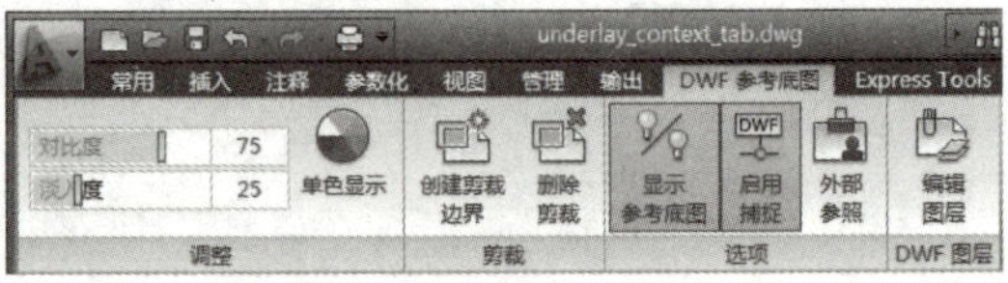

图 9-4 [DWF 参照]

① [调整] 面板

[对比度]：控制颜色对比度。此值越大对比越强烈。

[淡入度]：控制线条显示深浅。此值越大线条越浅。

[单色显示]：以黑白色显示参考底图。

② [剪裁] 面板

[创建剪裁边界]：创建新的剪裁边界（自动删除旧边界）。

[删除剪裁]：删除现有剪裁边界。

③ [选项] 面板

[显示参考底图]：隐藏或显示参考底图。

[启用捕捉]：控制是否为 DWF 参考底图中的几何图形启用对象捕捉。

[外部参照]：打开 [外部参照] 选项板。

④ [DWF 图层] 面板

[编辑图层]：控制 DWF 参考底图中图层的显示或隐藏。

9.4　PDF 参照

【功能】将 PDF 文件作为参考底图插入当前图形中。

【下拉菜单】插入→ PDF 参照

【工具栏】

【命令】pdfattach

【操作提示】该操作步骤与 DWF 参照相同。

9.5　光栅图像参照

【功能】将光栅图像附着到当前图形。

【下拉菜单】插入→光栅图像参照

【工具栏】

【命令】imageattach

执行该命令后，打开 [选择图像文件] 对话框，通过该对话框可以查看光栅图像、两色位图图像、8 位灰度图像、8 位彩色图像或 24 位彩色图像文件，并将其附着到图形中。附着图像将创建图像定义，将图像加载到内存中并显示该图像。标识要附着的选定图像，可以从［选择图像文件］对话框中选择（未附着过的图像），也可以从以前附着过的图像列表中选择。要添加已附着的图像文件，可以从列表中选择图像名后选择［确定］。

【说明】光栅图像不保存在图形文件中，而只是建立了指向该光栅图像的指针，就像外部应用一样。

9.6 字段

【功能】创建具有字段的多行文字对象，该对象可随字段值更改而自动更新。

【下拉菜单】插入→字段

【工具栏】

【命令】field

也可用快捷菜单：文字编辑时，单击右键，选择［插入字段］。

调用该命令后，显示［字段］对话框。在［字段类别］中单击下拉菜单，在所列选项中选择，在［字段名称］选项中选择，该对话框中可用的选项随［字段类别］和［字段名称］的变化而变化。对其他（如格式等）选项也做出选择。在对话框下方显示了［字段表达式］，它不可编辑，但用户可以通过阅读此区域来了解字段的构造方式。

【说明】

① 字段是包含说明的文字，这些说明可能会在图形生命周期中用于修改的数据。

② 字段可以插入到任意种类的文字（公差除外）中，其中包括表单元、属性和属性定义中的文字。

③ 一些图纸集字段可以作为占位符插入。例如，可以将“图纸编号和标题”作为占位符插入。没有值的字段将显示连字符（----）。

9.7 点云

9.7.1 附着

【功能】将点云扫描（RCS）或项目文件（RCP）插入当前图形中。

【下拉菜单】插入→点云→附着

【工具栏】

【命令】PointCloudAttach

【说明】指定点云的插入点。根据插入对象的位置，会将点云插入指定的坐标处。如果地理位置信息存在于当前图形和点云文件中，则可以根据该数据插入文件。

9.7.2 索引

【功能】创建索引化点云文件。

【下拉菜单】插入→点云→索引

【工具栏】

【命令】PointCloudIndex

【说明】显示［选择数据文件］和［创建带索引的点云文件］对话框。根据扫描文件创建带索引的点云文件，这些扫描文件由激光雷达（LiDAR）扫描仪创建（LAS 文件）或由更小型的三维扫描仪创建（XYB、LAS、FLS 或 FWS 文件）。

9.7.3　密度

【功能】控制点云显示密度。

【下拉菜单】插入→点云→密度

【工具栏】

【命令】PointCloudDensity

【说明】该系统变量的值是 1500000 的百分比，1500000 是可在图形中存在的最大点数（不考虑附着到单个图形的点云数目）。例如，如果该系统变量设定为 1，即使屏幕上显示了多个点云，一次最多也只显示 15000 个点。15000 个点将均匀地分布在这些可见的点云之间。

9.8　布局*

【功能】创建新布局。

9.8.1　命令行创建布局

【功能】创建和修改图形布局。

【下拉菜单】插入→布局→新建布局 / 来自样板的布局

【工具栏】

【命令】layout

执行该命令后，系统提示：[输入布局选项][复制（C）/ 删除（D）/ 新建（N）/ 样板（T）/ 重命名（R）/ 另存为（SA）/ 设置（S）/?]，选取相应的选项可以对布局进行不同的操作。

【操作提示】

[复制（C）]：复制布局。如果不提供名称，则新布局以被复制的布局名称附带一个递增的数字（在括号中）作为布局名。新选项卡插入到复制的布局选项卡之前。

[删除（D）]：删除选定的布局，默认当前布局。

[新建（N）]：创建新的布局选项卡，在单个图形中可以创建最多 255 个布局。布局名必须唯一，布局名最多可以包含 255 个字符，不区分大小写，布局选项卡上只显示前 31 个字符。

[样板（T）]：基于样板（DWT）、图形（DWG）或图形交换（DXF）文件中现有的布局创建新布局选项卡。如果将系统变量 FILEDIA 设置为 1，则将显示标准文件选择对话框，用以选择 DWT、DWG 或 DXF 文件。选定文件后，程序将显示［插入布局］对话框，其中列出了保存在选定文件中的布局。选择布局后，该布局和指定的样板或图形文件中的所有对象被插入到当前图形。

[重命名（R）]：修改已有布局的名称。

[另存为（SA）]：将布局保存为 DWT 样板文件。

[设置（S）]：指定一个布局为当前布局。

[?]：显示图形中定义的所有布局。

【说明】右键单击［布局］标签，从弹出的快捷菜单中可以对布局进行创建、删除等。

9.8.2 创建布局向导

【功能】通过向导创建新布局。

【下拉菜单】插入→布局→创建布局向导

【命令】layoutwizard

【操作提示】启动创建布局命令后，系统显示如图 9-5 所示的对话框，并一步一步进行新布局的创建。

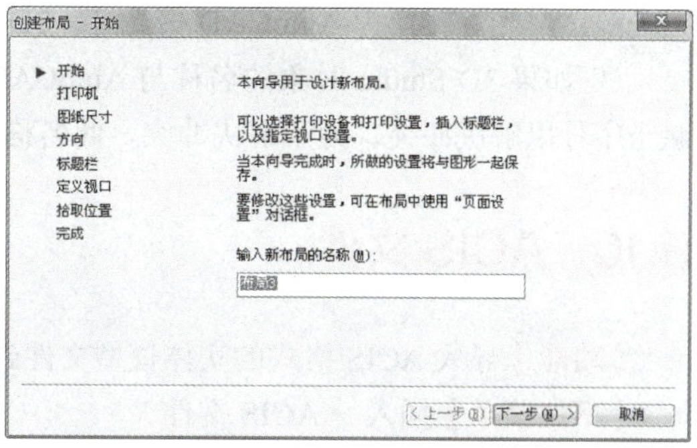

图 9-5 ［创建布局 - 开始］对话框

在［开始］对话框中输入新建布局名称，单击［下一步］后出现［打印机］对话框直至完成所有选项的设置；

在［打印机］对话框中列出当前计算机可以使用的打印机；

在［图纸尺寸］对话框中选择打印图纸的尺寸并选择所用的单位；

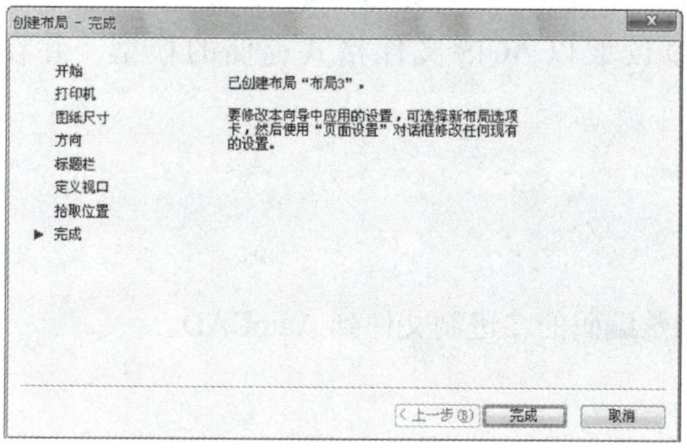

图 9-6 ［创建布局 - 完成］对话框

在［方向］对话框中设置布局方向；

在［标题栏］对话框中可以选择已经存在的图纸样式，对话框右侧给出所选样式的预览图像，还可指定所选的图纸样式是作为块还是外部参照插入到图形中；

在［定义视口］对话框中指定视图设置、比例等；

完成［拾取位置］设置后，出现如图 9-6 所示的［创建布局 - 完成］对话框，点击［完成］结束新布局的创建。

9.9 3D Studio

【功能】将 3D Studio 文件导入 AutoCAD。

【下拉菜单】插入→ 3D Studio

【工具栏】

【命令】3dsin

【操作提示】在弹出的［文件输入］对话框中选取已有的 3D Studio 文件，单击［打开］。AutoCAD 将显示［3D Studio 文件输入］对话框。

［可用对象］：显示 3D Studio 文件中所有对象的名称，最多可以选择 70 个对象。

［选定对象］：显示要输入的选定 3D Studio 的对象。

［保存到图层］：控制对象图层分配方式。

［多重材质对象］：3D Studio 按面、元素或对象指定材质。AutoCAD 仅按对象指定材质。当 AutoCAD 遇到指定了多重材质的 3D Studio 对象时，必须找出一种方法来处理指定。

【说明】

① 输入的对象被赋予最接近其 3D Studio 颜色的 AutoCAD 颜色。

② 3D Studio 光源被转换为最接近的 AutoCAD 光源，环境光失去其颜色，泛光光源变成

点光源，聚光灯转换为 AutoCAD 聚光灯。3D Studio 相机变成 AutoCAD 命名视图。

③ 如果 3D Studio 对象的名称与 AutoCAD 图形中的名称冲突，3D Studio 对象名称将被赋予序号以解决冲突。为了解决冲突，此名称可能会被截断。

9.10　ACIS 文件

【功能】导入 ACIS 格式的实体模型文件到 AutoCAD。

【下拉菜单】插入→ ACIS 文件

【工具栏】

【命令】acisin

在弹出的对话框中选取已有的 ACIS 文件，单击 [打开]，将 SAT 格式（ASCII）的 ACIS 文件导入到用户的 AutoCAD 图形中。

【说明】ACIS（由 Spatial Technology，Inc. 开发的一种实体建模）提供一种可用于 AutoCAD 的实体建模文件格式。AutoCAD 读取以 ACIS 文件格式存储的模型，并在 AutoCAD 图形中创建体对象、实体或面域。

9.11　二进制图形交换

【功能】导入由 AutoShade 等程序生成的特殊编码的二进制文件到 AutoCAD。

【下拉菜单】插入→二进制图形交换

【命令】dxbin

在弹出的对话框中选取已有的 DXB 文件，输入要打开的文件名，单击【打开】，文件将在 AutoCAD 中打开。

9.12　Windows 图元文件

【功能】将 Windows 图元文件（WMF）导入 AutoCAD。

【下拉菜单】插入→ Windows 图元文件

【工具栏】

【命令】wmfin

在弹出的对话框中选取已有的 WMF 文件，单击【打开】即可。

【说明】与位图和光栅文件不同，图元文件包含矢量信息，这些信息可以在不丢失分辨率的情况下缩放和打印。

9.13　OLE 对象

【功能】插入链接对象或嵌入对象到当前 AutoCAD 中。

【下拉菜单】插入→ OLE 对象

【工具栏】

【命令】insertobj

【操作提示】执行该命令后显示如图 9-7 所示的［插入对象］对话框（一）。

选择［新建］，打开［对象类型］列表中亮显的应用程序以创建新的插入对象；

在选择［新建］的前提下，选［显示为图标］则插入的对象将以图标的形式显示；

如选择［由文件创建］，将出现如图 9-8 所示的对话框，可指定要链接或嵌入的文件；

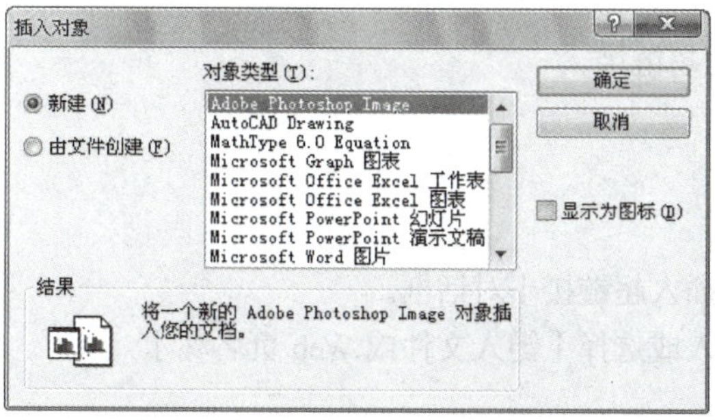

图 9-7 ［插入对象］对话框（一）

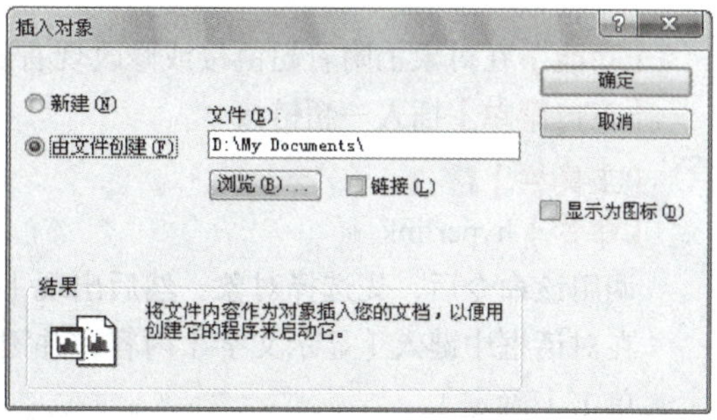

图 9-8 ［插入对象］对话框（二）

在选择［由文件创建］的前提下，选择［链接］，则创建到选定文件的链接，而不是嵌入文件。选择［显示为图标］，则在 AutoCAD 图形中显示源应用程序的图标。双击该图标可显示链接或嵌入的信息。

【说明】

① 在向 AutoCAD 图形中插入来自支持 OLE 的应用程序的对象时，此对象可以保持与源文件的链接。

② 链接的对象仍保持与源文件的关联。在 AutoCAD 中编辑链接对象时，源文件也随之改变。在源文件中编辑对象时，链接的 AutoCAD 对象也随之改变。

③ 嵌入对象与其源文件没有关联。在 AutoCAD 图形中使用源应用程序编辑嵌入数据时，源文件不会被改变。

9.14 外部参照

【功能】将其他图形链接到当前 AutoCAD 图形中，并提供其拆离、重载等功能。

【下拉菜单】插入→外部参照

【工具栏】

【命令】xref，externalreferences

【操作提示】调用该命令后，显示［外部参照］选项板，如图 9-9 所示。

【外部参照】选项板：用于组织、显示和管理参照文件，例如 DWG 文件（外部参照）、DWF、DWFX、PDF 或 DGN 参考底图以及光栅图像。

只有 DWG、DWF、DWFX、PDF 和光栅图像文件可以从［外部参照］选项板中直接打开。

AutoCAD 为附着的外部参照图形提供了两种方式：

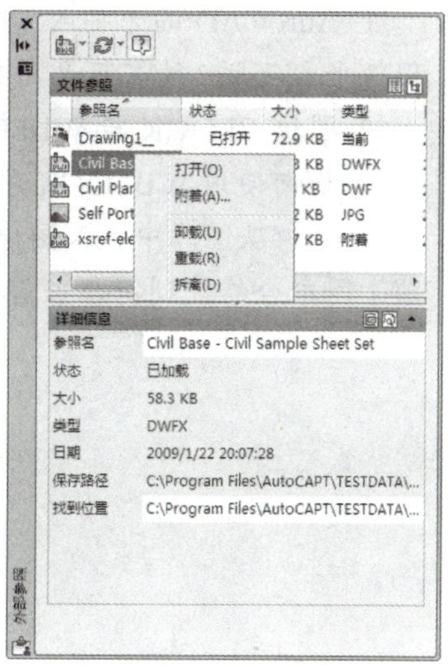

图 9-9 ［外部参照］选项板

列表图和树状图。默认设置是以列表图列出已附着的外部参照文件及相关数据。若要将文件按字母排序，单击［参照名］列，再次单击则为反序排列。

9.15　超链接

【功能】在对象上附着超链接或修改现有的超链接。

【下拉菜单】插入→超链接

【工具栏】

【命令】hyperlink

调用该命令后，先选择对象，然后出现［插入超链接］对话框。

在对话框中键入［显示文字］内容，并键入或选择［键入文件或 Web 页名称］。

单击［确定］。

【说明】

①［显示文字］：该文本框用于设置超链接的说明。将光标移到插入超链接对象处，除光标变为连接图表外，还显示该说明文字。

②［键入文件或 Web 页名称］：指超链接所指向的文件或 URL。

③［此图形的视图］：显示当前图形中命名视图的可扩展的树状图，从中可选择一个进行链接。

④［电子邮件地址］：指定链接目标电子邮件地址。执行超链接时，将使用默认的系统邮件程序创建新邮件。

⑤ 如要编辑已有的超链接，则要先选取一个或多个要编辑的对象，出现编辑超链接对话框，在该对话框中进行编辑、删除。

【思考题】

1. AutoCAD 的［插入］功能让其不再成为工作孤岛，AutoCAD 哪些功能可以实现跨平台互联？使其可利用更丰富的外部资源。

2. 图块 BLOCK 与 WBLOCK 命令在创建途径、使用特点上有何不同？

3. 如何使用 WBLOCK 命令建立自己的图库？

4. 如何从图库中插入图块到当前图形中？如何通过［插入点］［比例］［旋转］［分解］等命令修改到符合当前图形的要求？

10 工具

【本章导读】

AutoCAD 主菜单［工具］栏中包含了用于设置绘图辅助工具的 30 多个命令及二级命令，内容较多。主要可分为以下几类：工作空间、选项板与工具栏、命令行与全屏显示、拼写检查与快速选择、绘图次序与隔离、查询与更新字段、块编辑器、外部参照和块在位编辑、数据提取与数据链接、加载应用程序与运行脚本、宏与 AutoLISP、显示图像、新建 UCS 与命名 UCS、地理位置、CAD 标准、向导与绘图设置、组与解除编组、数字化仪、自定义与选项等。

［工作空间］即选择在什么模式下绘图，有［草图与注释］、［三维基础］、［三维建模］和［AutoCAD 经典］。［AutoCAD 经典］是默认和常用的模式。

［选项板］［工具栏］可用来设置绘图环境，可默认也可改变。［命令行］［全屏显示］界面显示控制。

可以通过单击 UCS（用户坐标系）图标来更改当前 UCS 的位置和方向。

［CAD 标准］可维护图形文件的一致性，标准为命名对象（例如图层和文字样式）定义一组常用特性。在合作环境下，统一的图形标准特别重要。

可以自定义界面和工具选项板，用选项设置（OPTIONS 命令）控制 AutoCAD 多种工作平台的特性。

［工具］菜单下的［选项］命令特别重要和常用，应该熟练掌握它。

［文件］主要支持文件搜索、编辑和打印等功能。

［显示］可以设置绘图区域的背景颜色、字体、功能区、快捷键、布局元素、显示精度、十字光标大小等。

［打印和保存］用来设置文件自动保存的间隔时间，防止因电脑故障而丢失当前绘图。

［打印和发布］主要用来设置各项打印输出的参数。

［用户系统配置］可定义鼠标键的功能、默认或改变图形单位、块编辑与线宽设置等。

［绘图］可以设置［自动捕捉］［自动捕捉标记大小］［靶框大小］等。

［选择集］可以设置［拾取框大小］［夹点尺寸］与［夹点颜色］。

主菜单［工具］栏的特点是将分散在其他菜单栏中的工具集中于此，所以有些内容是重复的，如格式中的［图层］、修改中的［特性］、命令行中［对象捕捉］、［极轴追踪］、［草图］设置和绘图区域按鼠标右键显示的［选项］等，总体功能上等于增加了一个综合工具箱。对于初学者，可先浏览［工具］主菜单下的各项命令，在绘图中常用的先掌握（标题中带“**”、“*”的内容），其他后续再学。

10.1　工作空间

【功能】设置、创建、修改和保存工作空间，并将其设定为当前工作空间。

【下拉菜单】工具→工作空间→草图与注释 / 三维建模 /AutoCAD 经典 / 工作空间设置

【命令】wscurrent，wssave，wssettings，cui，workspacelabel

【说明】工作空间是由菜单、工具栏、选项板和功能区控制面板组成的集合，使用户可以在专门的面向任务的环境中工作。默认为［AutoCAD 经典］。

10.2　选项板

10.2.1　功能区

【功能】打开或关闭功能区。

【下拉菜单】工具→选项板→功能区

【命令】ribbon，ribbonclose

【说明】功能区将传统的菜单命令、工具箱、属性栏等内容分类集中于一个区域。功能区主要由［功能选项卡］、［面板］与［功能按钮］组成，在［二维草图与注释］工作空间中包含［常用］、［插入］、［注释］、［参数化］、［视图］、［管理］和［输出］7 个功能选项卡，如图 10-1 所示。每个选项卡又包含了多个不同的功能面板，功能区选项卡可控制功能区面板在功能区上的显示及显示顺序。

图 10-1　［功能区］菜单

【说明】打开［功能区］会占用大约五分之一的绘图区域，使绘图区域可视部分减小。［功能区］中的命令与默认界面中的大都重复，所以一般不必打开它。

10.2.2　特性

【功能】显示、修改图形对象的特性。

【下拉菜单】工具→选项板→特性，与修改→特性相同。

【工具栏】

【命令】properties

执行该命令后，AutoCAD 将显示如图 10-2 所示的［特性］选项板。

【说明】

① 在绘制和修改对象时，如果开启［特性］选项板则它始终显示在图形区。

② 当选择两个或两个以上类似对象时（如两个圆），只显示相同特性的值，而其他不相

同特性的值为空白。如果在空白处输入一个值，则这些对象都将使用这个新值。

③ 在［特性］选项板中修改对象的特性，则修改值立刻显示在图形中。结束修改，按 Esc 键两次。

④ 对象特性管理器是一个十分有用的功能，它可以对图形中多个图元同时进行修改。

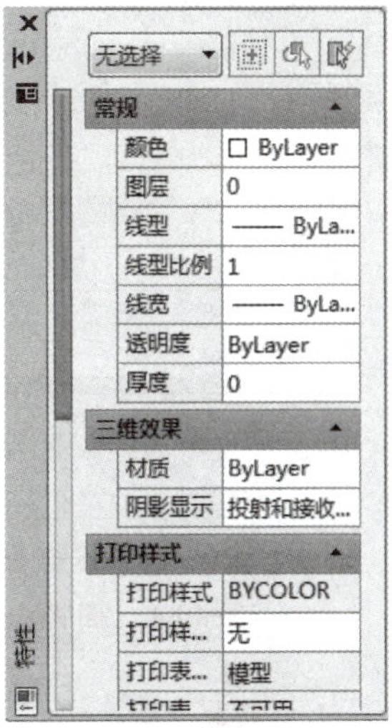

图 10-2 ［特性］选项板

10.2.3 图层**

【功能】显示、修改选定图层参数。

【下拉菜单】工具→选项板→图层。与格式→图层相同。

【工具栏】

【命令】layer

执行该命令后，AutoCAD 将显示如图 10-3 所示的［图层特性管理器］对话框。

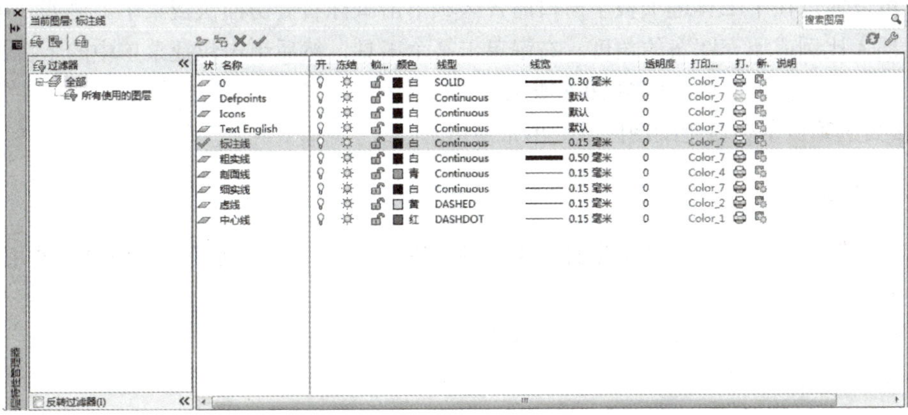

图 10-3 ［图层特性管理器］对话框

【操作提示】

① 新建特性过滤器（ ）：单击该按钮，打开如图 10-4 所示对话框，输入过滤器名称，然后在［过滤器定义］列表框中定义过滤条件，点击［确定］按钮。此时，［图层特性管理器］选项板只显示过滤后的图层。

② 新建组过滤器（ ）：单击该按钮，此时选项板左侧列表中即生成一个组过滤器，用户直接输入名称即可。然后，打开［所有使用的图层］选项，将需要加入组过滤器的图层拖到该组过滤器上。选择该组过滤器，即可查看被加入的图层。

③ 图层状态管理器（ ）：单击该按钮，打开如图 10-5 所示对话框，显示图形中已保存的图层状态列表，可以创建、重命名、编辑和删除图层状态。

10.2.4 工具选项板

【功能】显示或隐藏［工具选项板］窗口。

【下拉菜单】工具→选项板→工具选项板

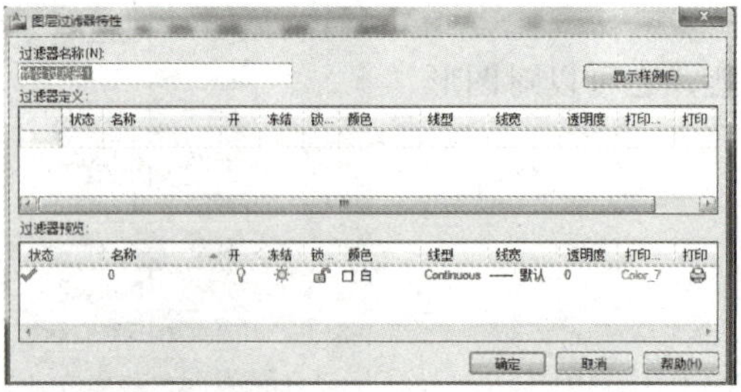

图 10-4 ［图层过滤器特性］对话框

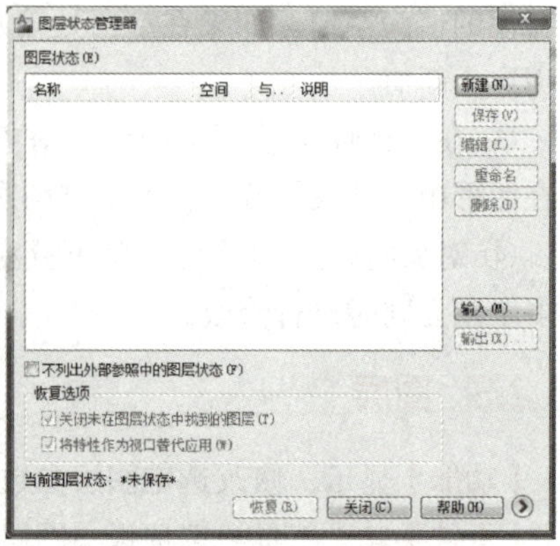

图 10-5 ［图层状态管理器］对话框

【工具栏】

【命令】toolpalettes

【操作提示】使用［工具选项板］可在选项卡形式的窗口中组织块、图案填充和自定义工具。可以通过在［工具选项板］窗口的各区域单击鼠标右键访问快捷菜单。例如，可以调整块的插入比例或填充图案的角度。右键单击某个工具，然后单击快捷菜单中的［特性］以显示［工具选项板］窗口。如图 10-6 所示。

【工具选项板】会占用绘图区域，不常使用。

10.2.5 快速计算器

【功能】显示或隐藏快速计算器，执行各种算术、科学和几何计算，创建和使用变量，并转换测量单位。

【下拉菜单】工具→选项板→快速计算器

【工具栏】

【命令】quickcalc

执行该命令后，显示如图 10-7 所示的窗口。

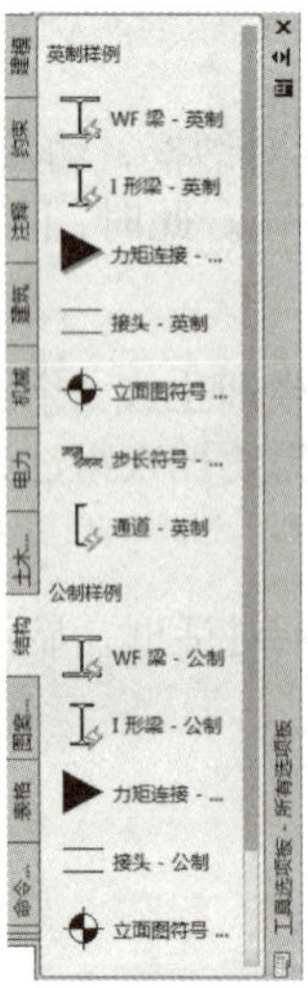

图 10-6 ［工具选项板］窗口

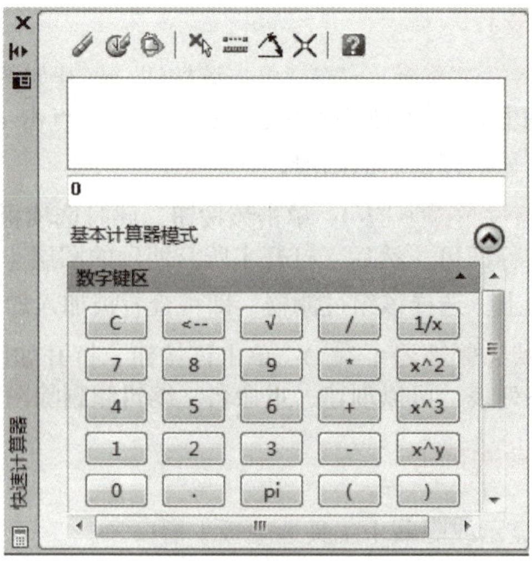

图 10-7 ［快速计算器］窗口

【操作提示】

☞ 清除：( )：清除输入框。

☞ 清除历史记录：( )：清除历史记录区域。

☞ 将值粘贴到命令行：( )：在命令提示下将值粘贴到输入框中。在命令执行过程中以透明方式使用［快速计算器］时，在计算器底部，此按钮将替换为［应用］按钮。

☞ 获取坐标（ ）：计算用户在图形中单击的某个点位置的坐标。

☞ 两点之间的距离：( )：计算用户在对象上单击的两个点位置之间的距离。计算的距离始终显示为无单位的十进制值。

☞ 由两点定义的直线的角度：( )：计算用户在对象上单击的两个点位置之间的角度。

☞ 由四点定义的两条直线的交点：( )：计算用户在对象上单击的四个点位置的交点。

☞ 帮助：( )：显示［快速计算器］的帮助。

10.2.6 外部参照

【功能】可以将任意图形文件插入到当前图形中作为外部参照。

【工具栏】

【命令】externalreferences

执行命令后，将显示如图 10-8 所示的对话框。

图 10-8 ［外部参照］窗口

【说明】点击［附着 DWG］按钮（ ），则附着外部参照。此功能与［插入］菜单下的外部参照功能相同。

10.2.7 图纸集管理器

【功能】显示或隐藏图纸集管理器窗口。

【下拉菜单】工具→选项板→图纸集管理器

【工具栏】

【命令】sheetset，sheetsethide

图纸集管理器用于组织、显示和管理图纸集（图纸的命名集合）。图纸集中的每张图纸都与图形（DWG）文件中的一个布局相对应。

［图纸集管理器］窗口的上部包含称为［图纸列表控件］的列表框和若干个按钮。根据选定的选项卡，按钮会发生变化。执行命令后，显示［图纸集管理器］窗口，如图 10-9 所示。

图 10-9 ［图纸集管理器］窗口

【操作提示】

☞［图纸列表］选项卡：显示按顺序排列的图纸列表。可以将这些图纸组织到用户创建的名为“子集”的标题下。

☞ [图纸视图] 选项卡：显示当前图纸集所使用的、按顺序排列的视图列表。可以将这些视图组织到用户创建的名为“类别”的标题下。

☞ [模型视图] 选项卡：显示可用于当前图纸集的文件夹、图形文件以及模型空间视图的列表。可以添加和删除文件夹位置，以控制哪些图形文件与当前图纸集相关联。

10.2.8　标记集管理器

【功能】打开或关闭标记集管理器。

【下拉菜单】工具→选项板→标记集管理器

【工具栏】

【命令】markup，markupclose

标记集是一组标记，包含在单个 DWF 文件中。将标记集加载到标记集管理器后，树状图会显示每个带标记的图纸及其关联标记。在标记集管理器中，可以选择各个标记，查看其状态和其他详细信息，例如标记的创建者、创建日期和时间，以及与标记相关的任何注释。

执行命令后，显示 [标记集管理器] 窗口，如图 10-10 所示。

图 10-10 [标记集管理器] 窗口

【操作提示】

☞ 标记集列表控件：显示标记集的名称（如果未打开任何标记集则显示 [打开] 选项）。

☞ 重新发布标记 DWF：提供重新发布带标记的 DWF 文件的选项。

☞ 查看红线圈阅几何图形：在绘图区域中显示或隐藏红线圈阅标记几何图形。按下此按钮时，绘图区域将显示红线圈阅标记几何图形。

☞ 查看 DWG 几何图形：在绘图区域中显示或隐藏原始图形文件。按下此按钮时，绘图区域中将显示图形文件。

☞ 查看 DWF 几何图形：在绘图区域中显示或隐藏 DWF 文件的几何图形。按下此按钮时，绘图区域将显示 DWF 文件的几何图形。

☞ 标记：显示已加载的标记集。树状图中的顶层节点代表当前已加载的标记集。每张包含关联标记的图纸显示为一个图纸节点。添加到 DWF Composer 中 DWF 文件的任何图纸以斜体列出。每个标记在其对应的图纸下显示为一个单独的节点。

☞ 标记详细信息：提供当前在 [标记] 区域中选定节点（标记集、图纸或单个标记）的详细信息。

10.2.9　设计中心*

【功能】不同文件之间交换、插入基本设置、块、外部参照和填充图案等内容。

【下拉菜单】工具→选项板→设计中心

【工具栏】

【命令】adcenter

执行该命令后，显示如图 10-11 所示的 [设计中心] 窗口。

[设计中心] 窗口分为两部分，左侧为树状图，右侧为内容区。树状图显示用户计算机和网络驱动器上的文件与文件夹的层次结构、打开图形的列表、自定义内容以及上次访问位置的历史记录。选择树状图中的项目，以便在内容区域中显示其内容。在树状图中可浏览内容的源，而在内容区显示内容。在内容区显示树状图中当前选定的内容。容器是包含设计中心可以访问的信息的网络、计算机、磁盘、文件夹、文件或网址（URL）。在内容区中，可将项目添加到图形或工具选项板中。窗口底部可显示选定图形、块、填充图案或外部参照的预览和说明。窗口顶部的工具栏提供若干选项和操作。

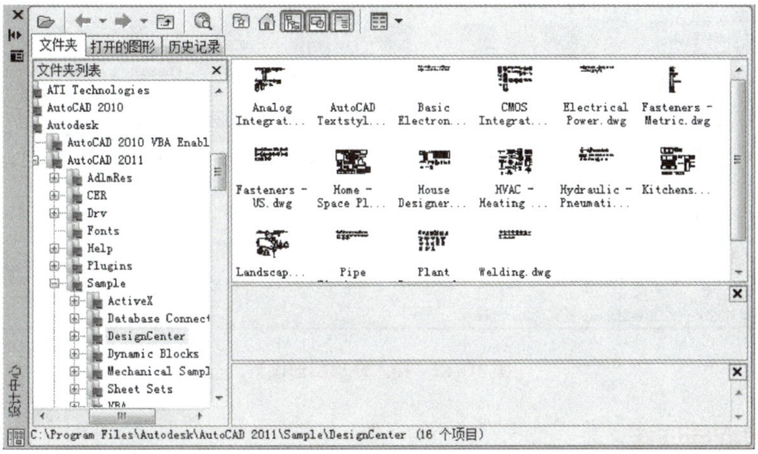

图 10-11 [设计中心] 窗口

【操作提示】

☞ [文件夹] 选项卡：显示计算机或网络驱动器中文件和文件夹的层次结构。

☞ [打开的图形] 选项卡：显示 AutoCAD 任务中当前打开的所有图形，包括最小化的图形。

☞ [历史记录] 选项卡：显示最近在设计中心打开的文件的列表，包括路径。

☞ [联机设计中心] 选项卡：用于访问联机设计中心网页。

☞ [树状图切换] 按钮：单击该按钮，可以显示或隐藏树状图。

☞ [收藏夹] 按钮：单击该按钮，在内容区域中显示 [收藏夹] 文件夹的内容，包含经常访问项目的快捷方式。

☞ [加载] 按钮：单击该按钮，显示 [加载] 对话框，浏览本地和网络驱动器或 Web 上的文件，然后选择内容加载到内容区域。

☞ [预览] 按钮：单击该按钮，显示或隐藏内容区域窗格中选定项目的预览。如果选定项目没有保存的预览图像，[预览] 区域将为空白。

☞ [说明] 按钮：显示或隐藏内容区域窗格中选定项目的文字说明。如果同时显示预览图像，文字说明将位于预览图像下方。如果选定项目没有保存的说明，[说明] 区域将为空白。

☞ [视图] 按钮：为加载到内容区域中的内容提供不同的显示格式。可以从 [视图] 列表中选择一种视图，或者重复单击 [视图] 按钮在各种显示格式之间循环切换。默认视图根据内容区域中当前加载的内容类型的不同而不同。

☞［搜索］按钮：显示［搜索］对话框，从中可以指定搜索条件以便在图形中查找图形、块和非图形对象，用于选择性插入。

举例：应用设计中心将其他图形中的图层设置、文字样式、标注样式、线型和外部参照插入当前图形中。打开源图形中的图层，如图 10-12 所示，用鼠标拉出一个选择框，按住左键不放，拖入当前图形中。

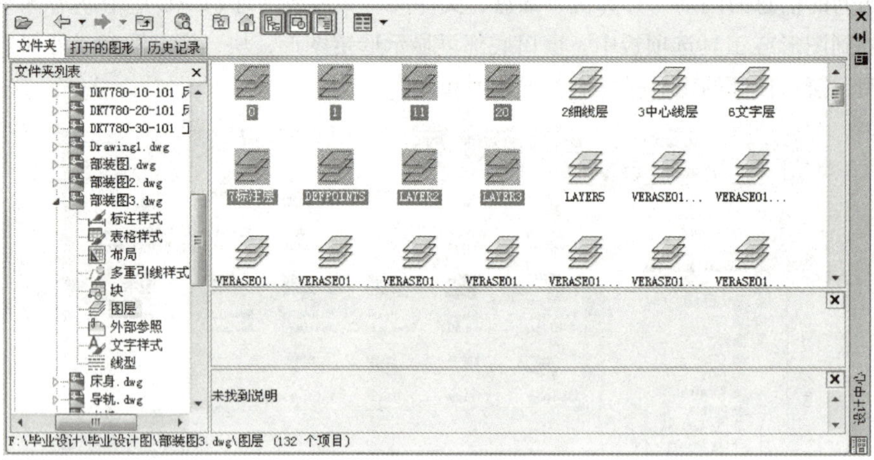

图 10-12　插入外部图形设置

10.2.10　数据库连接

【功能】提供到外部数据库表的 AutoCAD 接口。

【下拉菜单】工具→选项板→数据库连接

【命令】dbconnect

执行该命令后，弹出［数据库连接管理器］对话框（图 10-13）；

利用数据库连接管理器配置数据源；

将配置信息保存在 UDL 文件中；

连接到数据源；

建立图形对象与数据库记录之间的连接。

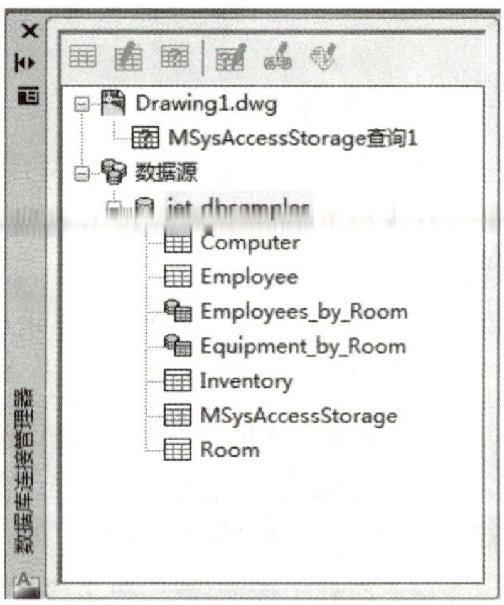

图 10-13 ［数据库连接管理器］对话框

【说明】

① 配置数据源的过程因数据库管理系统不同而异；

② ULD 是 Microsoft 数据连接文件；

③ AutoCAD 支持下列数据库的连接：Microsoft Access 、Excel、Oracle、Visual FoxPro、SQL Server、Paradox。

10.3　命令行*

【功能】显示 / 隐藏命令行窗口，用于输入命令、查看系统变量、选项和提示信息等。

【下拉菜单】工具→命令行

【命令】commandline

执行后显示 / 隐藏命令行窗口，如图 10-14 所示。命令行窗口不可关闭，否则无法通过键盘输入命令。

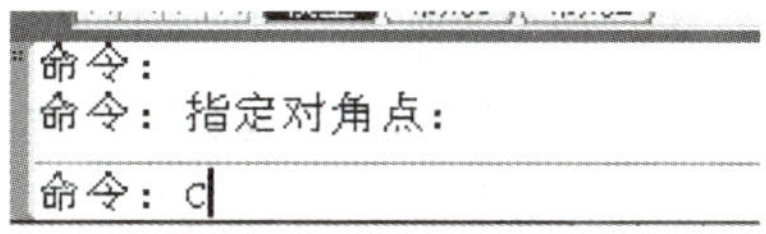

图 10-14　命令行

10.4　全屏显示 *

【功能】隐藏工具栏和固定窗口（命令行除外），最大化绘图区域。

【下拉菜单】工具→全屏显示

【命令】cleanscreenon

屏幕上仅显示菜单栏、[模型] 选项卡和 [布局] 选项卡（位于图形底部）、状态栏和命令行。输入“cleanscreenoff”（退出全屏模式）可恢复界面项（菜单栏、状态栏和命令行除外）的显示。按 Ctrl+0（零）组合键在 cleanscreenon 和 cleanscreenoff 之间切换。[全屏显示] 按钮位于应用程序状态栏的右下角。

10.5　拼写检查

【功能】检查图形中所有文字的拼写。

【下拉菜单】工具→拼写检查

【命令】spell

选择一个或多个文字；

发现可疑单词将显示如图 10-15 所示的对话框；

当检查完所有文字后，命令行显示 [检查已经完成] 提示。

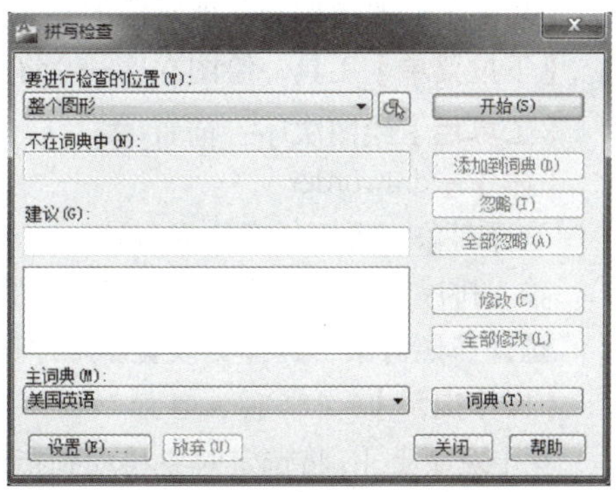

图 10-15 [拼写检查] 对话框

【操作提示】

☞ 单击 [修改] 将用 [建议] 框中的单词替换当前词语；

☞ 单击 [全部修改] 将替换文本中所有相同的单词；

☞ 单击 [忽略] 将不替换而跳过当前词语；

☞ 单击 [全部忽略] 将全部忽略并跳过文本中所有相同的单词；

☞ 单击 [添加到词典] 将当前词语添加到当前词典或用户词典中；

☞ 单击 [开始] 将检查 [建议] 框内词语的拼写。

【说明】出现拼写检查对话框时，有时当前单词是正确的，但由于一些专有名词（如“PDM”）系统词典没有收录，可能被误判为错误拼写。

10.6　快速选择

【功能】根据过滤条件创建选择集。

【下拉菜单】工具→快速选择

【命令】qselect

调用命令后将显示 [快速选择] 对话框，如图 10-16 所示。用户可以进行快速过滤功能的各项设置。

例如，使用 [快速选择] 选择图形中所有蓝色对象。

在对话框的 [应用到] 下选择 [整个图形]；

在 [对象类型] 下选择 [所有图元]；

在 [特性] 下选择 [颜色]；

在 [运算符] 下选择 [= 等于]；

在 [值] 下选择 [蓝色]；

在 [如何应用] 下选择 [包括在新选择集中]；

单击 [确定]。

【注意】快速选择功能在绘图中非常实用，建议读者多加练习掌握。

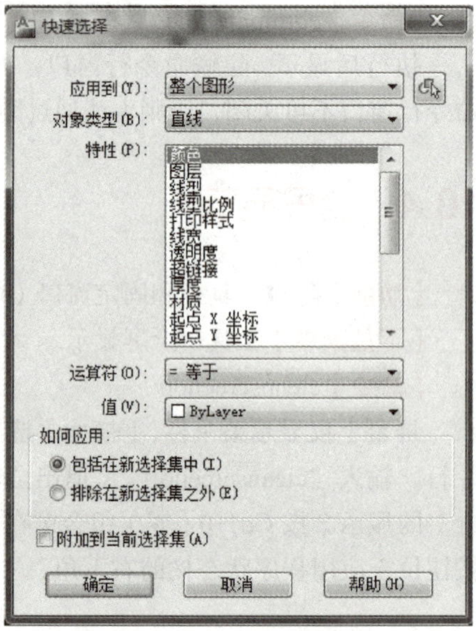

图 10-16 [快速选择] 对话框

10.7 绘图次序

10.7.1 图形对象的绘图次序

【功能】修改图像和其他对象的显示顺序。

【下拉菜单】工具→绘图次序→(前置 / 后置 / 置于对象之上 / 置于对象之下)

【工具栏】绘图次序：前置、后置、置于对象之上、置于对象之下

【命令】draworder

选择对象：可用任意选择方法

输入排序选项：[对象上 / 对象下 / 最前 / 最后]。

选择参照对象：选择更改显示顺序的参照对象。

【操作提示】

☞ [对象上]：将选定对象移动到指定参照对象的上面；

☞ [对象下]：将选定对象移动到指定参照对象的下面；

☞ [最前]：将选定对象移动到图形次序的最前面；

☞ [最后]：将选定对象移动到图形次序的最后面。

【说明】

① 当选择多个对象进行重排序时，AutoCAD 将保持选定对象的相对显示次序，选择方法不影响图形次序；

② 对象重排序之后此命令终止，并不再提示对其他对象进行重排序。

10.7.2 文本和标注对象的绘图次序

【功能】修改文本和标注对象的绘图次序。

【下拉菜单】工具→绘图次序→文字和标注前置→仅文字对象 / 仅标注对象 / 文字和标注对象

【命令】texttofront

执行命令后显示：

前置 [文字（T）/ 标注（D）/ 两者（B）]< 两者 >：输入选项或按回车键。

【操作提示】

☞ [文字]：将所有文字置于其他对象之前。

☞ [标注]：将所有标注置于其他对象之前。

☞ [两者]：将所有文字和标注置于其他对象之前。

【说明】不能在模型空间和图纸空间之间控制重叠的对象，仅能在同一空间内控制。

10.8 隔离

10.8.1 隔离对象

【功能】仅显示选定对象，隐藏未选定的对象。

【下拉菜单】工具→隔离→隔离对象

【命令】isolateobjects

选择要隔离的对象。在绘图区域中单击鼠标右键，然后选择 [隔离] → [隔离对象]，此时只会显示选定的对象。所有其他对象都会被隐藏。若要重新显示隐藏的对象，请在绘图区域中单击鼠标右键，然后选择 [隔离] → [结束对象隔离]。

【说明】仅当前视图有效，其他对象将被暂时隐藏。

10.8.2 隐藏对象

【功能】临时隐藏选定对象。

【下拉菜单】工具→隔离→隐藏对象

【命令】hideobjects

选择要隐藏的对象。在绘图区域中单击鼠标右键，然后选择 [隔离] → [隐藏对象]，此时将隐藏选定的对象。若要重新显示隐藏的对象，请在绘图区域中单击鼠标右键，然后选择 [隔离] → [结束对象隔离]。

【说明】仅隐藏选定对象，其他对象保持可见。

10.8.3 结束对象隔离

【功能】恢复所有被隔离 /隐藏的对象。

【下拉菜单】工具→隔离→结束对象隔离

【命令】unisolateobjects

显示之前通过 isolateobjects 或 hideobjects 命令隐藏的对象。

10.9 查询 **

10.9.1 距离

【功能】计算两点之间的距离与角度。

【下拉菜单】工具→查询→距离

【工具栏】

【命令】dist，measuregeom

指定第一个点，如输入 100，200；

指定第二个点，如输入 150，425；

AutoCAD 显示：

距离 =230.4886，XY 平面中的倾角 =77°，与 XY 平面的夹角 =0°

X 增量 =50.0000，Y 增量 =225.0000，Z 增量 =0.0000

【说明】

① 指定的两个点可在图形中直接选取，此时应开启对象捕捉，以提高选点精度。

② 此功能测量的结果与标注尺寸一致。

10.9.2　面积

【功能】计算指定区域的面积和周长。

【下拉菜单】工具→查询→面积

【工具栏】

【命令】area，measuregeom

指定第一个角点或（对象）；

指定下一个角点或按 Enter 键全选（确定点）；

指定下一个角点或按 Enter 键全选（确定点）；

……

指定下一个角点或按 Enter 键全选；

按回车键结束选择。

AutoCAD 显示：

面积 =（计算出的面积），周长 =（计算出的周长）

【说明】

① 提示选择对象时，用户可以选择圆、矩形、椭圆、二维多段线、面域等对象；此时应开启对象捕捉，以提高选点精度。

② 对于非封闭的多段线或样条曲线，执行该命令后，AutoCAD 先假设用一条直线使其首尾相连，再求所围封闭区域的面积，但计算出的长度仍是原来的实际长度。

10.9.3　面域和质量特性

【功能】计算并显示面域或三维实体的质量特性参数。

【下拉菜单】工具→查询→面域 / 质量特性

【工具栏】

【命令】massprop

选择对象：面域或三维实体。

按回车键确定，也可继续选择对象。

在文本窗口中显示所选对象的特性参数。

【说明】如要把显示出来的特性参数写入文件则出现［创建质量与面域特性文件］对话框，通过该对话框确定文件的保存位置和名称后，AutoCAD 就把指定对象的特性参数写入

MPR 文件中。

[例] 显示如图 10-17 所示三维实体的特性参数。

步骤如下：

执行 massprop。

选择对象：选择图 10-17 中的实体。

[确定]。

AutoCAD 切换到文本窗口，显示如图 10-18 所示信息。

AutoCAD 提示：

是否将分析结果写入文件？[是（Y）/否（N）]；

用户可选择是否将结果写入文件。

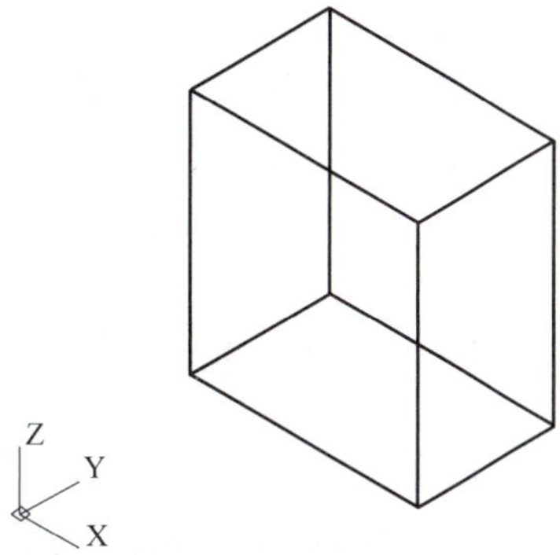

图 10-17 三维实体

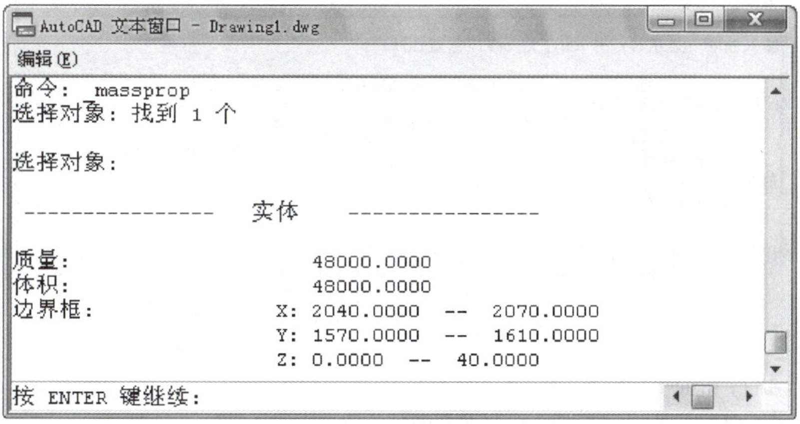

图 10-18 结果写入文件

10.9.4 列表

【功能】以列表形式显示选定对象的数据信息。

【下拉菜单】工具→查询→列表显示

【工具栏】

【命令】list

选择对象：可用多种方法。

执行结果：切换到文本窗口，显示所选对象的数据库信息。

假如执行 LIST 命令后，选择一个圆，AutoCAD 会显示相应信息，如图 10-19 所示。

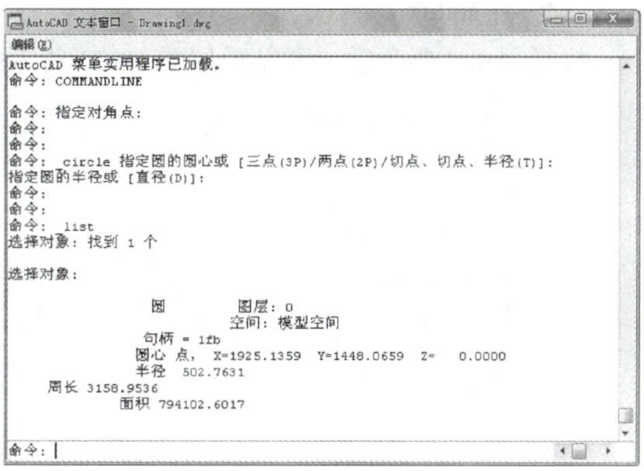

图 10-19 列表显示

10.9.5 点坐标

【功能】显示指定点的坐标。

【下拉菜单】工具→查询→点坐标

【工具栏】

【命令】id

指定点：确定的点。此时应开启对象捕捉，以提高选点精度。

AutoCAD 显示结果示例：X=82.3445　Y=119.0970　Z=0.0000

10.9.6　日期和时间

【功能】显示图形文件的日期和时间相关信息。

【下拉菜单】工具→查询→时间

【命令】time

执行该命令后，AutoCAD 会显示相应的信息，如图 10-20 所示。

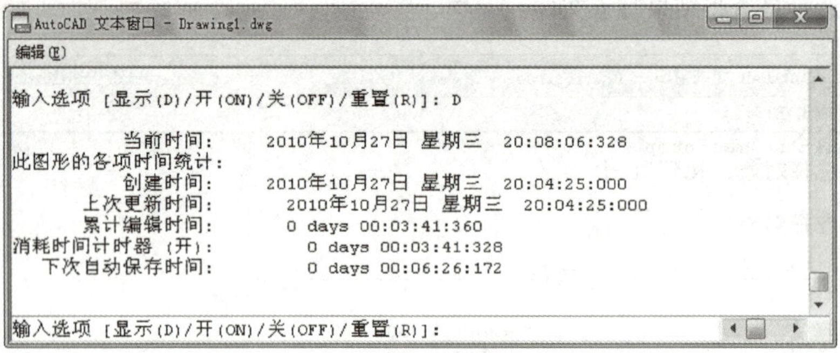

图 10-20　日期和时间信息

【说明】执行 time 命令后，AutoCAD 显示如下提示：

输入选项[显示（D）/开（ON）/关（OFF）/重置（R）]。

显示（D）：重复显示上述信息，并更新时间内容。

开（ON）：打开计时器。

关（OFF）：关闭计时器。

重置（R）：使计时器复位清零。

10.9.7　状态

【功能】显示图形的统计信息、绘图范围和系统模式。

【下拉菜单】工具→查询→状态

【命令】status

执行 status 命令后，则显示如图 10-21 所示的状态信息。

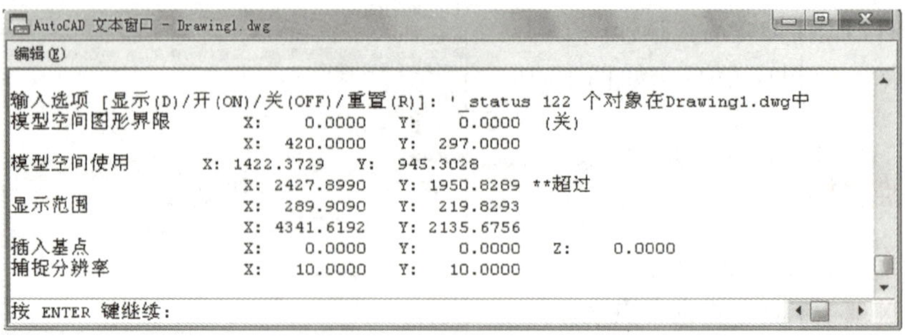

图 10-21　图形统计信息

10.9.8 设置变量

【功能】查看系统变量，设置变量值。

【下拉菜单】工具→查询→设置变量

【命令】setvar

执行该命令后，AutoCAD 提示：输入变量名或[?]。

输入“?”后查看变量的设置。

【说明】如输入变量名，则切换到文本窗口显示该变量及其设置。

10.10 更新字段

【功能】手动更新图形中选定对象的字段内容。

【下拉菜单】工具→更新字段

【命令】updatefield

执行该命令后，AutoCAD 提示：

选择对象：使用对象选择方法或输入 all 选择图形中的所有字段。

选定对象中的字段将被更新。

【说明】

① 也可用快捷菜单：在激活文字命令并选定字段时，单击右键并选择 [更新字段]。

② 在 AutoCAD 2004 或早期版本中打开具有字段的图形时，字段不会更新，显示的值与最后在图形中显示的值相同。

10.11 块编辑器

【功能】在 [编辑块定义] 对话框中，可以从图形中保存的块列表中选择要在块编辑器中编辑的块，也可以输入要在块编辑器中创建的新块的名称。

【下拉菜单】工具→块编辑器

【命令】bedit

执行该命令后，将显示如图 10-22 所示的对话框。

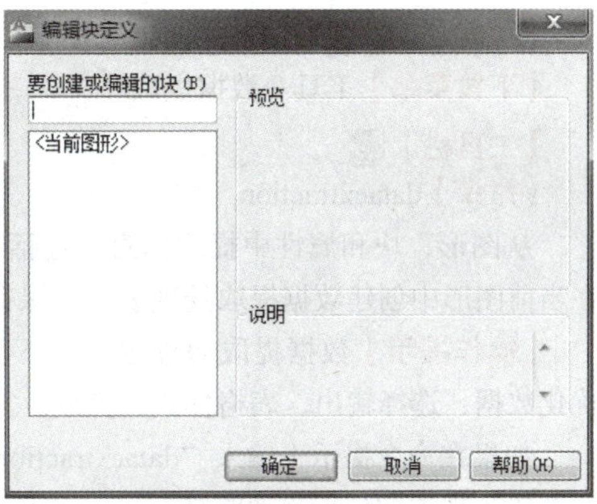

图 10-22 [编辑块定义] 对话框

【说明】

① [名称]：指定要在块编辑器中编辑或创建的块的名称。如果选择 < 当前图形 >，则当前图形将在块编辑器中打开。在图形中添加动态元素后，可以保存图形并将其作为动态块参照插入到另一个图形中。

② [名称列表]：显示保存在当前图形中块的列表。从该列表中选择某个块后，其名称将显示在 [名称] 框中。单击 [确定] 后，此块将在块编辑器中打开。如果选择 < 当前图形 >，则当前图形将在块编辑器中打开。

③ [预览]：显示选定块的预览。如果显示闪电图标，则表示该块是动态块。

④［说明］：显示块编辑器中的［特性］选项板的［块］区域中定义的说明文字。

⑤［确定］：在块编辑器中打开选定的块或新的块。

10.12　外部参照和块在位编辑

10.12.1　打开参照

【功能】在新窗口中打开选定的图形参照（外部参照）。

【下拉菜单】工具→外部参照和块在位编辑→打开参照

【命令】xopen

【说明】选择外部参照对象：在图形参照中选择一个对象，选定对象后，该对象所在的图形参照将在一个单独的窗口中打开。如果图形参照中包含嵌套的外部参照，则打开选定对象中嵌套层次最深的图形参照。

10.12.2　在位编辑参照

【功能】在新窗口中打开选定的图形参照。

【下拉菜单】工具→外部参照和块在位编辑→在位编辑参照

【工具栏】

【命令】refedit

【说明】

①［添加到工作集］：将对象添加到工作集内。保存所做修改时，作为工作集一部分的对象将被添加到参照中，同时从当前图形中删除此对象。

②［从工作集删除］：从工作集内删除对象。保存所做修改时，从工作集内删除的对象将从参照中删除，同时对象也将从当前图形中删除。

10.13　数据提取

【功能】提取图形信息并输出到外部文件。

【下拉菜单】工具→数据提取

【工具栏】

【命令】dataextraction

从图形、块和属性中提取信息（包括当前图形或一组图形中的图形信息），将信息用于在当前图形中创建数据提取处理表，或保存到外部文件中，或同时进行两者。

【操作提示】数据提取向导包含以下页面：开始、定义数据源、选择对象、选择特性、优化数据、选择输出、表格样式、完成。

如果在命令提示下输入“dataextraction”，则将显示以下提示：

输入提取的样板文件路径：

类型：指定用于说明如何提取信息的属性提取样板（BLK）或数据提取（DXE）文件的路径和文件名。

之后的提示取决于样板文件中设置的信息。如果样板为外部文件指定提取数据，将显示以下提示：

输入输出文件类型 [CSV（C）/TXT（T）/XIS（X）/MDB（M）] <CSV>：输入“c”表示以逗号分隔（CSV）、“t”表示以制表符分隔（TXT）、“x”表示 Microsoft Excel（XLS）或“m”表示 Microsoft Access（MDB）。

输入输出文件路径：指定将提取数据的路径名和文件名。

【注意】输出到 XLS 和 MDB 格式最大支持 255 列数据。

10.14 数据链接

10.14.1 数据链接管理器

【功能】创建、编辑和管理数据链接。

【下拉菜单】工具→数据链接→数据链接管理器

【命令】datalink

执行该命令后出现 [数据链接管理器] 对话框，如图 10-23 所示。

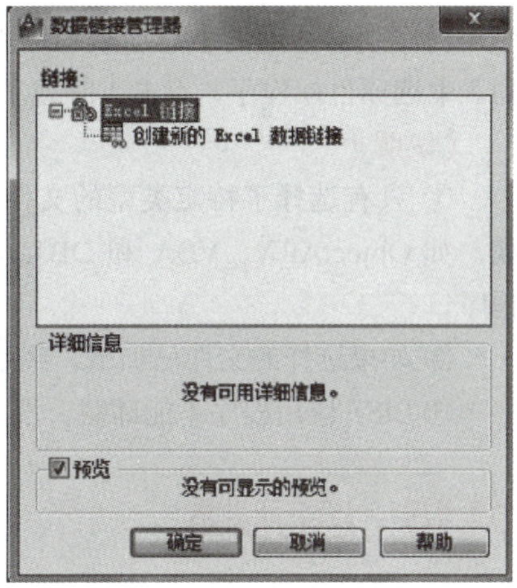

图 10-23 [数据链接管理器] 对话框

【说明】

① [Excel 链接]：列出图形中的 Microsoft Excel 数据链接。如果图标显示已链接，则数据链接有效。如果图标显示已中断的链接，则数据链接已中断。

② [创建新的 Excel 数据链接]：启动一个对话框，可以在其中输入新数据链接的名称。创建名称后，将显示 [新建 Excel 数据链接] 对话框。

10.14.2 更新数据链接

【功能】将数据更新至已建立的外部数据链接或从已建立的外部数据链接更新数据。

【下拉菜单】工具→数据链接→更新数据链接

【命令】datalinkupdate

【说明】

① 使用已在外部源文件中更改的数据更新选定的包含数据链接的表格。

② 指定数据链接的名称，以使用在外部源文件中已更改的数据链接；输入“？”将列出当前图形中的数据链接。

③ 使用已在外部源文件中更改的数据、图形中的所有数据链接。

10.14.3 写入数据链接

【功能】使用已在图形的表格中更改的数据更新外部文件中的链接数据。

【下拉菜单】工具→数据链接→写入数据链接

【命令】datalinkupdate

【说明】包含数据链接的表格将在链接的单元周围显示标识符。如果将光标悬停在数据链接上，将显示有关数据链接的信息；将已从原始链接内容中更改的数据上传至源文件。

10.15　加载应用程序

【功能】加载和卸载应用程序，并设置启动时自动加载的应用程序。

【下拉菜单】工具→加载应用程序

【命令】appload

执行该命令后，打开［加载 / 卸载应用程序］对话框，如图 10-24 所示。

选择已编译的应用程序，点击［加载］即把所选的应用程序加载到 AutoCAD 中。

如要卸载应用程序，则在［加载 / 卸载应用程序］对话框的［已加载的应用程序］列表中选择目标程序，点击［卸载］即可。

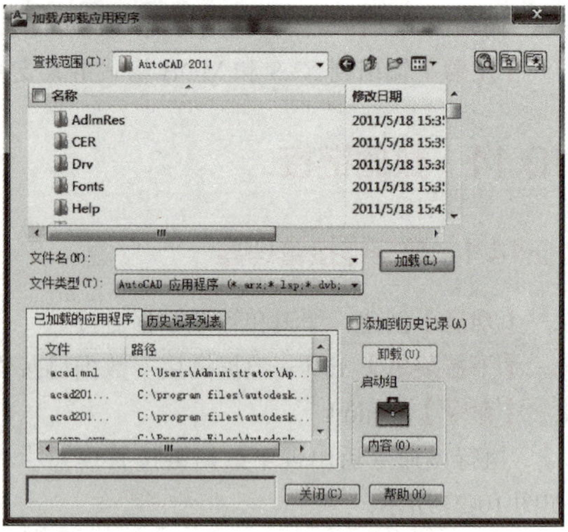

图 10-24　［加载 / 卸载应用程序］对话框

【说明】

① 只有选择了特定类型的文件才能加载，如 ObjectARX、VBA 和 DBX 等应用程序；

② 如果选择的文件已加载，则系统会在适当的时候重新加载应用程序；

③ LISP 应用程序不能卸载，没有注册为可卸载的 ObjectARX 应用程序也不能卸载。

10.16　运行脚本

【功能】执行脚本文件中的命令序列。

【下拉菜单】工具→运行脚本

【命令】script

执行该命令后，将显示［选择脚本文件］对话框，选择要运行的脚本文件（.scr），打开后自动运行，可以看到当脚本文件运行时屏幕变化。

【说明】

① 如果出现错误，系统会自行终止并返回命令提示信息，此时应查看文本窗口，找出出错的地方，然后修改、保存并重新运行脚本。

② 用户可按 Backspace 键或 Esc 键来终止脚本文件的运行，运行其他命令后，再用 resume 命令仍可继续执行原来的脚本文件。

10.17　宏

10.17.1　宏的应用

【功能】运行 VBA 宏程序。

【下拉菜单】工具→宏→宏

【命令】vbarun

执行该命令后，显示［宏］对话框；从可用宏列表中选择要运行的宏，也可直接输入宏名称；指定宏所在的工程和图形；运行、编辑或删除 VBA 宏，也可以创建新宏、设置 VBA 选项和显示 VBA 管理器。

10.17.2 加载工程

【功能】在当前 AutoCAD 任务中加载全局 VBA 工程。

【下拉菜单】工具→宏→加载工程

【命令】vbaload

执行该命令后会打开 VBA 工程对话框；找到要加载的工程文件（.dvb）；打开后即完成加载。

【说明】不能使用此对话框加载嵌入式 VBA 工程。

10.17.3 VBA 管理器

【功能】加载、卸载、保存、创建、嵌入和提取 VBA 工程。

【下拉菜单】工具→宏→ VBA 管理器

【命令】vbaman

执行该命令后打开［VBA 管理器］对话框（图 10-25）。

【操作提示】

☞［图形］：显示当前任务中所有打开的图形。

☞［嵌入工程］：显示图形嵌入工程的名称。如果图形不包含嵌入工程，则显示［(无)］。

☞［提取］：将图形中的嵌入工程移出并添加到全局工程文件中。如果尚未保存此工程，AutoCAD 将提示用户保存工程。

☞［工程］：显示 AutoCAD 任务中所有可用的全局工程名称和位置。

☞［嵌入］：将选定工程嵌入指定图形，每个图形中只能包含一个嵌入工程。

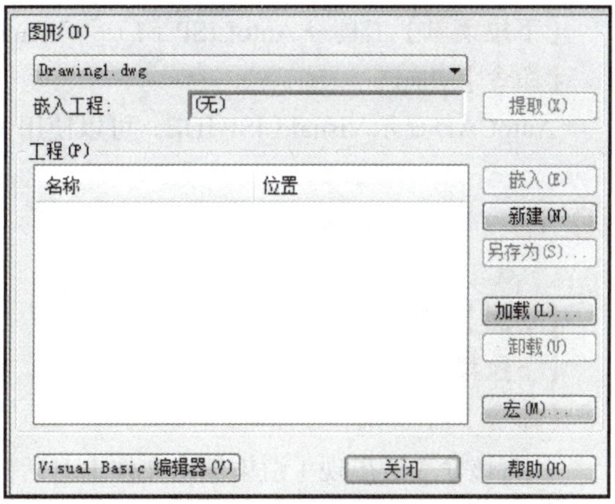

图 10-25 ［VBA 管理器］对话框

☞［新建］：以默认名称“全局 n”创建新工程，其中 n 是一个与创建顺序相关的数字，每创建一个新工程 n 都会递增。

☞［另存为］：保存全局工程。仅对未保存的全局工程有效。

☞［加载］：显示［打开 VBA 工程］对话框，可在其中将现有的工程加载到当前 AutoCAD 任务中。

☞［卸载］：卸载选定的全局工程。

☞［宏］：显示［宏］对话框，从中可以运行、编辑或删除 VBA 宏。

☞［Visual Basic 编辑器］：显示［Visual Basic 编辑器］。

10.17.4 Visual Basic 编辑器

【功能】提供 VBA 工程的开发调试环境。

【下拉菜单】工具→宏→ Visual Basic 编辑器

【命令】vbaide

执行该命令后会显示 Visual Basic 编辑器；使用 Visual Basic 编辑器可以编辑工程的代码、窗体和参照。这些工程可以是打开的图形中任何加载的全局 Visual Basic for Applications（VBA）工程或嵌入的 VBA 工程，也可以从 Visual Basic 编辑器中调试和运行工程。

10.18　AutoLISP

10.18.1　加载

【功能】加载 AutoLISP 应用程序。

【下拉菜单】工具→ AutoLISP 加载

【命令】appload

执行过程同 10.15 加载应用程序，也可以用 AutoLISP load 函数来加载应用程序。加载 AutoLISP 应用程序会将 AutoLISP 代码从 LSP 文件加载到系统的内存中。

10.18.2　Visual LISP 编辑器

【功能】启动 Visual LISP 开发环境。

【下拉菜单】工具→ AutoLISP（I）→ Visual LISP 编辑器

【命令】vlisp

AutoCAD 显示 Visual LISP IDE。可以使用 Visual LISP 开发、测试和调试 AutoLISP 程序。

10.19　显示图像

【功能】将渲染结果保存为图像文件。

【下拉菜单】工具→显示图像

【命令】saveimg

执行该命令后出现［渲染输出文件］对话框，如图 10-26 所示。

【说明】如果当前渲染设备不支持扫描线图像，则无法使用该命令。

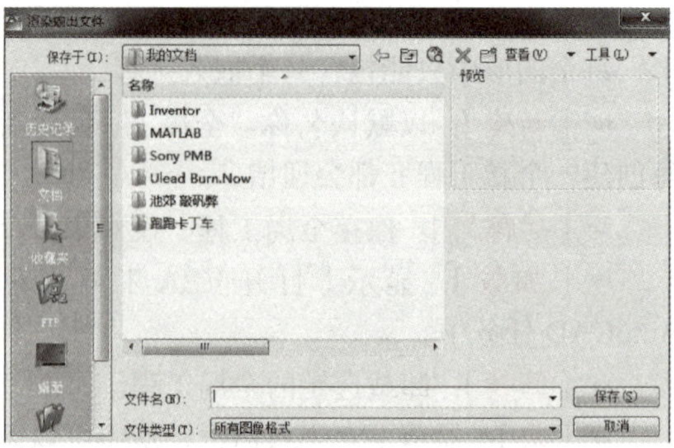

图 10-26 ［渲染输出文件］对话框

10.20　新建 UCS

【功能】新建并编辑用户坐标系（UCS）。

【下拉菜单】工具→新建 UCS →世界 / 上一个 / 对象 / 面 / 视图 / 原点 /Z 轴矢量 / 三点 /X/Y/Z。

【命令】ucs

执行该命令后，AutoCAD 显示当前 UCS 名称，如［世界］，并提示选项：

指定 UCS 的原点和［面（F）/ 命名（NA）/ 对象（OB）/ 上一个（P）/ 视图（V）/ 世界（W）/X/Y/Z/Z 轴（ZA）］。

选项的含义如下：

① [世界（W）]：将当前用户坐标系设置为世界坐标系。

② [上一个（P）]：恢复至前一个 UCS 位置。

③ [指定 UCS 的原点]：输入坐标值，默认值 <0，0，0>。通过移动 UCS 的原点来定义一个新的 UCS，并保持 *X* 轴、*Y* 轴、*Z* 轴方向不变。

④ [Z 轴（ZA）]：由一个坐标点和 *Z* 轴的正方向来定义新的坐标系。选择此项后先指定新 UCS 的原点，再在正 *Z* 轴上指定一点。

⑤ [三点（3）]：通过指定三点建立新的 UCS 坐标系。选择此项后先指定新 UCS 的原点，再指定正 *X* 轴上的一点和正 *Y* 轴上的一点。

⑥ [对象（OB）]：通过指定一个对象来定义新的坐标系。UCS 原点设在所建立对象的第一个点上，若对象是直线，原点设在最近的端点上；若对象是圆，原点设在圆心上。通过从原点到定义对象所用的点来定义 *X* 轴，对象所在的平面为 *XY* 平面。

⑦ [面（F）]：将 UCS 附着在三维实体的一个面上。新的 UCS 的 *X* 轴方向将沿着所选的第一个面的封闭边。先拾取实体对象的表面，然后 AutoCAD 提示：输入选项 [下一个（N）/X 轴反向（X）/Y 轴反向（Y）]<接受>。

⑧ [视图（V）]：使新的 UCS 坐标系平行于当前视图，且原点不变，这样建立的新坐标系的 *XOY* 平面平行于当前的视图平面。

⑨ [X/Y/Z]：将 UCS 坐标系所选取的某一坐标轴旋转指定的角度，角度可为正值或负值，得到新的 UCS 坐标系。

选择相应命令后执行下一步。

10.21 命名 UCS

【功能】管理已定义的用户坐标系。

【下拉菜单】工具→命名 UCS

【工具栏】UCS 或 UCS Ⅱ：

【命令】ucsman

执行该命令后，出现如图 10-27 所示对话框。

【操作提示】

☞ [命名 UCS] 选项卡：列出用户坐标系并设置当前 UCS。

[当前 UCS]：显示当前 UCS 的名称。如果该 UCS 未被保存和命名，则显示为 [UNNAMED]。

[UCS 名称列表]：列出当前图形中已定义的坐标系名称。

[置为当前]：恢复选定的坐标系。

[详细信息]：显示 [UCS 详细信息] 对话框，其中显示了 UCS 坐标数据。

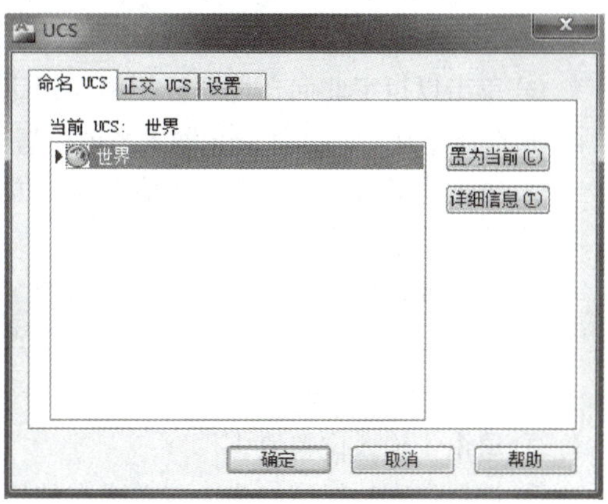

图 10-27 [UCS] 对话框

☞ [正交 UCS] 选项卡：将 UCS 改为正

交 UCS 设置之一。

[正交 UCS 名称]：列出当前图形中定义的六个正交坐标系。正交坐标系是根据 [相对于] 列表中指定的 UCS 定义的。[深度] 列出了正交坐标系与通过基准 UCS（存储在 UCSBase 系统变量中）原点的平行平面之间的距离。

[相对于]：指定用于定义正交 UCS 的基准坐标系。默认情况下，WCS 是基准坐标系。

☞ [设置] 选项卡：显示和修改与视口一起保存的 UCS 图标设置和 UCS 设置。

[UCS 图标设置]：指定当前视口的 UCS 图标显示设置。[开]，显示当前视口中的 UCS 图标。[显示于 UCS 原点] 在当前视口中当前坐标系的原点处显示 UCS 图标。如果不选择该选项，或者坐标系原点在视口中不可见，则将在视口的左下角显示 UCS 图标。[应用到所有活动视口]，将 UCS 图标设置应用到当前图形中的所有活动视口。

[UCS 设置]：指定更新 UCS 设置时 UCS 的行为。[UCS 与视口一起保存]，将坐标系设置与视口一起保存。此选项用于设置 UCSVP 系统变量。如果不选择此选项，视口将反映当前视口的 UCS。[修改 UCS 时更新平面视图] 修改视口中的坐标系时恢复平面视图（UCSFOLLOW 系统变量）。

10.22　地理位置

【功能】可以指定图形对象的地理位置、方向和标高。此信息对于阳光设置、环境分析、输出到 AutoCAD Map 3D 和使用 Google Earth 非常有用。

【下拉菜单】工具→地理位置

【工具栏】

【命令】geographiclocation

执行命令后，将显示如图 10-28 所示的对话框。

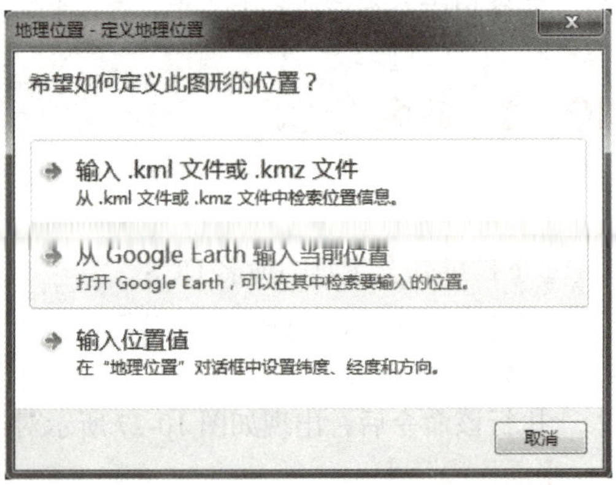

图 10-28　[地理位置] 对话框

【操作提示】

☞ 选择 [输入 .kml 文件或 .kmz 文件]

① 浏览到 .kml 文件或 .kmz 文件所在的位置。单击 [打开]。

② 单击或以世界坐标系（WCS X/Y/Z）指定位置的坐标。

③ 单击以指定北向，地理标记将在指定位置插入。

☞ 选择 [从 Google Earth 输入当前位置]

① 单击 [通过 Google Earth 输入当前位置]。

② 单击 [继续]。

③ 单击或以世界坐标系（WCS X/Y/Z）指定位置的坐标。

④ 单击以指定北向，在图形上的指定点创建地理标记。

☞ 选择 [输入位置值]

① 单击 [输入位置值]。

② 选择纬度和经度格式，或单击 [使用地图] 指定最近的城市和时区。

③ 对应于地理数据，在图形中指定 X、Y 和 Z 坐标。选择了参照地理位置的点后，将计

算北向角度。

④ 单击［确定］。

10.23 CAD 标准

10.23.1 配置

【功能】为当前图形配置 CAD 标准文件。

【下拉菜单】工具→ CAD 标准→配置

【工具栏】

【命令】standards

执行命令后，将显示如图 10-29 所示的对话框。

【操作提示】

☞ “标准”选项卡：显示与当前图形相关联的标准文件的相关信息。

［与当前图形关联的标准文件］：列出与当前图形相关联的所有标准文件（DWS）。

［添加标准文件］（ ）：使标准文件（DWS）与当前图形相关联。

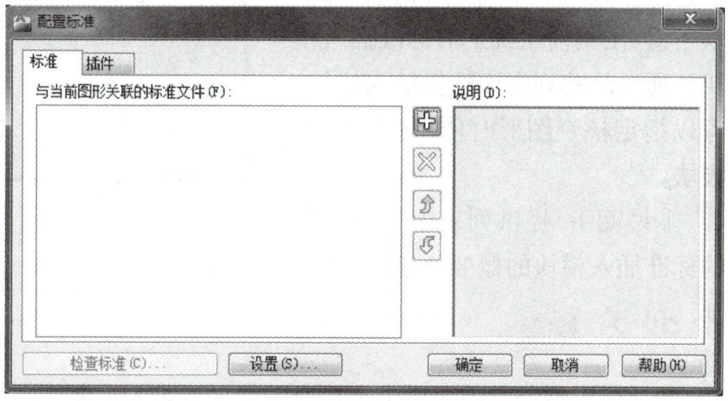

图 10-29 ［配置标准］对话框

［删除标准文件］（ ）：从列表中删除某个标准文件。（不是实际删除它，只是断开它与当前图形的关联性。）

［上移］（ ）：将列表中的某个标准文件上移一个位置。

［下移］（ ）：将列表中的某个标准文件下移一个位置。

［说明］：提供列表中当前选定的标准文件的概要信息。按［设置］则显示如图 10-30 所示的对话框。

各项含义如下。

［通知设置］：设置发生标准冲突时的通知选项。

［禁用标准通知］：关闭关于标准冲突和丢失标准文件的通知。

［标准冲突时显示警告］：打开当前图形中的标准冲突通知。当出现标准冲突时会显示一个警告，警告通知用户在更改图形时创建或编辑了多少个非标准对象。

［显示标准状态栏图标］：打开与标准文件关联的文件以及创建或修改非标准对象时，状态栏上显示图标。

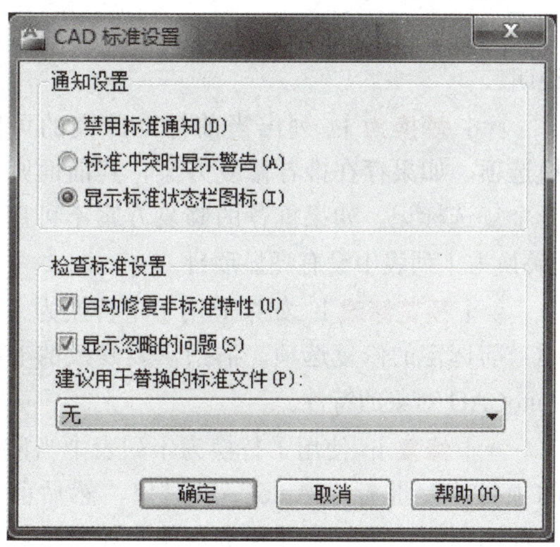

图 10-30 ［CAD 标准设置］对话框

［检查标准设置］：为修复标准冲突和忽略已标记的问题设置选项。

［自动修复非标准特性］：如果有建议的修复方案，则在自动修复和不修复非标准 AutoCAD 对象之间切换。

［显示忽略的问题］：在显示和不显示已标记为忽略的问题之间切换。如果复选了此选项，则在当前图形上执行核查时将显示已标记为忽略的标准冲突情况。

［建议用于替换的标准文件］：提供标准文件列表，这些标准文件控制［检查标准］对话框的［替换］列表中的默认选项。

☞［插件］选项卡（图 10-31）：列出当前系统上安装的标准插入模块。安装的标准插入模块将用于每一个命名对象，利用它即可定义标准（图层、标注样式、线型和文字样式）。

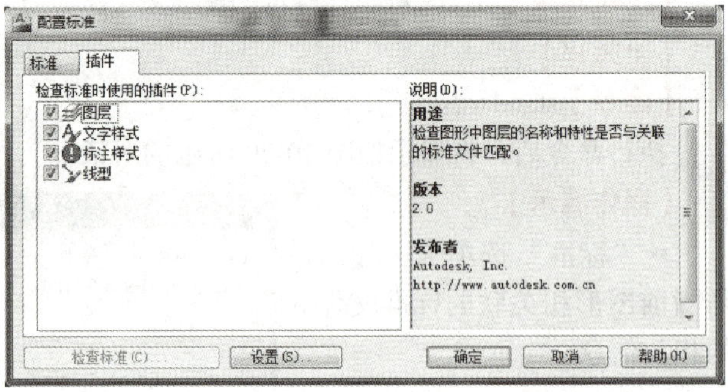

图 10-31 ［配置标准］插件选项卡对话框

［检查标准时使用的插入模块］：列出当前系统上的标准插入模块。通过从此列表中选择插入模块，可以指定核查图形时使用哪个插入模块。

［说明］：提供列表中当前选定的标准插入模块的概要信息。

10.23.2 检查

【功能】检查当前图形是否符合关联的 CAD 标准。

【下拉菜单】工具→CAD 标准→检查

【工具栏】

【命令】checkstandards

执行命令后，若已设置与本图相关联的 CAD 标准（否则需在［配置标准］对话框中添加标准文件），则将显示如图 10-32 所示的对话框。

【操作提示】

☞［问题］：显示当前图形中非标准对象的说明。

☞［替换为］：列出当前标准冲突的可能替换选项。如果存在推荐修复方案，其前面则带有一个复选标记。如果推荐的修复方案不可用，则［替换为］列表中没有亮显项目。

☞［预览修改］：如果应用了［替换为］列表中当前选定的修复选项，请指示要修改的非标准 AutoCAD 对象的特性。

☞［修复］：使用［替换为］列表中当前选定的项目修复非标准 AutoCAD 对象，然后前进到当前图形中的下一个非标准对象。如果推荐的修复方案不存在或［替换为］列表中没有亮显项目，

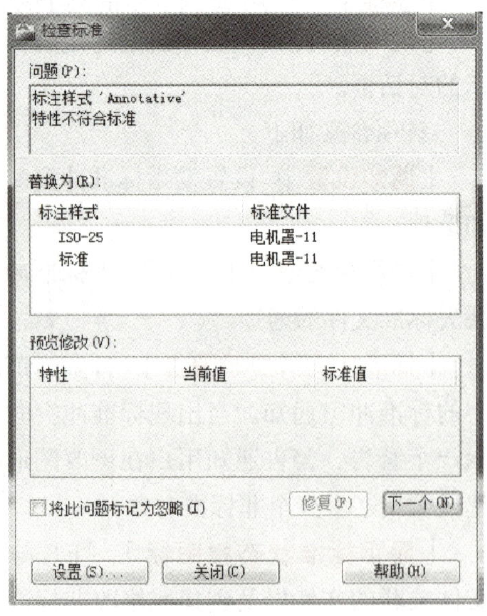

图 10-32 ［检查标准］对话框

则此按钮不可用。

☞［下一个］：前进到当前图形中的下一个非标准 AutoCAD 对象而不应用修复。

☞［将此问题标记为忽略］：将当前问题标记为忽略。如果在［CAD 标准设置］对话框中关闭了［显示忽略的问题］选项，下一次检查该图形时将不显示已标记为忽略的问题。

☞［设置］：显示［CAD 标准设置］对话框，从中可以为［检查标准］对话框和［配置标准］对话框指定其他设置。

☞［关闭］：关闭［检查标准］对话框而不将修复应用到［问题］中当前显示的标准冲突。

10.23.3 图层转换器

【功能】批量修改图层的名称和特性。

【下拉菜单】工具→ CAD 标准→图层转换器

【工具栏】

【命令】laytrans

执行命令后，将显示如图 10-33 所示的对话框。

【操作提示】

☞［转换自］：列出当前图形中所有可转换的图层。可以通过在［转换自］列表中选择图层或通过提供选择过滤器指定图层。

☞［选择过滤器］：通过通配符的命名方式，在［转换自］列表中指定要选择的图层。

☞［选择］：选择在［选择过滤器］中指定的图层。

☞［映射］：将［转换自］中选定的图层映射到［转换为］中选定的图层。

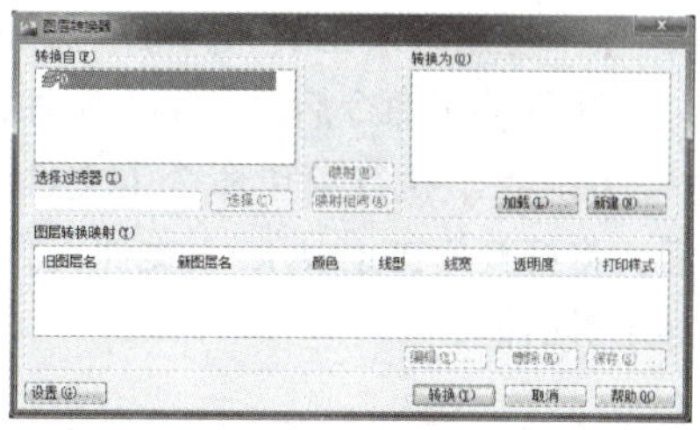

图 10-33 ［图层转换器］对话框

☞［映射相同］：映射在两个列表中具有相同名称的所有图层。

☞［转换为］：列出当前图形的图层可转换为的图层。

☞［加载］：使用图形、图形样板或所指定的标准文件加载［转换为］列表中的图层。

☞［新建］：定义一个要在［转换为］列表中显示并用于转换的新图层。

☞［图层转换映射］：列出要转换的所有图层以及图层转换后所具有的特性。

☞［编辑］：打开［编辑图层］对话框，从中可以编辑所选择的转换映射。

☞［删除］：从［图层转换映射］列表中删除无效映射。

☞［保存］：将映射规则保存为 DWS 文件，以便日后使用。

☞［设置］：打开［设置］对话框，从中可以自定义图层转换的过程。

☞［转换］：开始对已映射的图层进行图层转换。

【说明】使用图层转换器可以修改图形的图层，使其与用户设置的图层标准相匹配。

10.24 向导*

10.24.1 网上发布

【功能】创建选定图形的网页格式用于网络共享。

【下拉菜单】工具→向导→网上发布

【命令】publishtoweb

执行命令后，将显示如图 10-34 所示对话框。

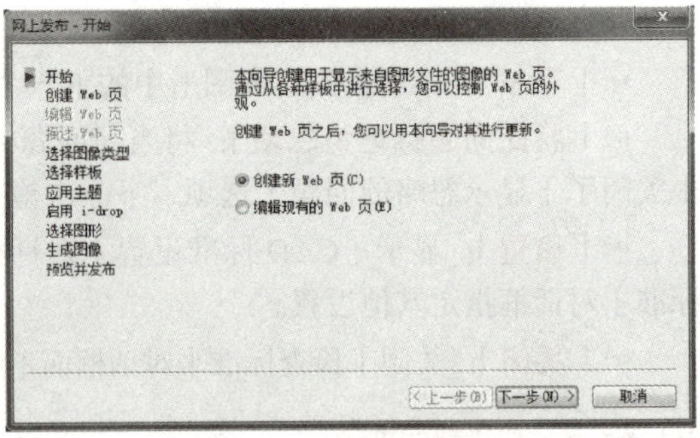

图 10-34 ［网上发布］对话框

按照向导提即可生成网页。

10.24.2　添加绘图仪

【功能】添加并配置绘图仪。

【下拉菜单】工具→向导→添加绘图仪

执行菜单命令后，显示［添加绘图仪向导］对话框，随后可按提示操作。

【说明】执行菜单命令［文件］→［绘图仪管理器］，或输入“plotter manager”命令后，将打开［Plotters］文件夹，双击［添加绘图仪向导］，将出现［添加绘图仪向导］对话框。

10.24.3　添加打印样式表

【功能】创建打印样式表。

【下拉菜单】工具→向导→添加打印样式表

执行菜单命令后，显示［添加打印样式表向导］对话框，然后可按提示操作。

【说明】执行菜单命令［文件］→［打印样式管理器］，或输入“styles manager”命令后，将打开［Plot Styles］文件夹，双击［添加打印样式表向导］，出现［添加打印样式表向导］对话框。

10.24.4　添加颜色相关打印样式表

【功能】创建基于颜色的打印样式表。

【下拉菜单】工具→向导→添加颜色相关打印样式表

【命令】r14penwizard

执行命令后，显示［添加颜色相关打印样式表向导］对话框，然后可按提示操作。

10.24.5　创建布局

【功能】通过向导中提供的设置创建布局。

【下拉菜单】工具→向导→创建布局

【命令】layoutwizard

执行命令后，显示［创建布局向导］对话框，然后按提示操作。

【说明】与下拉菜单［插入］→［布局］→［创建布局向导］功能相同。

10.24.6　新建图纸集

【功能】创建新的图纸集合。

【下拉菜单】工具→向导→新建图纸集

【命令】newsheetset

执行命令后，显示［创建图纸集向导］对话框，然后按提示操作。

【说明】与下拉菜单［文件］→［新建图纸集］功能相同。

10.24.7 输入打印设置

【功能】显示向导，将 PCP 和 PC2 配置文件中的打印设置输入到 [模型] 选项卡或当前布局中。

【下拉菜单】工具→向导→输入打印设置

【命令】pcinwizard

执行命令后，将显示 [输入 PCP 或 PC2 打印设置]，向导将提示指定要从中输入设置的 PCP 或 PC2 配置文件名称。输入打印设置之前可以查看和修改，输入的设置可用于当前的“模型”选项卡或 [布局] 选项卡。可以从 PCP 或 PC2 文件中输入的信息包括：打印区域、打印旋转、打印偏移、打印优化、打印到文件、图纸尺寸、打印比例和笔映射等。

10.25 绘图设置 *

【功能】设置栅格和捕捉、极轴追踪和对象捕捉模式。

【下拉菜单】工具→绘图设置

【命令】dsettings

执行该命令后，将显示绘图设置对话框，在该对话框中有三个选项卡，即 [捕捉和栅格]、[极轴追踪] 和 [对象捕捉] 选项卡。

【操作提示】

☞ 设置 [捕捉和栅格]：在捕捉和栅格选项卡中选择 [启用捕捉] 和 [启用栅格]，在 [捕捉] 栏内，设置 X、Y 轴的捕捉间距；在 [栅格] 栏内，设置 X、Y 轴的栅格间距。

☞ 设置 [极轴追踪]：在极轴追踪选项卡中选择 [启用极轴追踪]，设置用来显示极轴追踪对齐路径的极轴角增量，可以输入任何角度，或从列表中选择常用的角度。

☞ 设置 [对象捕捉]：在对象捕捉选项卡中选择 [启用对象捕捉] 或 [启用对象捕捉追踪] 来指定执行对象捕捉模式，可选一个或多个选项。

【说明】

① 为方便栅格捕捉，栅格捕捉和栅格间距最好设为同一值，例如都选 5（默认都为 10）；

② 设置极轴追踪时，如选择 [启用对象捕捉追踪] 的 [仅正交追踪] 则仅显示对象捕捉点的正交（水平 / 垂直）对象捕捉追踪路径，如选择 [用所有极轴角设置追踪]，则当指定点时，允许光标沿任何极轴角追踪路径进行追踪；

③ 要使用对象捕捉追踪，必须打开一个或多个对象捕捉；

④ 打开或关闭上述各项也可通过点击 AutoCAD 界面下方的按钮来实现；

⑤ 上述设置还可通过调用 [选项] 对话框的 [草图] 选项卡来完成。

10.26 组

【功能】创建和管理已保存的对象集（称为编组）。

【下拉菜单】工具→组

【命令】group

【操作步骤】

创建未命名编组：选择要编组的对象，依次单击 [常用] 选项卡→ [编组] 面板→ [编组]，选定的对象被编入一个指定了默认名称（例如“A1”）的未命名编组。只有选择了[包含未命名编组]时，[对象编组]对话框中才会显示未命名编组。

创建命名编组：依次单击[常用]选项卡→[编组]面板→[编组]；在命令提示下，输入“n”和编组的名称；选择要编组的对象，然后按回车键；为选定对象创建了已命名的编组。

10.27　解除编组

【功能】解除组中对象的关联。

【下拉菜单】工具→解除编组

【命令】ungroup

【操作步骤】在绘图区域中，选择一个编组。

依次单击[常用]选项卡→[编组]面板→[解组]，对象被解组。

【说明】分解属于一个编组的对象（例如，块或图案填充），不会自动将结果组件添加到任何编组。

10.28　数字化仪

【功能】校准、配置、打开和关闭已附着的数字化仪设备。

【下拉菜单】工具→数字化仪→(/开/关/校准/配置)

【命令】tablet

【操作步骤】执行该命令后，AutoCAD 提示：

选项[开(O)/关(F)/校准(C)/配置(N)]:

选择相应的选项执行下一步。

校准数字化仪：

输入“cal”；

在图形上选择一已知点；

输入刚指定点的坐标；

输入第二点的坐标；

……

回车确定。

配置数字化仪：

输入“cfg”；

输入想要的数字化仪菜单数目（0～4）；

给菜单区输入列数和行数；

指定固定屏幕定点区域（也可不指定）；

……

对齐数字化仪菜单区域（也可不对齐）。

【说明】

① 如果数字化仪已经被校准了，最后的校准坐标仍然起作用。

② 菜单上行和列的排列方式必须与使用的菜单相一致，行和列的值必须按表 10-1 的值输入。

表 10-1 数字化仪菜单区域

菜单区	行	列	菜单区	行	列
1	9	25	3	7	7
2	9	11	4	7	25

10.29 自定义*

10.29.1 界面

【功能】管理自定义用户界面元素。

【下拉菜单】工具→自定义→界面

【命令】cui

执行该命令后，显示［自定义用户界面］对话框，如图 10-35 所示。

【操作提示】管理自定义用户界面元素，例如工作空间、工具栏、菜单、快捷菜单和键盘快捷键。

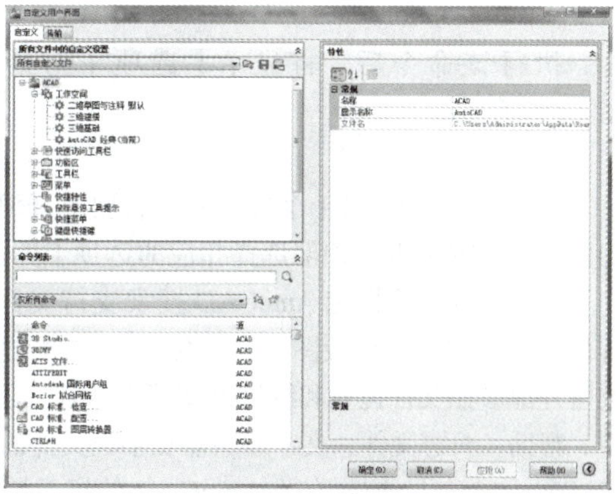

图 10-35 ［自定义用户界面］对话框

10.29.2 工具选项板

【功能】显示、创建、重命名和删除工具选项板

【下拉菜单】工具→自定义→工具选项板

【命令】customize

执行该命令后，显示［自定义工具选项板］对话框，如图 10-36 所示。

【操作提示】

☞［工具选项板］：列出所有可用的工具选项板。单击并拖动一个工具选项板可以将其在列表中上移或下移。右键单击列表中的一个工具选项板可以重命名、删除或导出该工具选项板。

☞［选项板组］：以树状图的形式显示工具选项板的组织结构。单击并拖动一个工具选项板可以将其移至其他组中。右键单击一个工具选项板组，然后在快捷菜单中单击［置为当前］，即可以显示该工具选项板组。

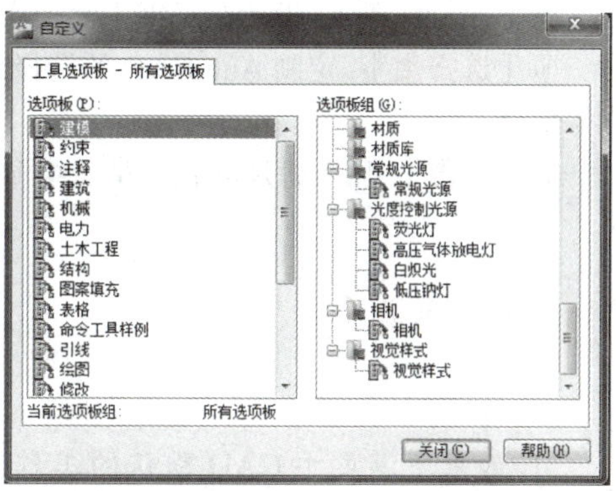

图 10-36 ［自定义工具选项板］对话框

☞［当前选项板组］：显示当前的工具选项板组的名称。显示所有可用的工具选项板时，名称为［所有选项板］。

10.29.3 编辑程序参数

【功能】编辑 AutoCAD 命令别名配置文件。

【下拉菜单】工具→自定义→编辑程序参数

执行该命令后，记事本打开列有命令别名的 acad.pgp 文件，供用户编辑。

10.30　选项**

【功能】控制多种 AutoCAD 工作平台的特性。

【下拉菜单】工具→选项

【命令】options

执行该命令后，将显示［选项］对话框，如图 10-37 所示。

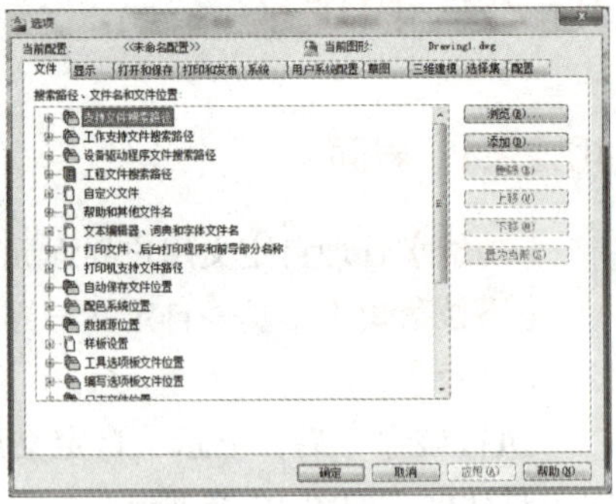

图 10-37　［选项］对话框

【说明】

① 选项对话框有十个选项卡，若要对任何部分做出修改，从对话框的顶部选择相应的选项卡即可。

②［文件］：指定 AutoCAD 搜索支持文件、驱动程序、工程文件、样板图形文件位置、临时文件位置、临时外部参照文件位置和纹理贴图搜索路径，还指定菜单、帮助、日志文件、文字编辑器和字典文件的位置。

③［显示］：控制有关 AutoCAD 的显示性能参数，如改变的屏幕背景颜色。

④［打开和保存］：控制打开或保存图形、外部参照和 ObjectARX 应用程序的格式和参数。

⑤［打印和发布］：控制打印图形的参数及发布日志文件，包括新图形的默认打印设置、后台处理选项、打印并发布日志文件、基本打印选项和指定打印偏移相对于、打印戳记设置和打印样式表设置等。

⑥［系统］：控制系统参数，包括当前三维图形显示、布局重生成选项、当前定点设备、数据库连接选项和基本选项五个部分。

⑦［用户系统配置］：控制 AutoCAD 中优化性能的选项。

⑧［草图］：定制 AutoCAD 的草图选项。

⑨［三维建模］：设置在三维中使用实体和曲面的选项。

⑩［选择集］：定制 AutoCAD 的选择选项，包括选择模式、拾取框大小、夹点和夹点大小等部分。

⑪［配置］：用于管理配置，是一组命名和保存的环境设置。

【思考题】

1. 如果不满足于 CAD 默认的工作空间，哪些设置可以满足个人的喜好，达到个性化的操作体验？

2. 如何使用［选项板］→［设计中心］的功能将其他图形中的图层、文字样式、标注样式、表格样式和图块复制到当前图形中？

3. 如何使用［查询］功能获得距离、面积、体积、角度、时间等信息？

4. 如何设置［选项板］、［绘图设置］、［选项］等功能使绘图环境变得得心应手？

11 工程图纸的打印

【本章导读】

图纸打印是工程绘图的最后环节，也是最重要的环节之一。本章系统讲解了AutoCAD工程图纸打印的关键操作与实用方法，旨在帮助读者解决CAD“打印图纸”非“屏幕显示”的问题，即“打印图非显示图”“所见非所得”。核心目标是通过正确的设置，减少废图，使打印图纸符合实际要求。

要求读者掌握两种打印方式：模型空间打印与布局空间打印。模型空间打印操作简单，适合打印简单图纸；布局空间打印操作相对繁复，适用于多比例、多视口的复杂图纸打印。建议读者先易后难掌握打印方法。由于打印设置很难一步到位，需反复调整才能打印出符合要求的图纸。因此，读者打印前要养成先[预览]的习惯，预览中的显示就是最后打印出来的图纸。通过预览发现并调整设置参数，直到对预览显示满意后再打印，这样可以减少废图，提高打印效率和质量。

1. CAD图纸“所见非所得”的原因

AutoCAD“打印图非显示图”的差异有两个方面：一是色彩差异，显示图形是彩色的，而打印图纸是白底黑字，必须通过打印样式表中的monochrome.ctb选项将彩色线条转为纯黑色。二是输出图纸比例的差异，线宽、字高需与图纸尺寸（A0～A4）相匹配，需提前校准与图纸大小相适应的比例。

2. 模型空间打印设置

打印样式表选定为[monochrome.ctb]，把所有彩色转换为黑色。

打印区域优先选[窗口]，通过鼠标选择框精准选中打印范围（一般选图纸外框线对角点），比[范围][显示]更灵活。选择[布满图纸]，勾选[居中打印]，确保图形适配标准图幅。

经验提示：每次打印前必做预览，重点检查图纸布局、线宽和文字高度符合绘图规范要求，预览合适后再正式打印。

3. 布局空间打印设置

布局空间适用于多视图排版或固定比例出图，关键操作是：删除自动生成的图框，通过[视口]工具自定义显示区域。利用视口比例显示窗口换算标准比例，此功能在模型空间需手动计算，布局空间可自动映射。

4. 操作技巧指南

（1）设置并保存页面管理器模板

将常用设置（如 A3 横向 1 ∶ 100 比例）保存并命名为页面设置模板，后续打印直接调用，无须重复设置，此技巧可减少 70% 的重复操作。

（2）线宽、字高与图纸尺寸的动态适配

线宽与字高的适配：在图层与图纸模板中预先设定，避免因图幅变化导致字高或线宽改变。A0 ～ A2 图纸：建议粗线为 0.7mm，大图要避免线条过细。A3 ～ A4 图纸：建议粗线为 0.5mm，小图要防止线条过粗。字高需按图幅等比缩放（A0 图字高 5mm，A4 图字高 3.5mm），可通过 [文字样式] 预设多套方案快速切换。这是对初学者的简单要求，实际上要遵照相关国家标准规范的要求。

（3）打印失败的原因与对策

线条未转黑：检查打印样式表是否未选 [monochrome.ctb]。图形超出边界：确认 [打印区域] 是否选 [窗口] 并框选完整图框。比例混乱：模型空间需手动确认 [布满图纸]，布局空间需检查视口比例与标注比例的一致性。

预览的重要性：90% 的打印错误可通过预览发现并改正，务必养成“设置→预览→调整→预览→打印”的闭环操作习惯。

5. 学习路径优化建议

① 必学核心模块：模型空间打印的全流程设置（11.1 ～ 11.2.1），可满足 90% 的工程应用场景，需反复练习直至熟练运用。

② 选学拓展模块：布局空间打印（11.2.2）可作为进阶内容，建议在掌握模型空间后，结合多视图排版需求进行专项学习。

③ 工具轻量化使用：[打印偏移] [缩放线宽] 等选项在常规工程图中极少使用，初学者可先保持默认设置，了解即可。

在未学习本章内容之前，如果对本章导读内容暂时难以理解，没有关系，待学完本章内容后再回来读一遍本章导读，收获将会更大。

在 [AutoCAD 经典][模型] 空间中打印图纸，再经 [页面设置管理器] 正确设置，最后在 [打印] 页面打印，这一过程都需要正确设置才能保证图纸打印一次成功，减少废图，提高打印质量。这一模式的特点是“所见图非打印图”，如果设置不正确，打印出来的图纸并不是屏幕上所见的样子，是不合格的图纸，因此打印的正确设置十分重要。CAD 的打印方式有两种，一种是在 [模型] 空间打印，另一种是在 [布局] 空间打印。[模型] 空间打印设置简单，比较常用。

11.1　打印设置**

CAD 图在屏幕上显示为彩色，但单色打印机打印只能输出不同灰度的黑色线条。因此，打印时需通过设置将所有彩色线条自动转换为黑色，且不改变原图纸样式。

【下拉菜单】文件→页面设置管理器→新建页面设置

见图 11-1 [页面设置管理器] 对话框。

新建一个以“P”命名的页面设置管理器。

单击 [修改]，显示 [页面设置] 对话框，见图 11-2。在 [打印样式表（笔指定）] 中选择“monochrome.ctb”；在［打印机/绘图仪］的［名称］中选择系统打印机；在［图纸尺寸］中选择需要的标准图幅；在［打印区域］中选择“窗口、范围、图形界限、显示”中最合适的一种，选择“窗口”比较灵活；在［图形方向］中A0~A3选择“横向”，A4选择“纵向”；在［打印比例］选择“布满图纸”；在［打印偏移］选择“居中打印”。打印效果在页面设置管理器中可以预览，不满意再继续调整设置，完成后点击［确定］，返回上一页面后点击［置为当前］。

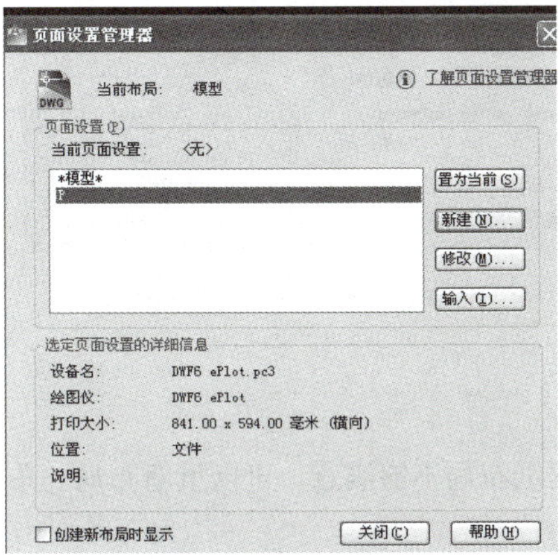

图 11-1 ［页面设置管理器］对话框

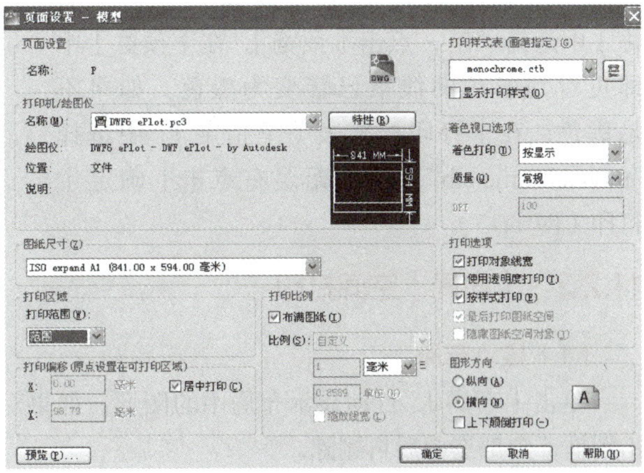

图 11-2 ［页面设置］对话框

最后通过打印管理器打印。

11.2 打印**

11.2.1 ［模型］空间打印

【下拉菜单】文件→打印

【命令】plot

【操作提示】

☞［页面设置］→［名称］：选中已经设置的页面设置“P”。

☞［打印机/绘图仪］→［名称］：选择能够使用的打印机或绘图仪，一般为系统默认设备。

☞［图纸尺寸］：选择打印图纸规格。

☞［打印范围］：有4种打印方式可供选择，如果前期的图形界限、图纸模板、打印比例等参数设置正确，通过［预览］均可选择，如果前期设置不合适，通过［窗口］打印比较方便。

［窗口］：由鼠标选取两点形成的矩形窗口作为打印范围，由窗口打印是比较简便灵活的打印方法。

［范围］：以ZOOM命令中Extents选项的范围为打印边界，最好先用ZOOM命令观察后再打印。

［图形界限］：以图形的边界值作为打印范围。

［显示］：打印当前窗口中显示的内容。

☞［布满图纸］：可以使图形布满图纸的方式打印。

☞ [居中打印]：自动将图形居中排列打印。

【说明】

① AutoCAD 采用“显示图非打印图”，务必先预览再打印。

② 线宽、字高等参数需根据图纸尺寸先调整好再打印。

单击 [打印]，在 [页面设置] → [名称] 中选择“P”，点击 [预览]。在 [预览] 中即可看到彩色的线条已转变为黑色。如果不是黑色，在 [打印样式表（笔指定）] 中选择“monochrome.ctb”，预览无误右点击 [确定]，打印（图 11-3）。

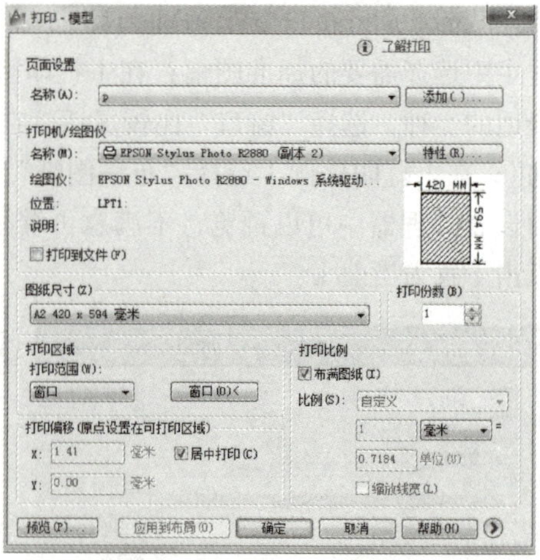

图 11-3 [打印 - 模型] 对话框

11.2.2　[布局] 空间打印

（1）显示布局

单击 [布局]，自动显示布局中的图形，如果对图纸布局不够满意，可以重新布局。单击图框，全部选中后再删除。

（2）创建视口

[视图] → [视口] 调出视口命令，选择 [单一视口]，或光标指向工具栏，单击右键，弹出工具栏菜单，选择 [视口]，显示 [视口] 工具栏（图 11-4）。选择单个视口，在布局中拖动创建矩形视口范围，重新显示图形。

（3）设置图形比例

单击图框，在 [比例显示] 窗口中的小数比例，再换算成分数比例。如 0.003342，其分数比例是 1 ∶ 299，取整数 1 ∶ 300，图形比例即为 1 ∶ 300。

图 11-4 [视口] 工具栏

（4）打印设置

单击 [打印] 命令，显示 [打印] 窗口，选择 [打印机 / 绘图仪] 名称，选择 [图纸尺寸]，在 [布满图纸] 和 [居中打印] 中打“√”。

点击 [预览] 确认效果后，点击 [确定] 打印。

【思考题】

1. 如何理解 [AutoCAD 经典][模型] 空间中“所见图非打印图”？

2. 打印必备的关键设置有哪些？

3. 如何确保打印比例符合标准规范？

4. 如何使线宽、线型比例、字高等要素在不同大小的图纸中符合要求？

5. 在屏幕显示中可以用不同颜色区分不同线型，但在蓝图中则不能，你认识到自定义线型的重要性和实用性了吗？

12 图库的建立**

【本章导读】

一个新产品是由很多相同的标准件和不同的非标准件组成的，标准件如螺钉、螺母、轴承、齿轮等。一个新的环境工程也是如此，标准件如各种水泵、风机、阀门、堰槽、气浮池、沉淀池等。这些标准件尺寸不同，但形状基本相同，因此，把这些标准件的图形贮存在图库文件夹中，即可随时调用。只需简单编辑即可用于不同的工程项目中，这样大大提高了绘图效率。

建立属于自己的图库，不仅能够提高绘图效率，而且也是积累设计经验的过程。越是经验丰富的设计人员，他的图库必然越丰富全面。

为了进一步提高绘图效率、简化图纸图形，在工程设计标准规范中，把标准件简化为象形符号——设备图例符号，并规定统一使用这些符号。因此，设计人员掌握设备图例符号及名称，建立设备图例符号图库是十分重要的。在工程图纸中能使用设备图例符号的就不必重画实体图，尤其在流程图和平面图中，这可以大大简化图纸，减轻绘图工作量。

经验丰富的设计人员，每项工程中的同类图形并非都要重新绘制，他们建有自己丰富的图库，随时调用图库中的图元插入新图即可，显著提高工作效率。

图库就是分类存储常用图元的专门文件夹，每个图元或图形可以图块文件形式保存，也可以图形文件形式保存。以图块形式保存的图元，插入比较方便，可同时进行按比例缩放等编辑操作。

图库中的图形可以分为两类："标准件"和"非标准件"。"标准件"如符号图例，是相关标准与规范统一规定的，是约定俗成的，也是设计人员共同的设计语言，所以要求与标准规范严格一致。在图纸中能用图例符号表示之处尽量使用，以简化图纸，提高效率。"非标件"如各类水泵、风机、阀门、生化池、沉淀池、标排口等，其大小和形状可以有所不同，调用时临时编辑、修改，适用于新项目即可。

图库中常用图元的来源可以是自我积累、同事交流共享或网上收集。丰富自己的图库对于提高设计水平和绘图效率至关重要。

本书收集了一些常用设备图例（图 12-1 ～图 12-32）和符号图例（表 12-1 和表 12-2）供读者参考。需要说明的是，因截图前未执行 [视图] → [重生成] 操作，部分圆形变成了多边形。

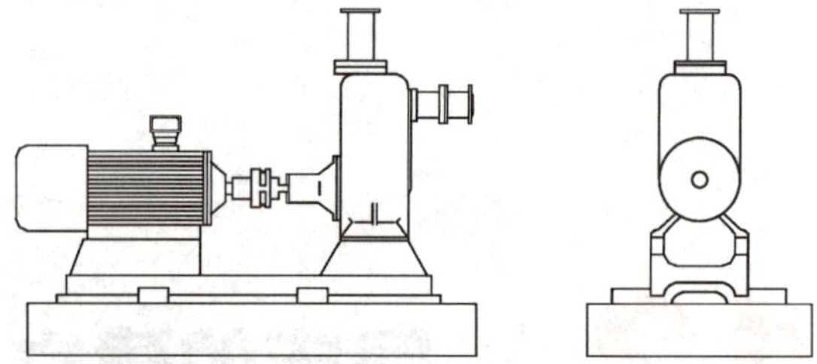

图 12-1　污泥泵

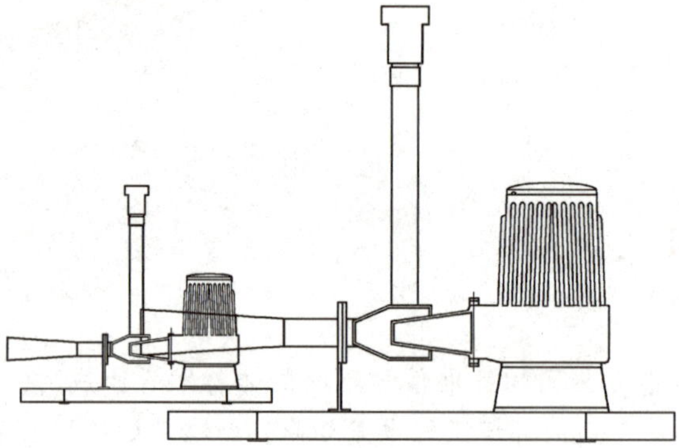

图 12-2　射流泵

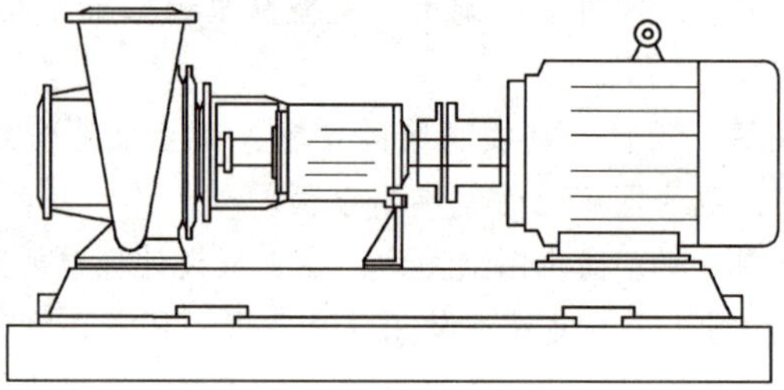

图 12-3　清水泵

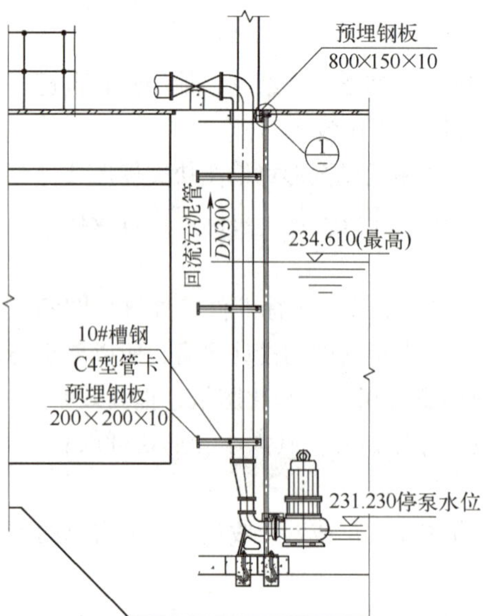

图 12-4　回流污泥泵安装图

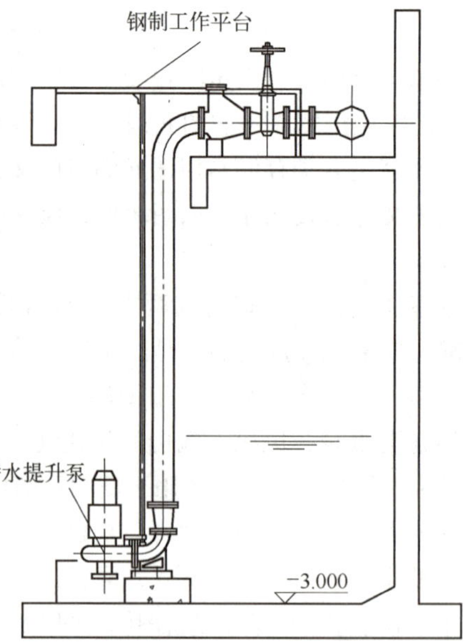

图 12-5　污水泵安装图

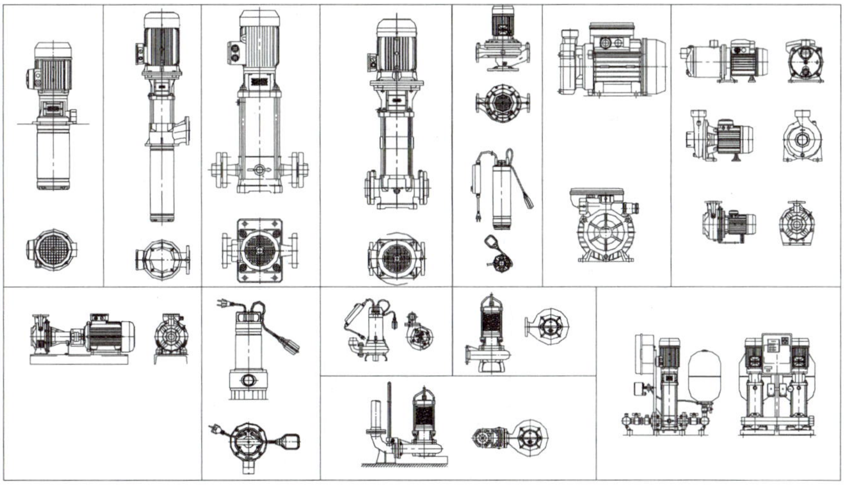

图 12-6　水泵图集

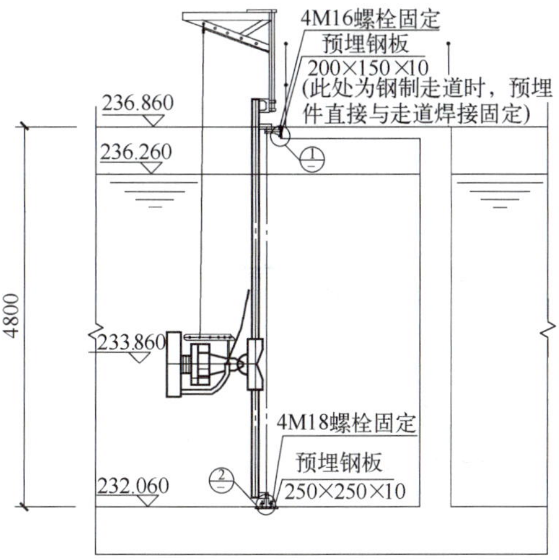

图 12-7　潜水搅拌推进器安装图

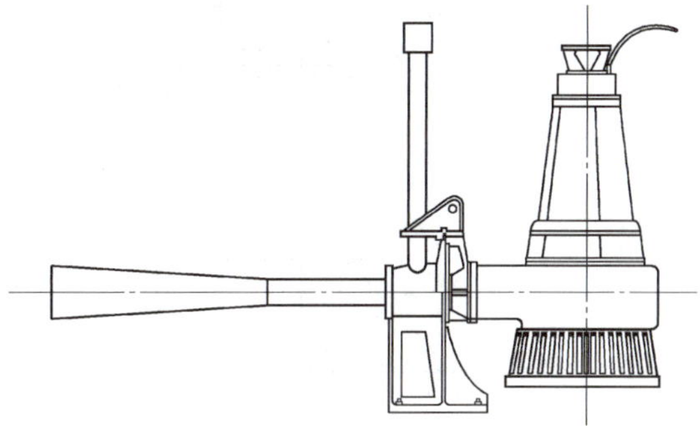

图 12-8　射流曝气机

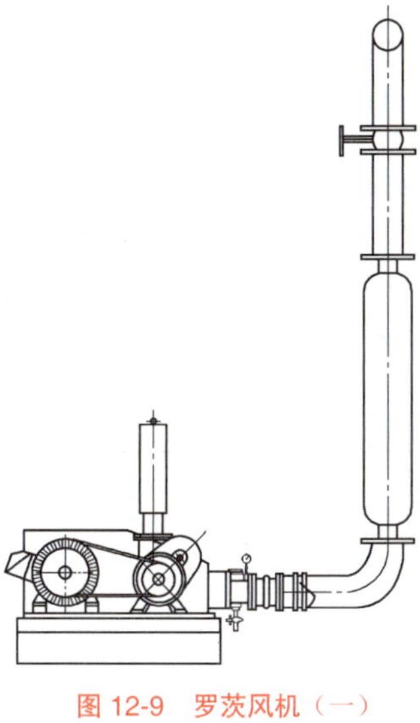

图 12-9　罗茨风机（一）

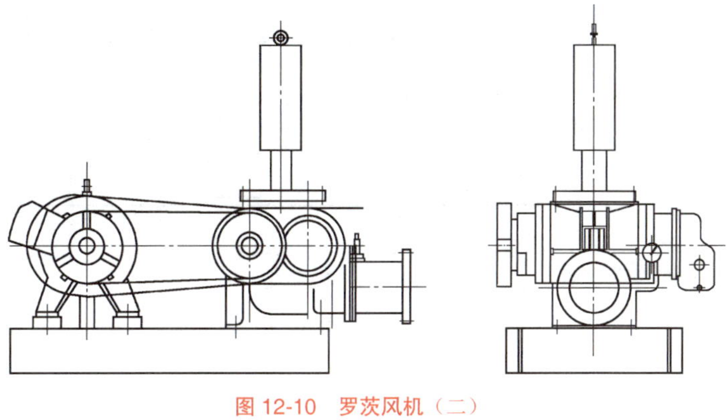

图 12-10　罗茨风机（二）

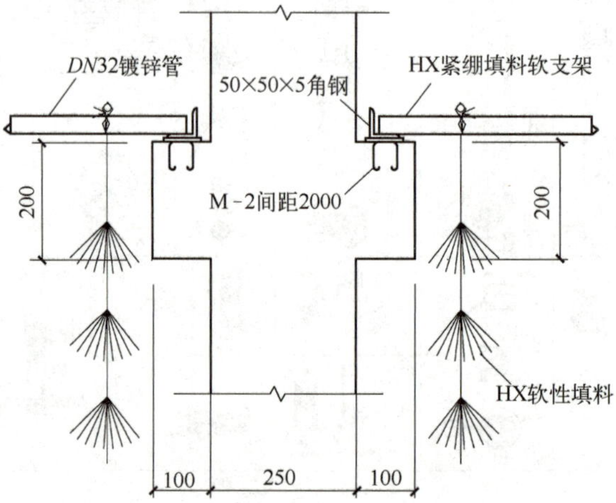

图 12-11　填料及支架

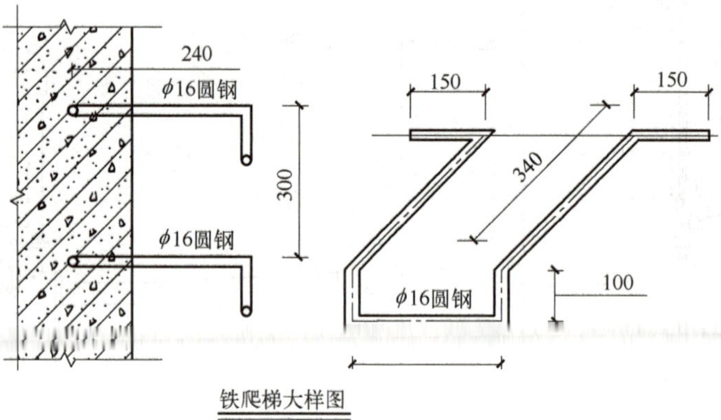

图 12-12　铁爬梯

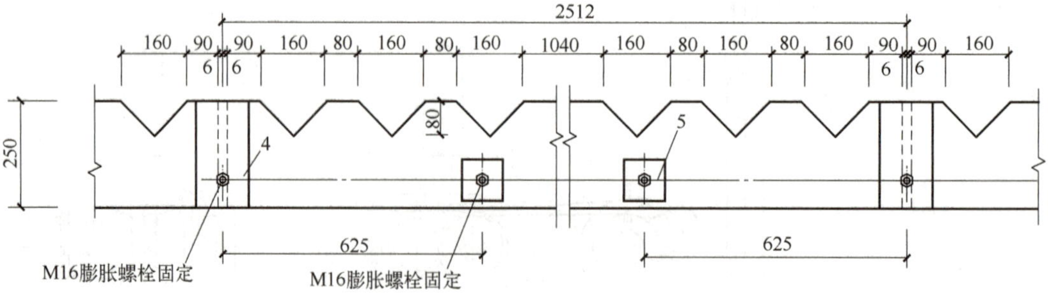

图 12-13　三角堰安装大样图

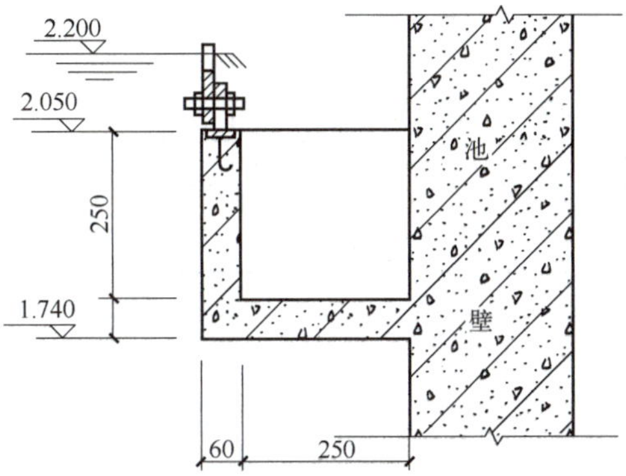

图 12-14 出水堰示意图

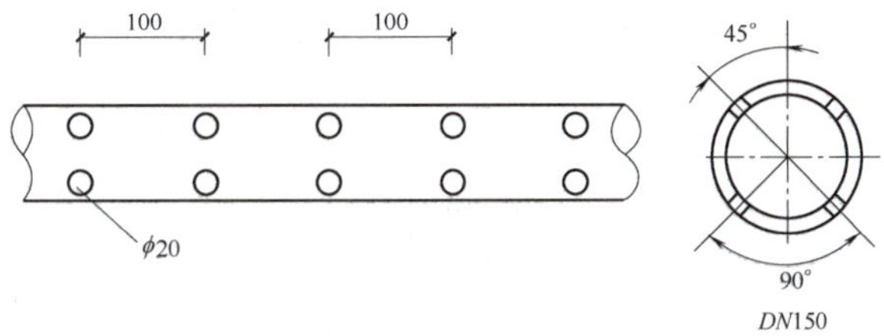

图 12-15 穿孔 PVC 排水管

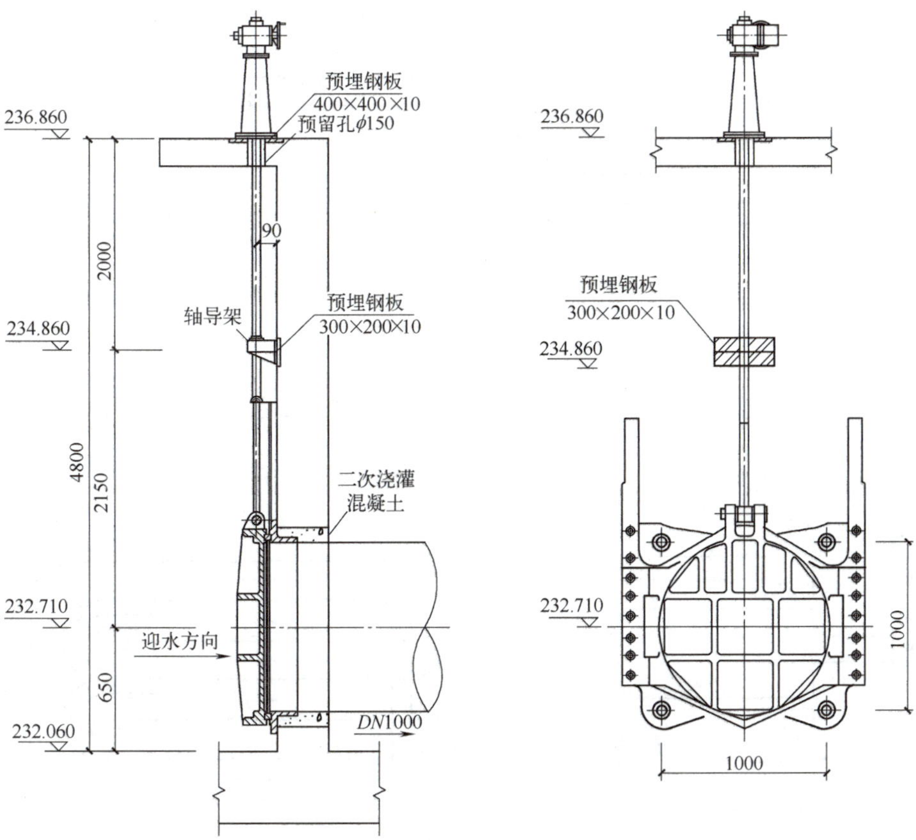

图 12-16 靠壁式圆闸门（DN1000）安装图

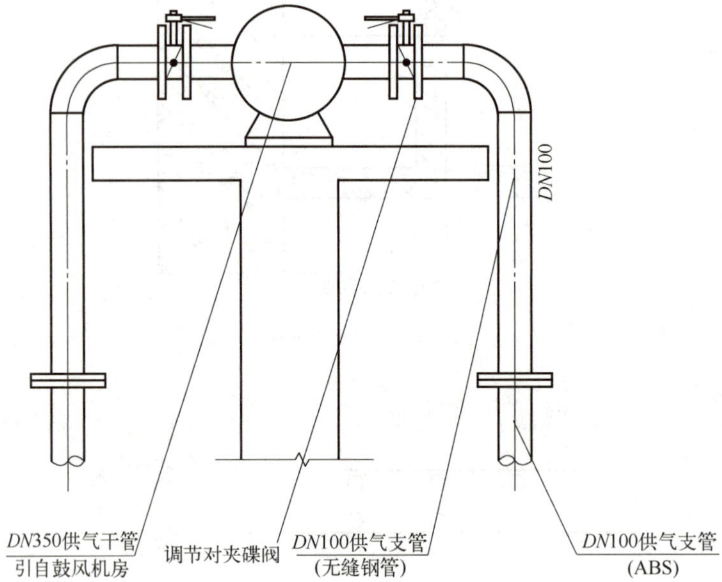

图 12-17　空气管

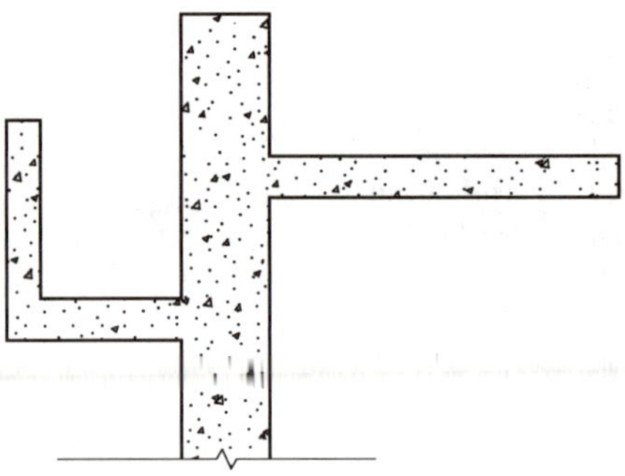

图 12-18　出水堰详图

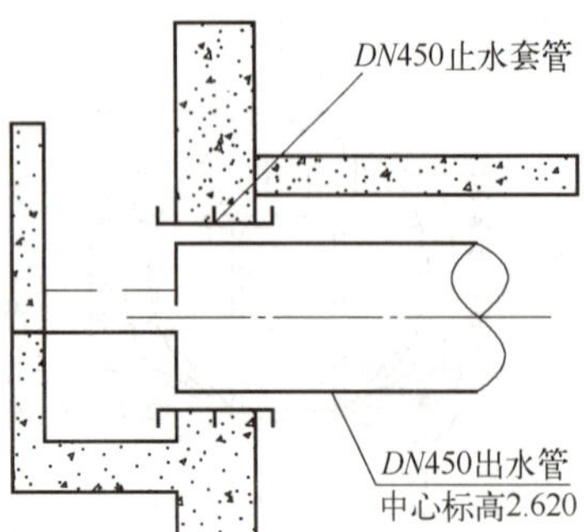

图 12-19　出水斗详图

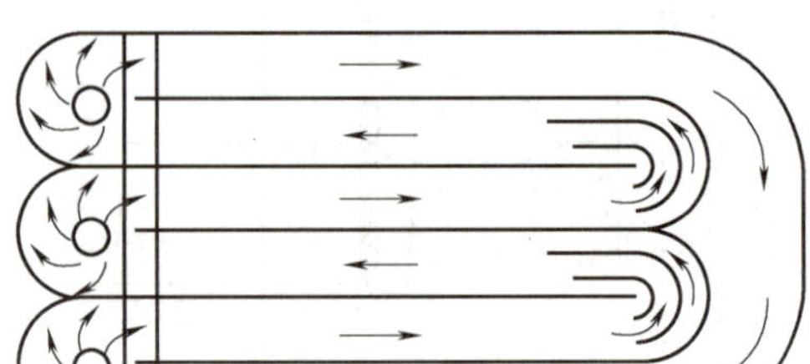

图 12-20　卡鲁塞尔氧化沟

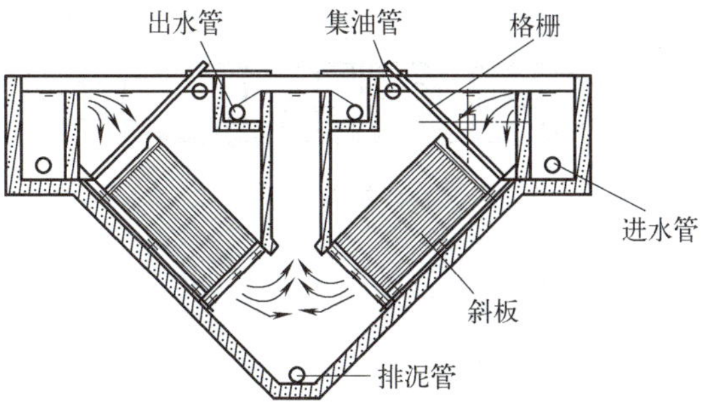

图 12-21　倾斜板式隔油池

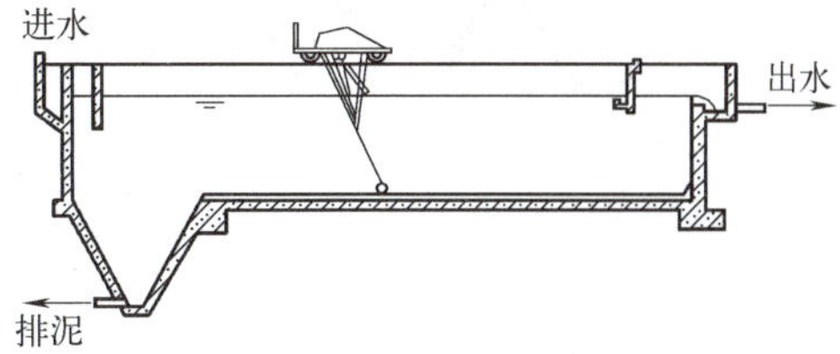

图 12-22　平流式沉淀池

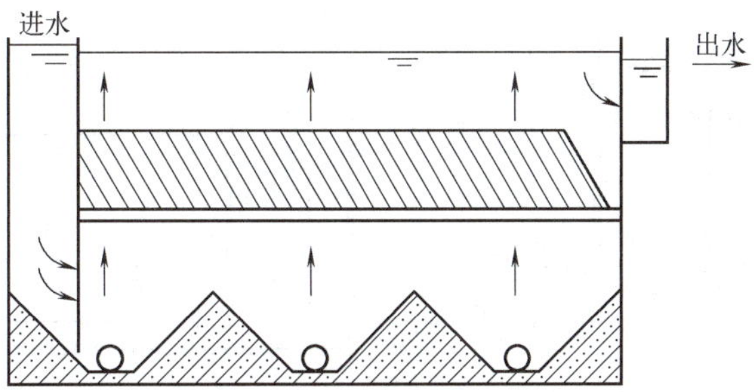

图 12-23　斜板（管）沉淀池

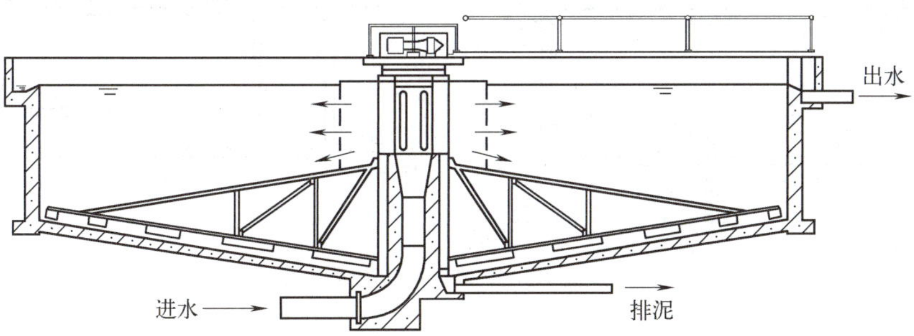

图 12-24　辐流式沉淀池

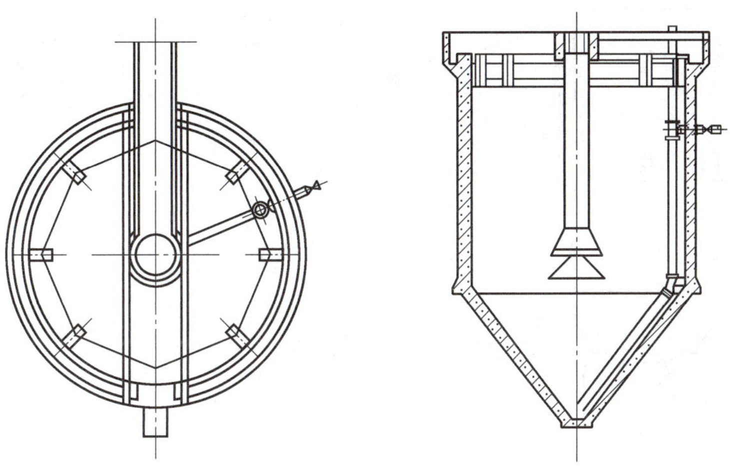

图 12-25　竖流式沉淀池

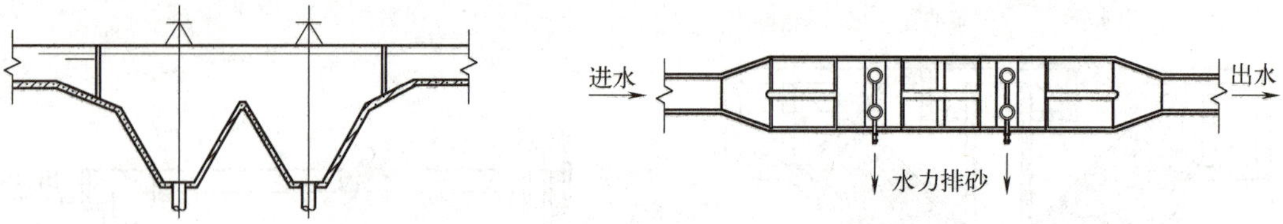

图 12-26　平流式沉砂池

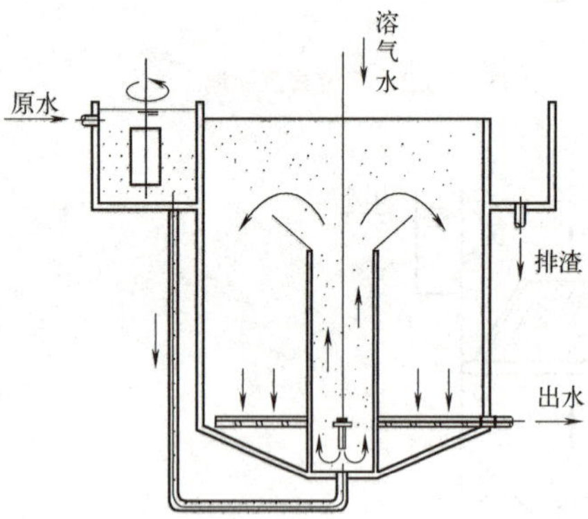

图 12-27　竖流式气浮池

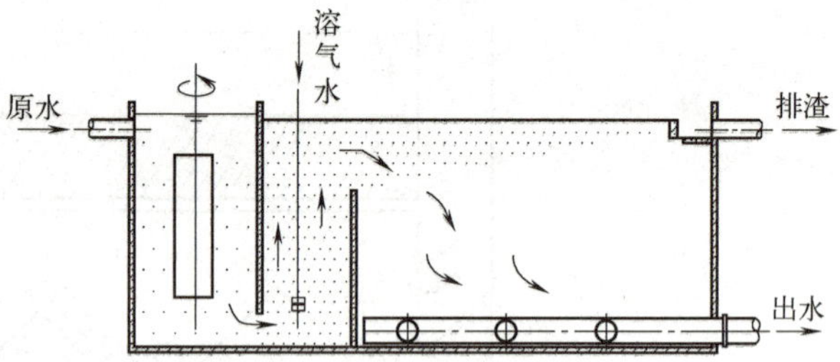

图 12-28　平流式气浮池

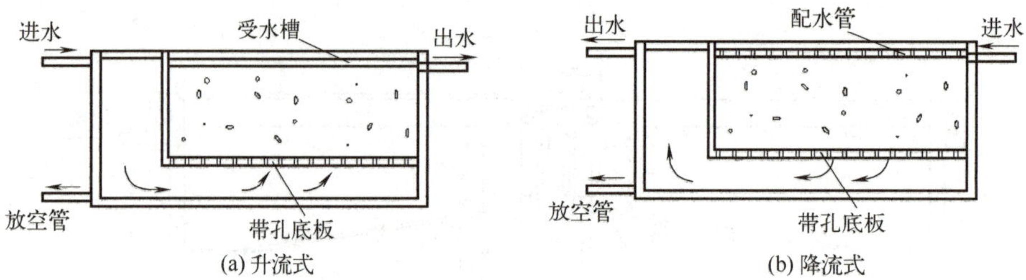

图 12-29　普通中和滤池

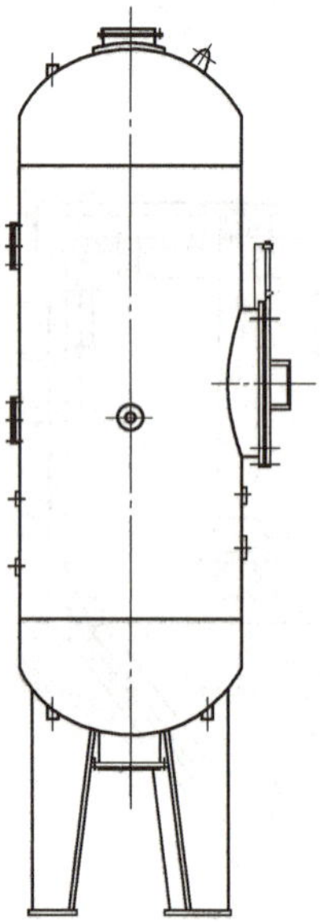

图 12-30　压力罐

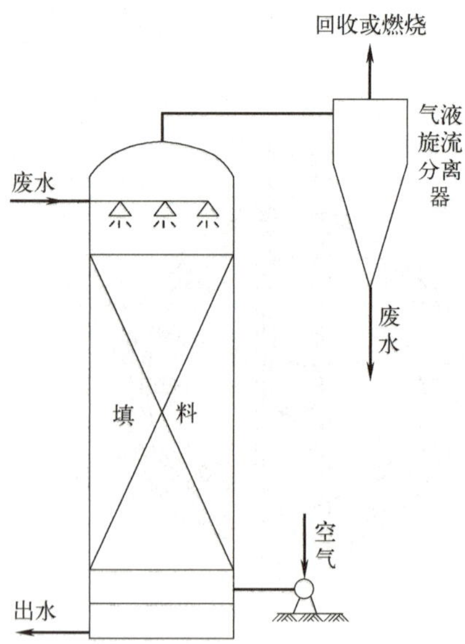

图 12-31　吹脱塔流程示意图

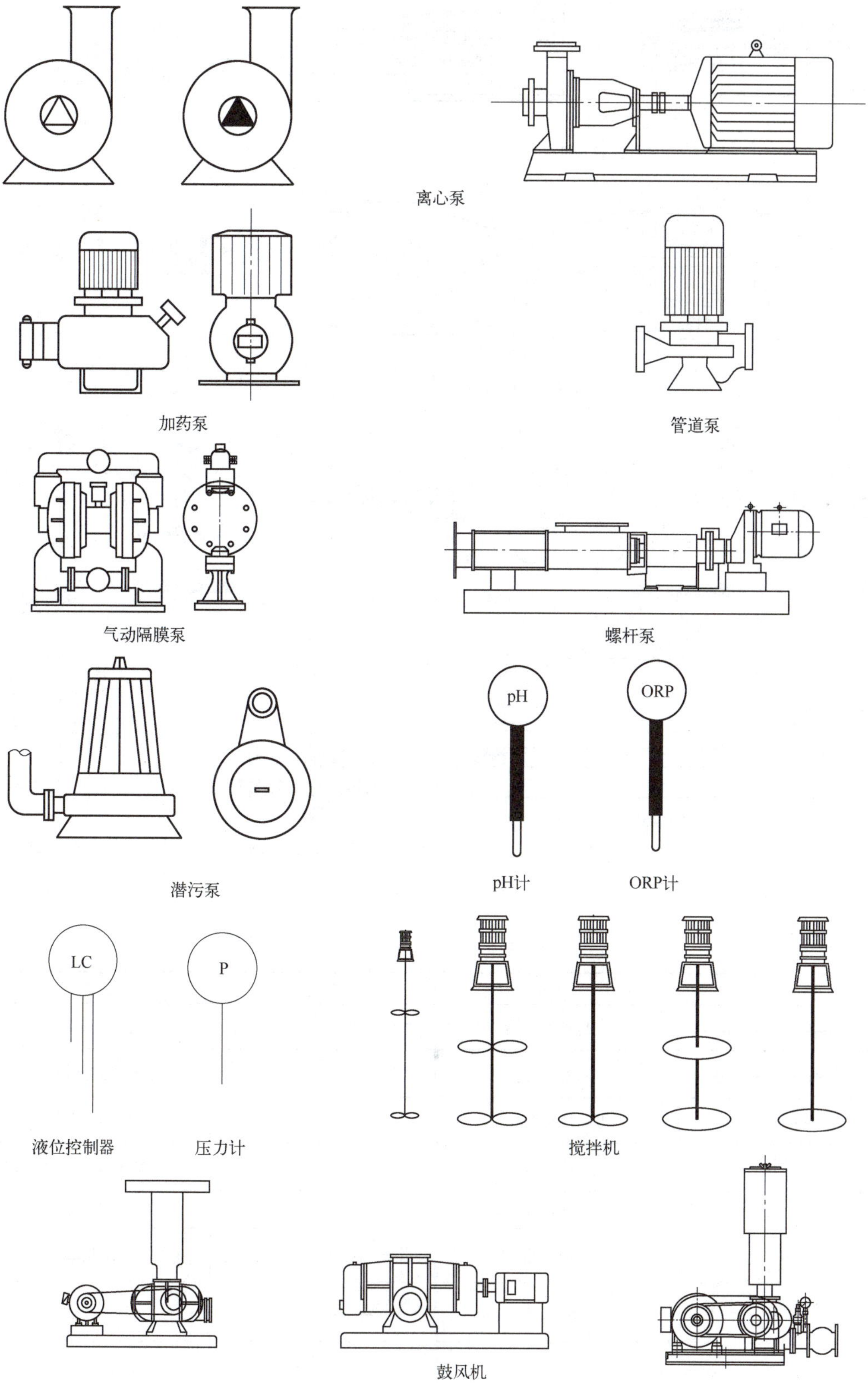

图 12-32

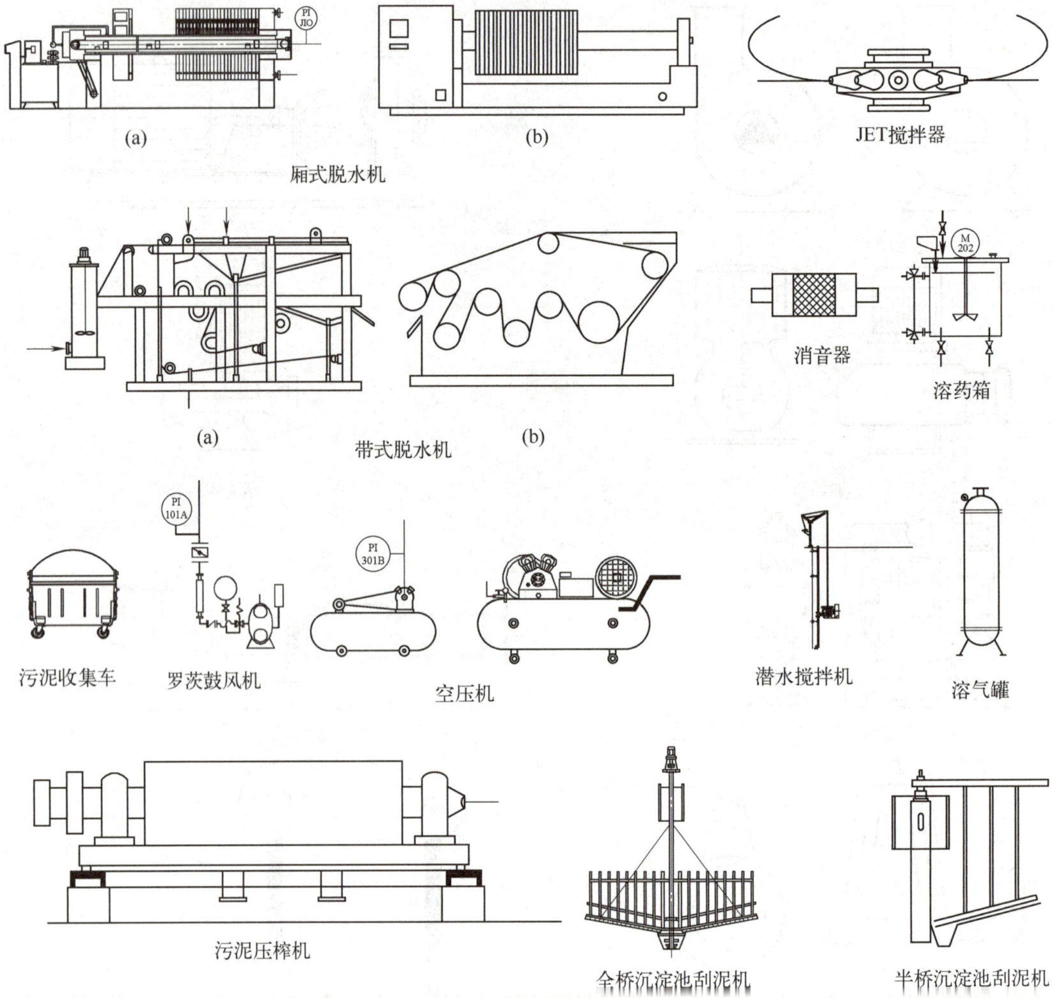

图 12-32　设备图例

表 12-1　符号图例表（一）

图例	名称	图例	名称
	套管伸缩器	平面　系统	排水漏斗
	波纹伸缩器		Y 形过滤器
	可曲挠橡胶接头		刚性防水套管
	立管检查口		柔性防水套管
平面　系统	清扫口		固定支架
	通气帽	平面　系统	方形地漏
YD- 平面 YD- 系统	雨水斗		减压孔板
平面 HY- 系统	虹吸雨水斗	平面　系统	毛发聚集器
平面　系统	圆形地漏		金属软管

续表

图例	名称	图例	名称
管道连接:			妇女卫生盆
	法兰连接	平面　系统	自动冲洗水箱
	承插连接	平面　系统	淋浴喷头
	活接头		洗涤盆（池）
	管堵		洗涤槽
	法兰堵盖		洗涤盆　化验盆
	管道弯转		污水池
	管道丁字上接		盥洗槽
	管道丁字下接	给水排水设备:	
	三通连接	平面　系统	立式水泵
	四通连接	平面　系统	卧式水泵
	管道交叉		潜水泵
管件:			定量泵
平面　系统	偏心异径管		立式热交换器
	异径管	平面　系统	开水器
	乙字管（弯曲管）		户用水表
平面　系统	吸水喇叭口		紫外线消毒器
	承插弯头		家用洗衣机
	吸水喇叭口支座	仪表:	
	S 形存水弯		温度计
	P 形存水弯		压力表
	瓶形存水弯		自动记录压力表
	浴盆排水件		压力控制器
卫生洁具:			自动记录流量计
	浴盆		转子流量计
	洗脸盆（立式、墙挂式）		真空表
	洗脸盆（台式）	T	温度传感器
	坐式大便器	P	压力传感器
	立式小便器	pH	pH 值传感器
	壁挂式小便器	H	酸传感器
	蹲式大便器	Na	碱传感器

续表

图例	名称	图例	名称
Cl	余氯传感器	平面 系统	干湿报警阀
消防设施:			信号阀
—— XH$_1$ ——	低区消火栓给水管	L	水流指示器
—— XH$_2$ ——	高区消火栓给水管		水力警铃
—— ZP$_1$ ——	低区自动喷水灭火给水管		消防水泵接合器
—— ZP$_2$ ——	高区自动喷水灭火给水管		水炮
—— YL ——	雨淋灭火给水管	1XHL- 平面 1XHL- 系统	低区消火栓立管
—— SM ——	水幕灭火给水管	2XHL- 平面 2XHL- 系统	高区消火栓立管
—— SP ——	水炮灭火给水管	1ZPL- 平面 1ZPL- 系统	低区自动喷水灭火给水立管
平面 系统	室内单口消火栓	2ZPL- 平面 2ZPL- 系统	高区自动喷水灭火给水立管
平面 系统	室内双口消火栓	XH 1,2,3……	消火栓给水引入管
平面 系统	闭式自动洒水头（下喷）	ZP 1,2,3……	自动喷水灭火给水引入管
平面 系统	闭式自动洒水头（上喷）	▲	手提式灭火器
平面 系统	闭式自动洒水头（上下喷）	△	推车式灭火器
平面 系统	侧喷闭式洒水头	灭火器表示方法	
平面	水喷雾喷头		
平面	水幕喷头		
平面 系统	湿式报警阀		
平面 系统	预作用报警阀		
平面 系统	雨淋阀		

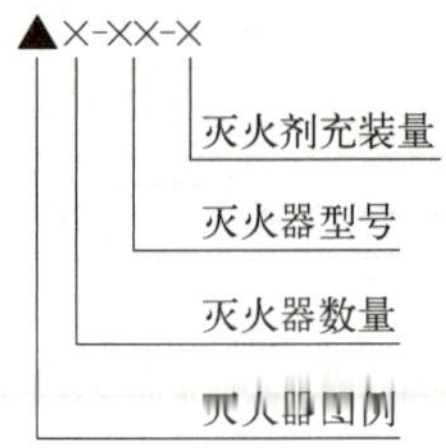

表 12-2 符号图例表（二）

图例	名称	图例	名称
管道:		—— W ——	生活污水管
—— J$_1$ ——	低区生活给水管		电伴热保温管（局部管段）
—— J$_2$ ——	中区生活给水管	—— F ——	废水管
—— J$_3$ ——	高区生活给水管	—— T ——	通气管
—— RJ$_1$ ——	低区生活热水管	—— Y ——	雨水管
—— RJ$_2$ ——	中区生活热水管	—— YF ——	压力废水管
—— RJ$_3$ ——	高区生活热水管	—— YW ——	压力污水管
—— RH$_1$ ——	低区生活热水回水管	—— HY ——	虹吸雨水管
—— RH$_2$ ——	中区生活热水回水管	—— YY ——	压力雨水管
—— RH$_3$ ——	高区生活热水回水管	—— YS ——	溢水管
—— RM ——	热媒供水管	—— XS ——	泄水管
——RMH——	热媒回水管	—— KN ——	空调凝结水管

续表

图例	名称	图例	名称
—— ZY ——	直饮水给水管	XHL- 平面 XHL- 系统	循环冷却水回水立管
——ZYH——	直饮水回水管	J/1 2,3......	给水引入管
—— ZJ ——	中水给水管	W/1 2,3......	污水出户管
—— XJ ——	循环冷却给水管	Y/1 2,3......	雨水出户管
—— XH ——	循环冷却回水管	F/1 2,3......	废水出户管
—— Z ——	蒸汽管	RM/1 2,3......	热媒进户管
—— PZ ——	膨胀管	RMH/1 2,3......	热媒回水出户管
	局部保温管段	阀门：	
RJ	管沟		闸阀
	排水明沟		蝶阀
	排水暗沟		截止阀 DN > 50
1JL- 平面 1JL- 系统	低区给水立管		截止阀 DN < 50
2JL- 平面 2JL- 系统	中区给水立管		止回阀
3JL- 平面 3JL- 系统	高区给水立管		消音止回阀
2RL- 平面 2RL- 系统	中区热水立管		超压泄压阀
3RL- 平面 3RL- 系统	高区热水立管		电动阀
2RHL- 平面 2RHL- 系统	中区热水回水立管		电磁阀
3RHL- 平面 3RHL- 系统	高区热水回水立管		温度调节阀
WL 平面 WL 系统	污水立管		减压阀
YWL 平面 YWL 系统	压力污水立管		安全阀
FL 平面 FL 系统	废水立管	平面 系统	浮球阀
YFL 平面 YFL 系统	压力废水立管		液压浮球阀
TL 平面 TL 系统	通气立管	平面 系统	自动排气阀
YL 平面 YL 系统	雨水立管		水锤消除器
HYL 平面 HYL 系统	虹吸雨水立管		延时自闭冲洗阀
YYL 平面 YYL 系统	压力雨水立管		压力调节阀
XL 平面 XL 系统	泄水立管	平面 系统	吸水底阀
ZYL- 平面 ZYL- 系统	直饮水给水立管		角阀
ZYHL- 平面 ZYHL- 系统	直饮水回水立管		吸气阀
XJL- 平面 XJL- 系统	循环冷却水给水立管		持压阀

续表

图例	名称	图例	名称
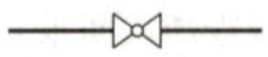	流量平衡阀	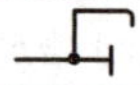	旋转水龙头
	管道倒流防止器	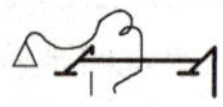	浴盆带软管喷头混合水龙头
给水配件：			肘开关
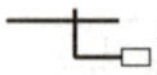 平面  系统	脚踏开关		大便器感应式冲洗阀
	洒水栓	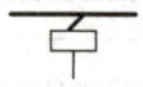	小便器感应式冲洗阀
 平面  系统	水龙头		蹲便器脚踏开关
 平面  系统	皮带水龙头（洗衣机龙头）		淋浴器脚踏开关
	混合水龙头		

【思考题】

1. 如何理解建立图库对提高绘图效率、积累设计经验的重要性？

2. 为什么说丰富图库资源是设计人员不断积累绘图经验和提高设计水平的过程？

3. 为什么图库中的设备图形可以是“非标”，图形与尺寸可以修改以适应新的工程项目，但符号图例却要求与标准规范严格一致？

13 环境工程设计绘图练习图例

【本章导读】

废水处理工程设计绘图练习图例部分

在废水处理工程设计绘图练习图例中，展示了废水处理工程设计中的工艺流程图、总平面布置图、单元工艺图等图纸的绘制要求、设计方法与技巧，以及工程设计图纸的规范样式和需要遵循的制图标准规范。本节只选取了废水处理工程项目中部分关键工艺的图纸，供读者参考。

练习图例选取了废水处理工程设计中常见且实用的图例。读者可以了解污水处理厂设计所需内容、流程，以及制图过程合规合标的重要性，以确保施工图的准确性、完整性、可读性和一致性。

污水处理厂总平面布置图应反映的内容有：各建筑物、构筑物的平面位置；围墙、绿地、道路等的平面位置，包含风玫瑰图、等高线、坐标轴线；注明厂界四角坐标及构筑物四角坐标或相对位置；构筑物的主要尺寸、各种管渠及室外地沟尺寸、地质钻孔位置等；并附构筑物一览表、设备管材工程量表、图例及有关说明等。

一般情况下，AutoCAD 总平面图的绘制步骤如下：①地形图的处理：包括地形图的插入、描绘、整理、应用等。②总平面图布置：包括建筑物、道路、广场、停车场、绿地、场地出入口布置等。③文字及标注：包括文字、尺寸、标高、坐标、图表、图例等。④布图：包括插入图框、调整图面等。

污水处理工艺流程图应反映的内容有：各处理单元的构造及各种管线方向；工艺处理过程及构（建）筑物间的高程关系；各构（建）筑物的水面、池底或地面标高、池顶或屋面标高；构筑物之间联系管路、废水流向、主要设备及编号与主要规模指标等。流程图中的构筑物高程布置必须与实际相符，按重力流向“进高出低”布置各建（构）筑物。流程图中的建（构）筑物图形本质上是示意图，大小、比例不要求与实际对应。污水处理工艺流程以废水流向为主流路线。加药系统、污泥处置系统、供氧系统等也同样要遵循主流路线。

高程图应反映的内容有：原地形、设计地坪、设计路面、建筑物室内地面之间的关系。为确保标高的准确性，绘制高程图时建议将剖面图的纵向（即高度方向）按照 1 ：1 的比例进行绘制。至于剖面图的横向，可以根据实际情况将构（建）筑物的尺寸按合适的比例（压缩或拉长）进行绘制，以便更好地适应图纸空间。

在绘制水处理工艺流程图时，管线的连续性和层次感对于图纸的可读性至关重要。在连接管道和设备时，同一条管线应保持连续性和一致性。使用不同线型、线宽和颜色等区分不同的管路和元素。要求流程图中各单元与管线层次分明、走向清晰、连续完整。

在屏幕显示中不同管路可以用不同线型和颜色加以区分，但变成蓝图之后颜色就无法区分，如果管路使用自定义线型，就能解决这个问题。

单体构（建）筑物工艺设计图需反映的内容有：工艺构造与尺寸、设备与管道安装位置与尺寸、构（建）筑物高程等。图纸包括平面图、剖面图、局部详图或节点构造详图、构件大样图等，还应附设备、管道及附件一览表，必要时对主要技术参数、尺寸标准、施工要求、标准图引用等做详细说明。图纸要求以准确、完整、详细为原则。

通过本节的绘图练习，可以深刻领悟废水处理工程的基本设计绘图要素，并通过大量的工程设计实践，培养和提高个人的绘图水平和综合设计能力。

燃煤锅炉烟气脱硫工程设计绘图练习图例部分

在锅炉烟气脱硫工程设计绘图实例中，展示了脱硫工程设计需要遵循的标准规范、工艺流程图与总平面布置图的基本要求、设计方法、要点与技巧，以及工程设计图纸的规范样式。

由于篇幅所限，本节只选取了脱硫工程设计关键工艺的少量图纸，供读者借鉴。图例选取了脱硫工程工艺流程图、平面布置图、吸收塔系统、石灰石制浆系统等主要图纸和符号图例。其中脱硫工程设计中的符号图例是通用的，学习并掌握它对绘制废气处理工程图纸至关重要。

脱硫工程设计流程图中各环节的流程走向和顺序必须明确，要准确反映它们之间的逻辑关系和衔接情况，并且要对关键设备和控制点详细标注，使流程图能够完整、准确地反映整个工艺流程并指导施工。总平面图主要侧重于脱硫系统各部分的合理布局和科学规划，还要考虑风向对烟气扩散的影响，防止对周边环境造成污染。此外，给排水管道等基础设施的走向和空间关系也需要精心安排，保证脱硫系统各区域相互协调，满足安全、环保等相关要求，为工程建设和运行管理提供可靠保证。

最后，在设计思路方面，要求优化系统集成，以减少占地面积和降低运行成本；采用先进设备实现节能增效；预留适当冗余以应对工况变化和环保标准提高等要求。

13.1　废水处理工程设计绘图练习图例 **

图 13-1　纸板生产废水处理工艺流程图
图 13-2　造纸废水处理站总平面布置图
图 13-3　A/O 池工艺平面图
图 13-4　A/O 池工艺剖面图
图 13-5　竖流式沉淀池工艺图
图 13-6　污泥浓缩池平、剖面工艺图
图 13-7　消毒接触池工艺图
图 13-8　鼓风机房工艺图
图 13-9　鼓风机房工艺平面图
图 13-10　污泥泵房工艺图
图 13-11　含油废水处理流程图
图 13-12　家禽屠宰废水处理流程图
图 13-13　某染整污水处理流程图
图 13-14　某染整污水处理回用工程 RO 工艺流程图
图 13-15　某染整废水及回用处理工程总平面布置图

13.2 锅炉烟气脱硫工程设计绘图练习图例 **

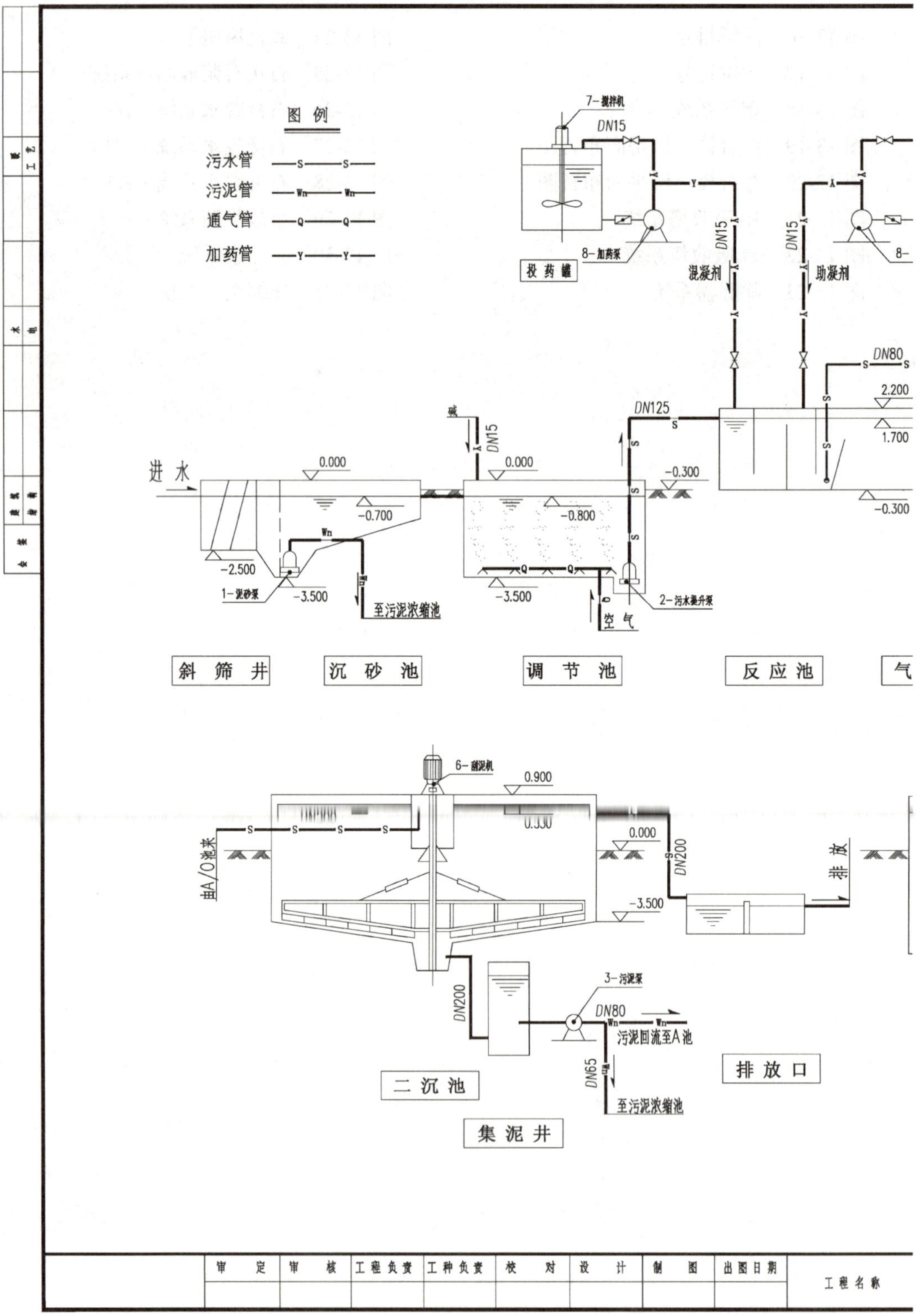

图 例
污水管
污泥管
通气管
加药管
7-搅拌机
DN15
投药罐
8-加药泵
混凝剂
助凝剂
DN80
2.200
1.700
DN125
碱
进 水
0.000
-0.700
-2.500
1-泥砂泵
-3.500
至污泥浓缩池
-0.800
2-污水提升泵
空 气
-0.300
斜 筛 井
沉 砂 池
调 节 池
反 应 池
6-刮泥机
0.900
由A/O池来
DN200
排 放
3-污泥泵
污泥回流至A池
DN65
二 沉 池
集 泥 井
排 放 口
审 定
审 核
工程负责
工种负责
校 对
设 计
制 图
出图日期
工程名称

图 13-1　纸板生产废水

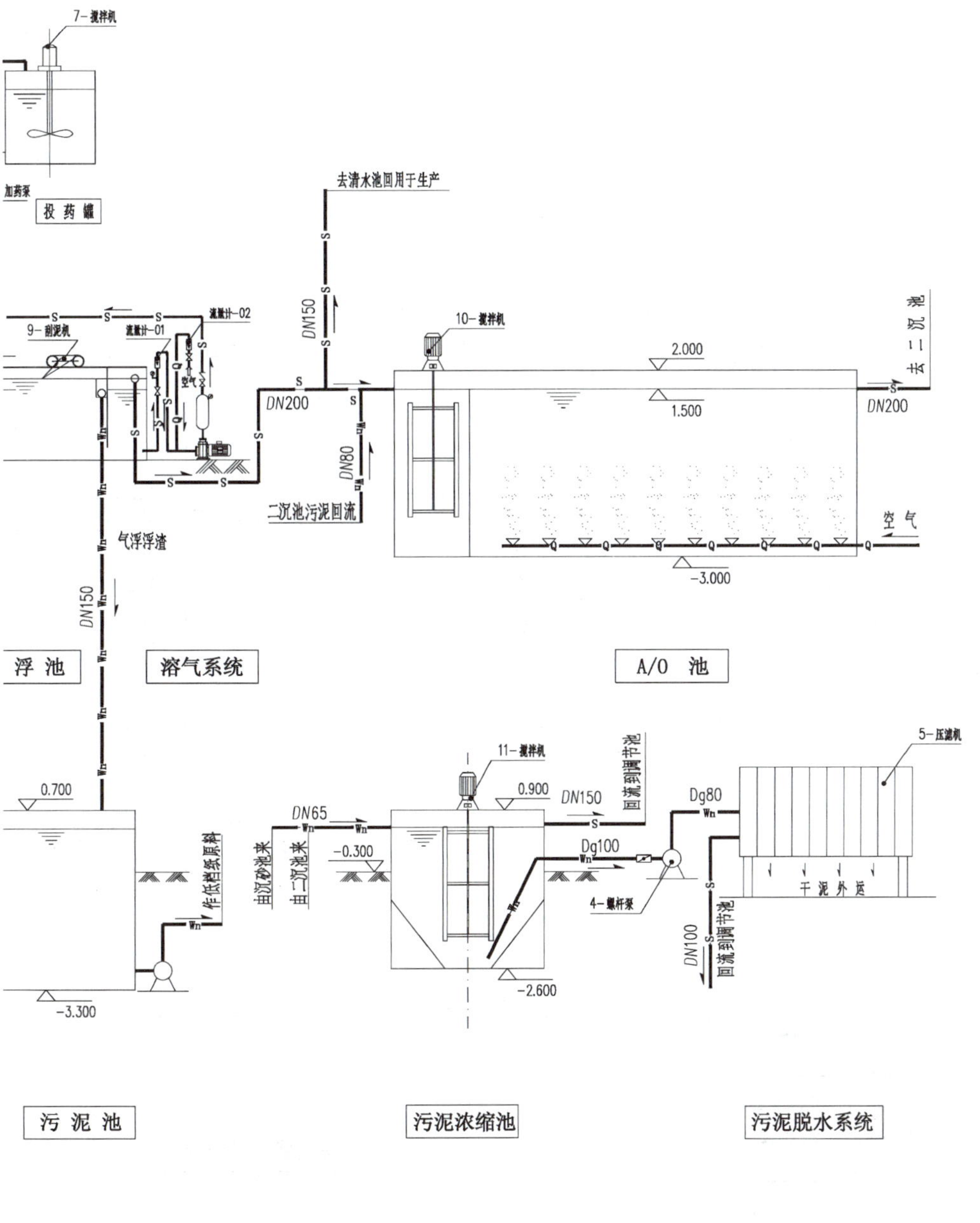

处理工艺流程图

某纸业有限公司废水处理工程	图 名	处理工艺流程图	图 别	施工图
			序 号	

处理工艺流程图

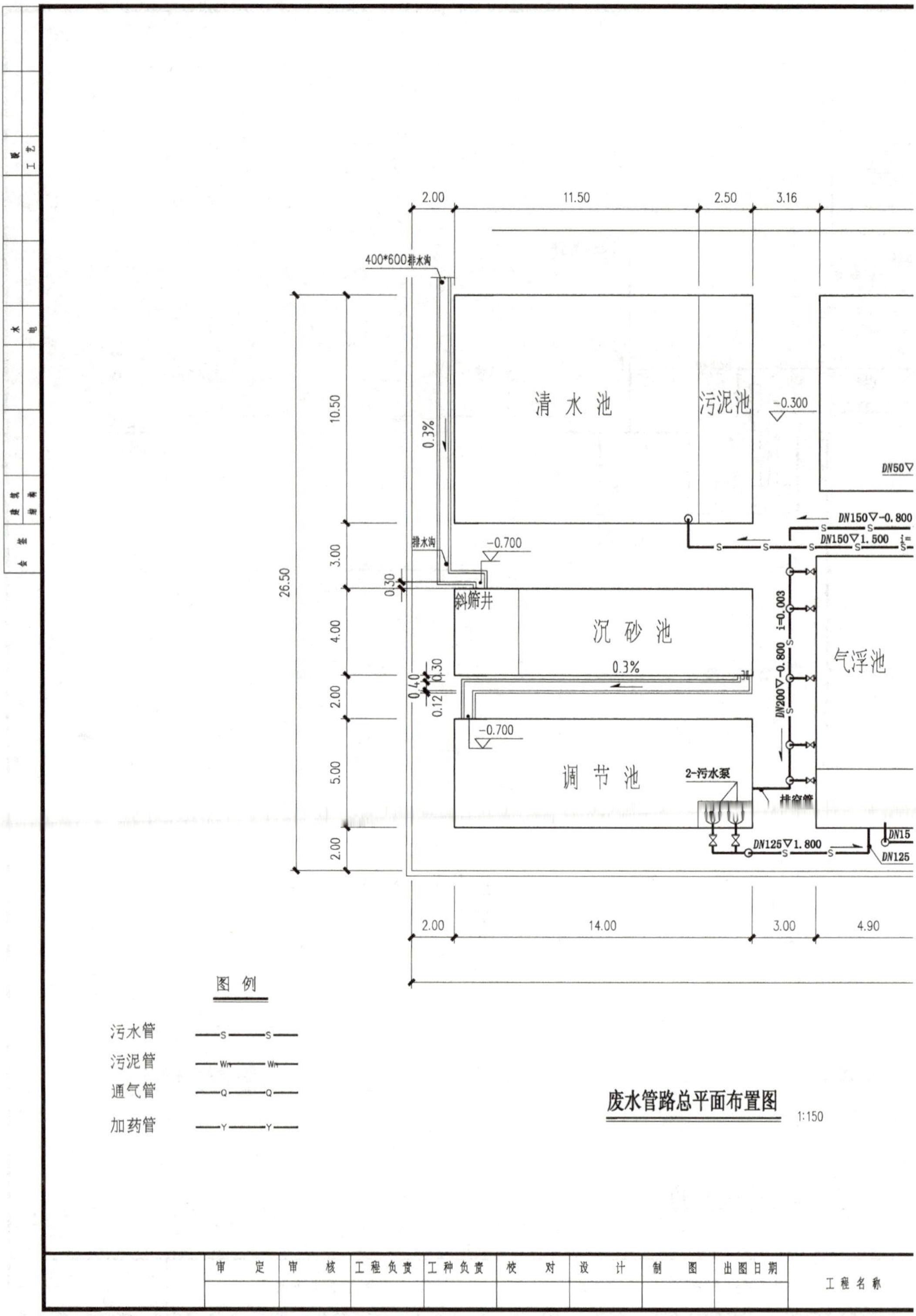

2.00
11.50
2.50
3.16
400*600排水沟
清 水 池
污泥池
-0.300
0.3%
10.50
26.50
3.00
4.00
2.00
5.00
2.00
DN50▽
DN150▽-0.800
DN150▽1.500
排水沟
-0.700
0.30
斜筛井
沉 砂 池
0.3%
0.30
0.40
0.12
i=0.003
DN200▽-0.800
气浮池
-0.700
调 节 池
2-污水泵
排空管
DN125▽1.800
DN15
DN125
2.00
14.00
3.00
4.90
图 例
污水管
污泥管
通气管
加药管
废水管路总平面布置图
1:150
审 定
审 核
工程负责
工种负责
校 对
设 计
制 图
出图日期
工程名称

图 13-2　造纸废水处理

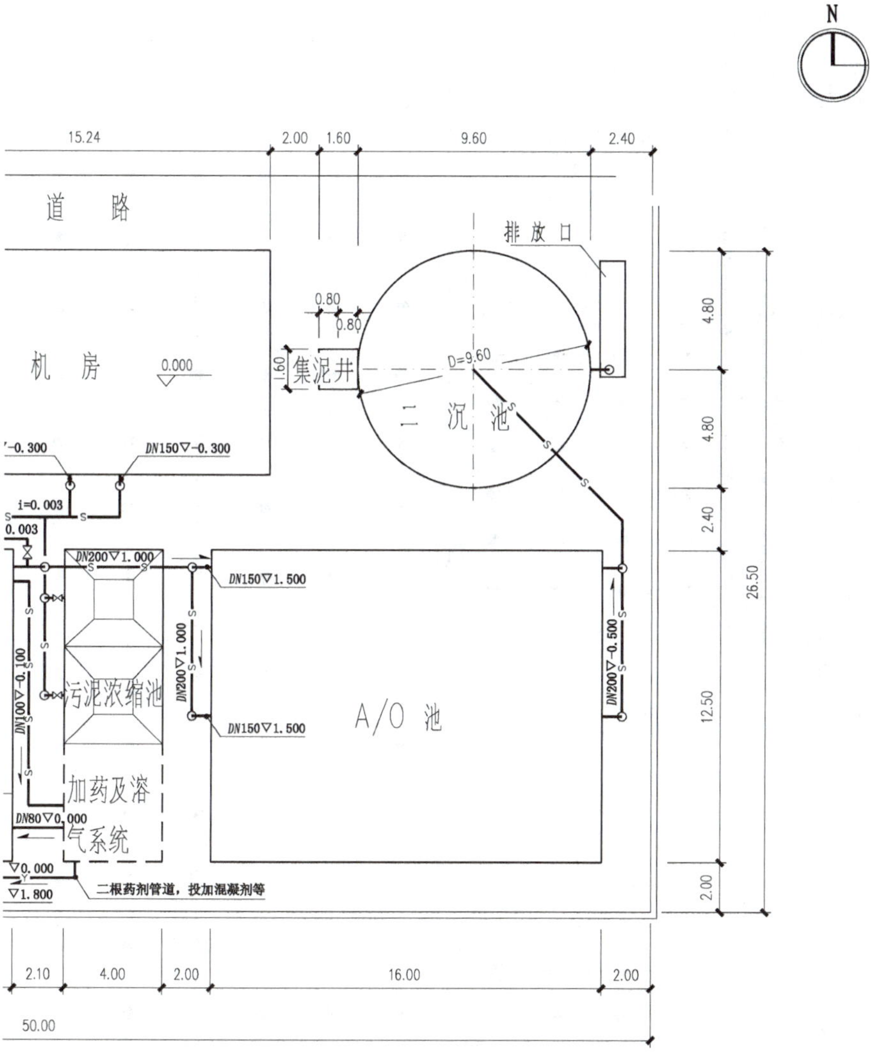

说明：本设计标高单位以米计，且以原有厂区室外相对地坪标高为-0.300，即污水处理站的室内外高差为0.300。

某纸业有限公司废水处理工程	图 名	废水管路总平面布置图	图 别	施工图
			序 号	

站总平面布置图

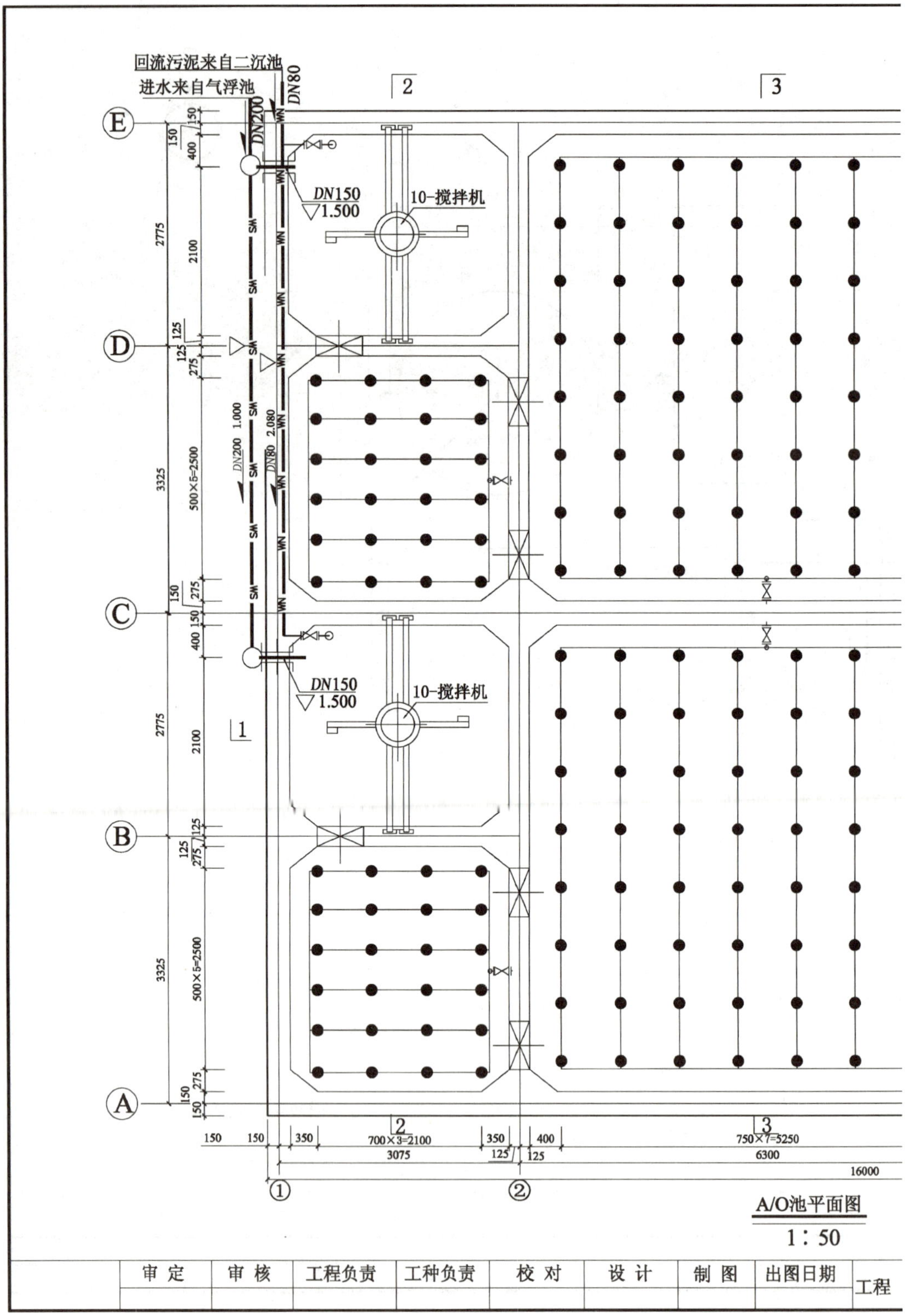
回流污泥来自二沉池
进水来自气浮池
DN200
DN80
DN150
1.500
10-搅拌机
DN150
1.500
10-搅拌机
DN200 1.000
DN80 2.080
E
D
C
B
A
①
②
2775
2100
3325
500×5=2500
150
400
125
275
150
350
700×3=2100
3075
400
125
750×7=5250
6300
16000
A/O池平面图
1∶50
审 定
审 核
工程负责
工种负责
校 对
设 计
制 图
出图日期
工程

图 13-3 A/O 池工

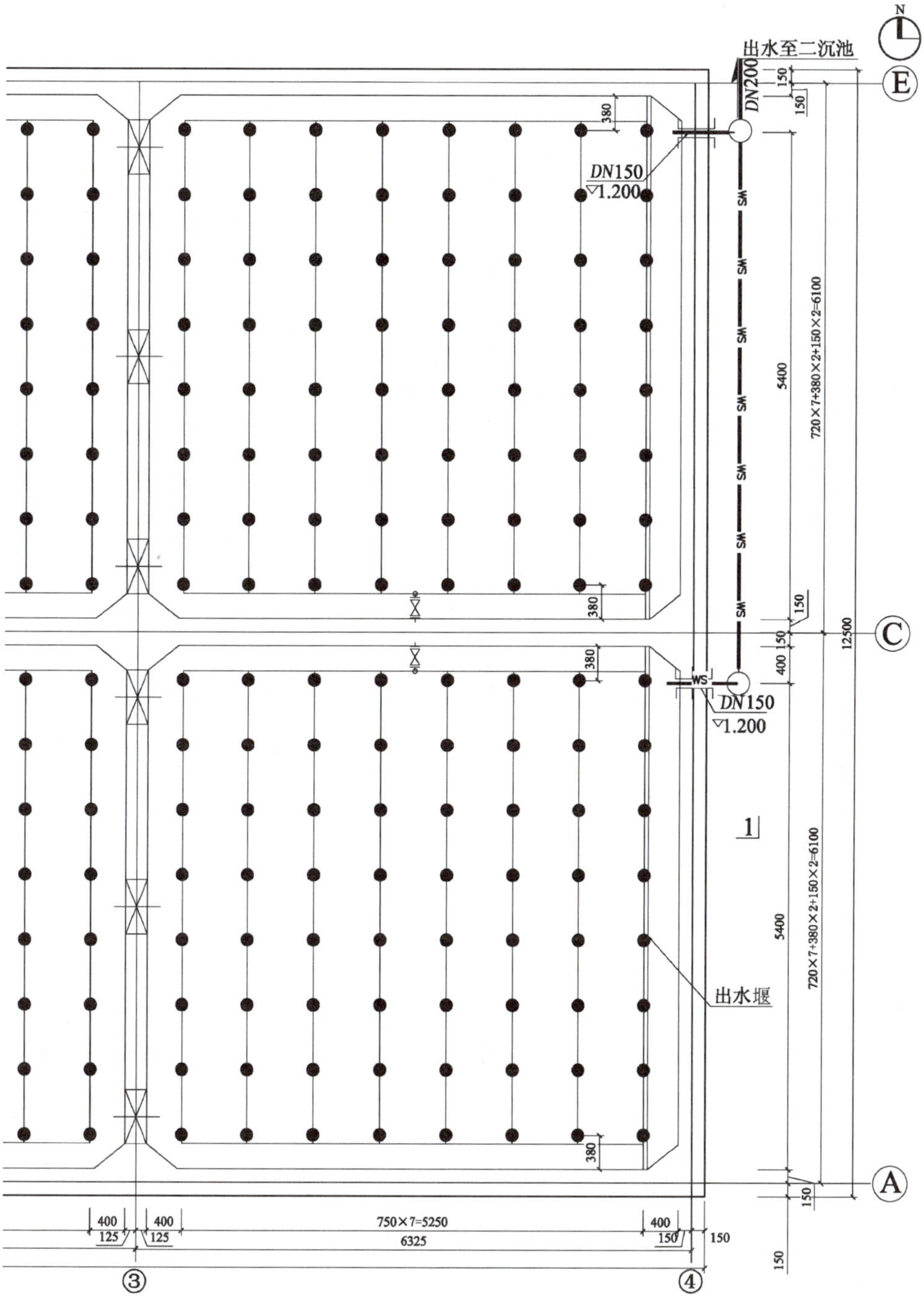

名称	某纸业有限公司废水处理工程	图 名	A/O池平面图	图 别	施工图
				序 号	

艺平面图

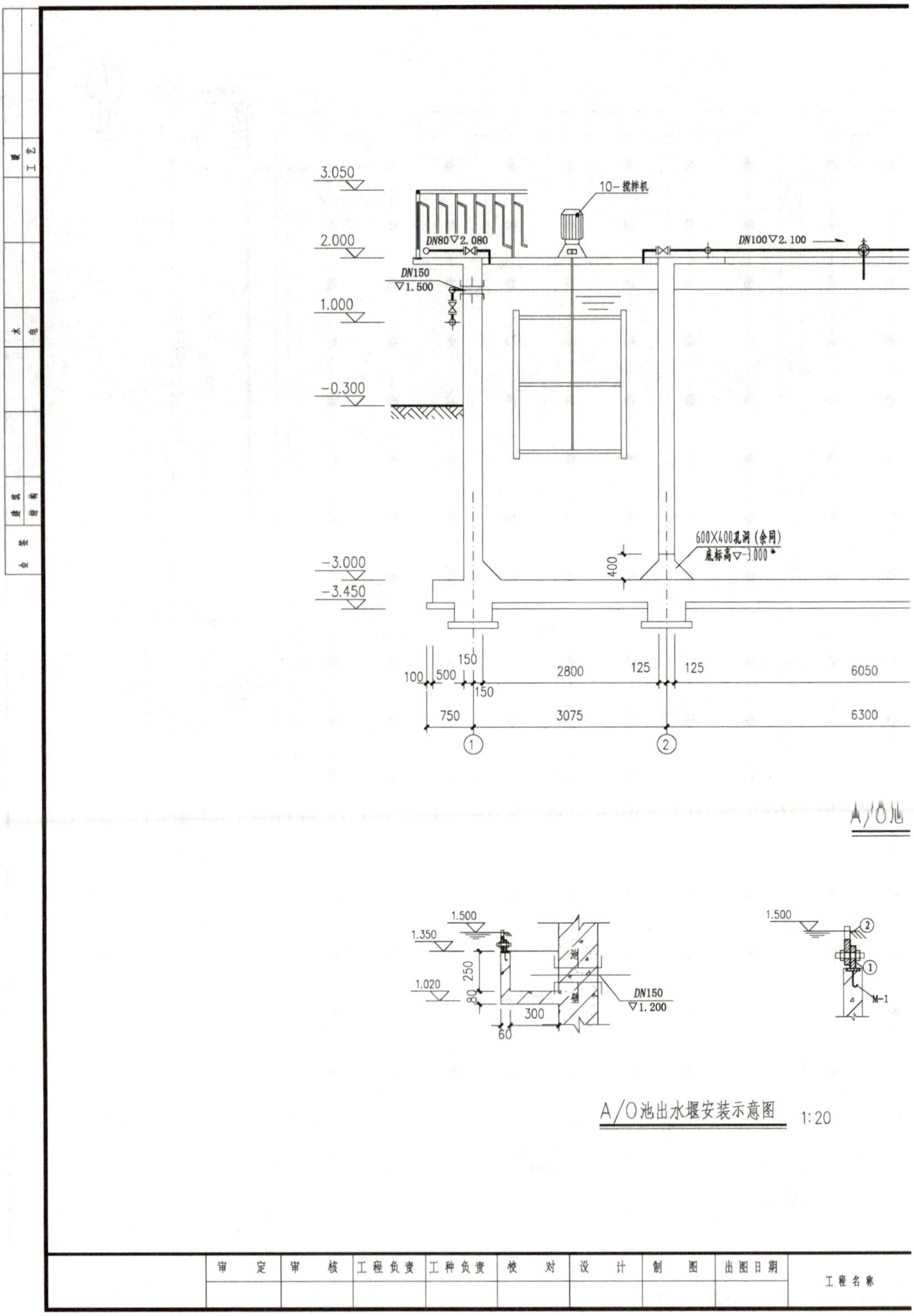

3.050
2.000
1.000
-0.300
-3.000
-3.450
10-搅拌机
DN80▽2.080
DN150
▽1.500
DN100▽2.100
600×400孔洞（余同）
底标高▽-3.000
400
100
500
150
150
2800
125
125
6050
750
3075
6300
1
2
A/O池
1.500
1.350
1.020
250
80
300
60
DN150
▽1.200
M-1
A/O池出水堰安装示意图 1:20
审 定
审 核
工程负责
工种负责
校 对
设 计
制 图
出图日期
工程名称

图 13-4 A/O 池工

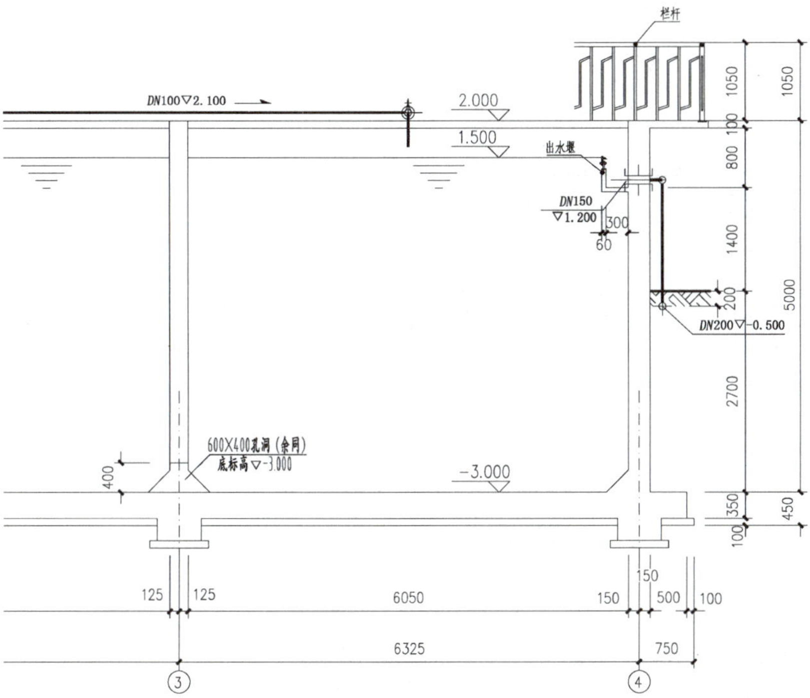

1-1剖面图 1:50

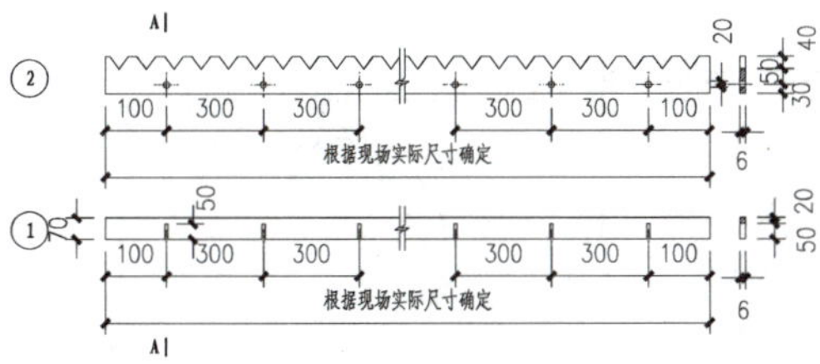

A/O池出水堰详图 1:20 A-A

某纸业有限公司废水处理工程	图名	A/O池1-1剖面图 A/O池出水堰安装示意图 A/O池出水堰详图	图别	施工图
			序号	

艺剖面图

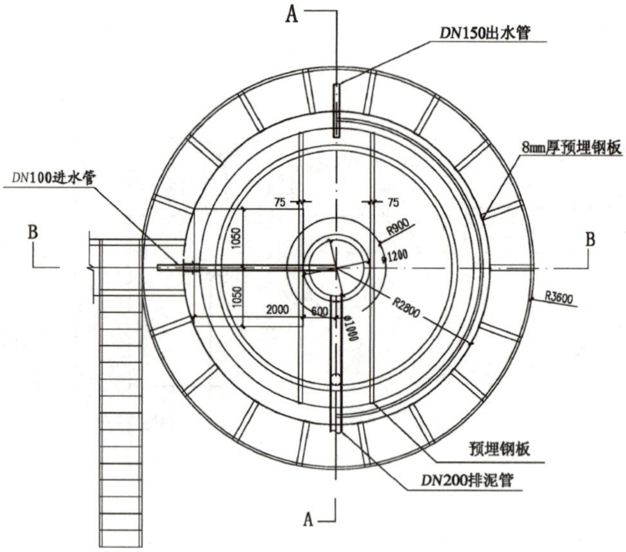

俯视图

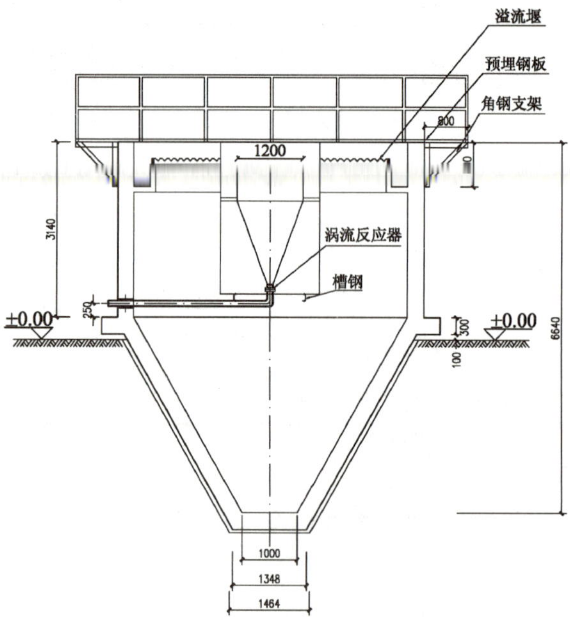

主视图B—B

审 定	审 核	工程负责	工种负责	校 对	设 计	制 图	出图日期	工程

图 13-5　竖流式沉

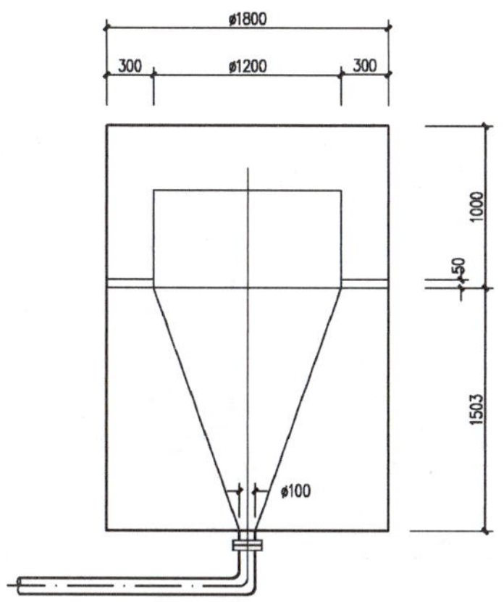

涡流反应中心筒（1：2）

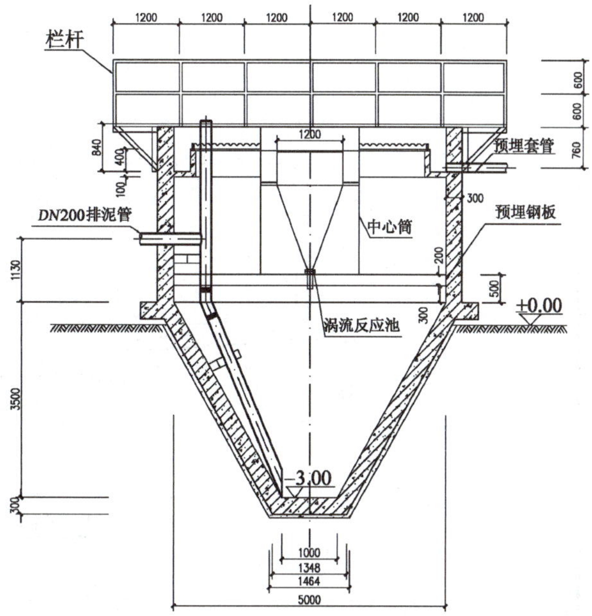

剖面图A—A

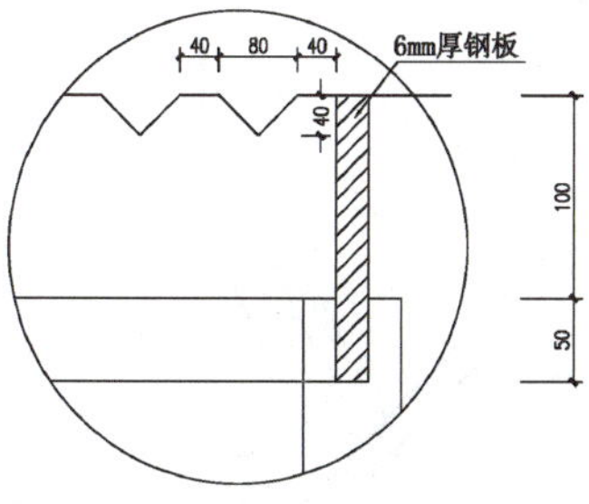

局部放大图（1：10）

设计说明：

1.本图尺寸单位，标高单位为米，其余为毫米，以室外地坪标高为0.00为基准。

2.沉淀池为钢筋混凝图结构，内壁防腐先刷冷底子油两道，再刷沥青漆一道。

3.中心管支架为钢槽，池壁预埋钢板，中心管用钢板制作，钢板厚度6mm，表面先涂樟丹一遍，再涂沥青两遍防腐。

4.池底池壁完工后不得有渗漏现象。

5.进水管，出水管，排泥管穿池壁需预埋套管，套管采用给排水标准图集S312-4型刚性防水套管。大样图和尺寸表见污泥浓缩池。

6.所有钢材均为A3钢，中心管支架所用钢槽为20号钢槽。

名称		图 名	竖流式沉淀池	图 别	施工图
				序 号	

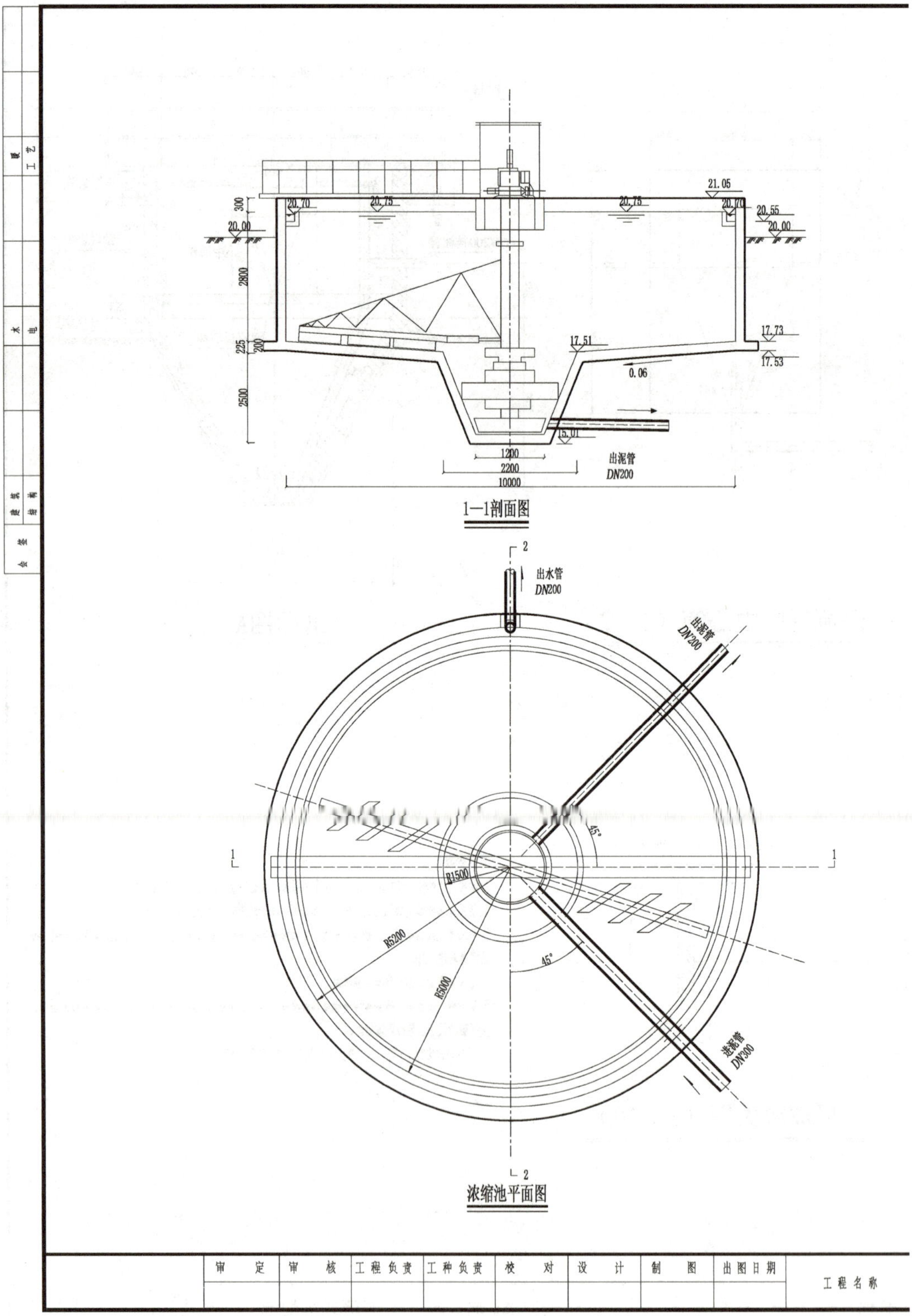

21.05
20.70
20.75
20.75
20.70
20.55
20.00
20.00
300
2800
225
200
2500
17.51
17.73
17.53
0.06
15.01
1200
2200
10000
出泥管
DN200
1—1剖面图
2
出水管
DN200
出泥管
DN200
1
1
45°
45°
R1500
R5200
R5000
进泥管
DN300
2
浓缩池平面图
审定
审核
工程负责
工种负责
校对
设计
制图
出图日期
工程名称

图 13-6 污泥浓缩池平、

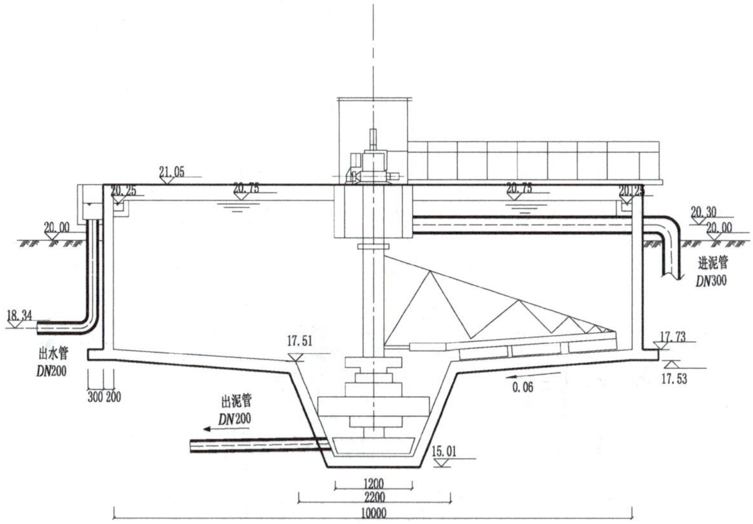

2—2剖面图

说明：

1. 图中尺寸单位：高程以米计，其余均以毫米计。
2. 标高为绝对标高，地面标高为20.00m。
3. 排出的泥进入贮泥池后再进行脱水，上清液进入厂区集水井，进行再度处理。
4. 图中有关设备说明详见设计说明书。

	图　　名	浓缩池平、剖面图	图　　别	施工图
			序　　号	

剖面工艺图

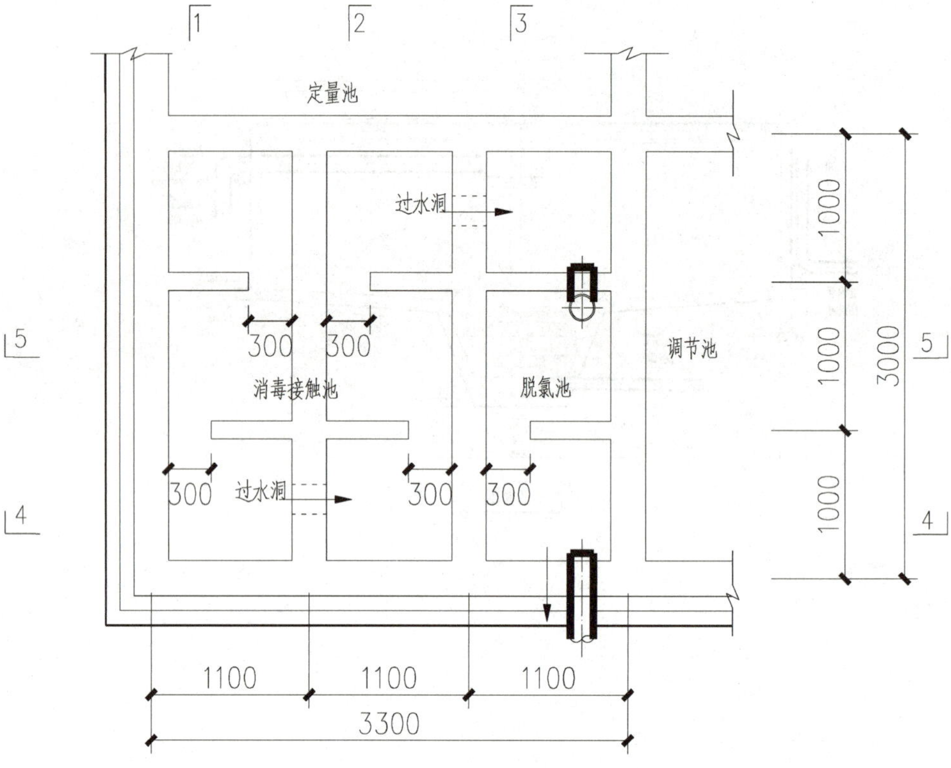

消毒接触池、脱氯池平面图

说明：

1. 图尺寸单位为mm，标高以m计；
2. 消毒接触池采用砖混结构，其细部结构：

(1) 池底：素土夯实+100厚素混凝土垫层+200厚钢筋混凝土底板+20厚砂浆抹灰层；

(2) 墙体：240砖墙+内外20厚防水砂浆抹灰；

(3) 折流墙：池内共设5道120折流墙，高1800mm；

(4) 过水洞：宽200mm，300mm，底标高为-2.950m；

3. 工艺简述：

污水在定量池中由泵抽送至二氧化氯发生器加药后流入消毒接触池，在消毒接触池停留2h后流入脱氯池，脱氯剂由混合器同步投加到污水中进行脱氯处理。

审　定	审　核	工程负责	工种负责	校　对	设　计	制　图	出图日期	工程名称

图 13-7　消毒接

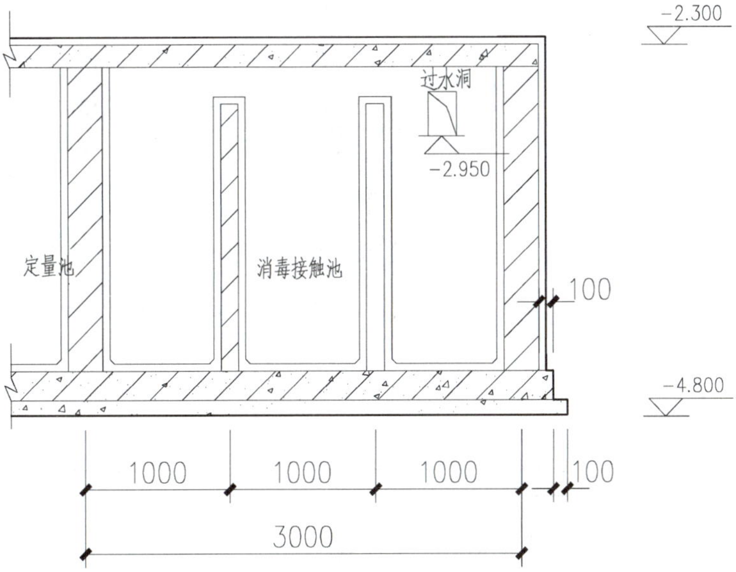

1-1剖面图

某中心血站污水处理工程	图　名	消毒接触池 脱氯池(1)	图　别	施工图
			序　号	

触池工艺图

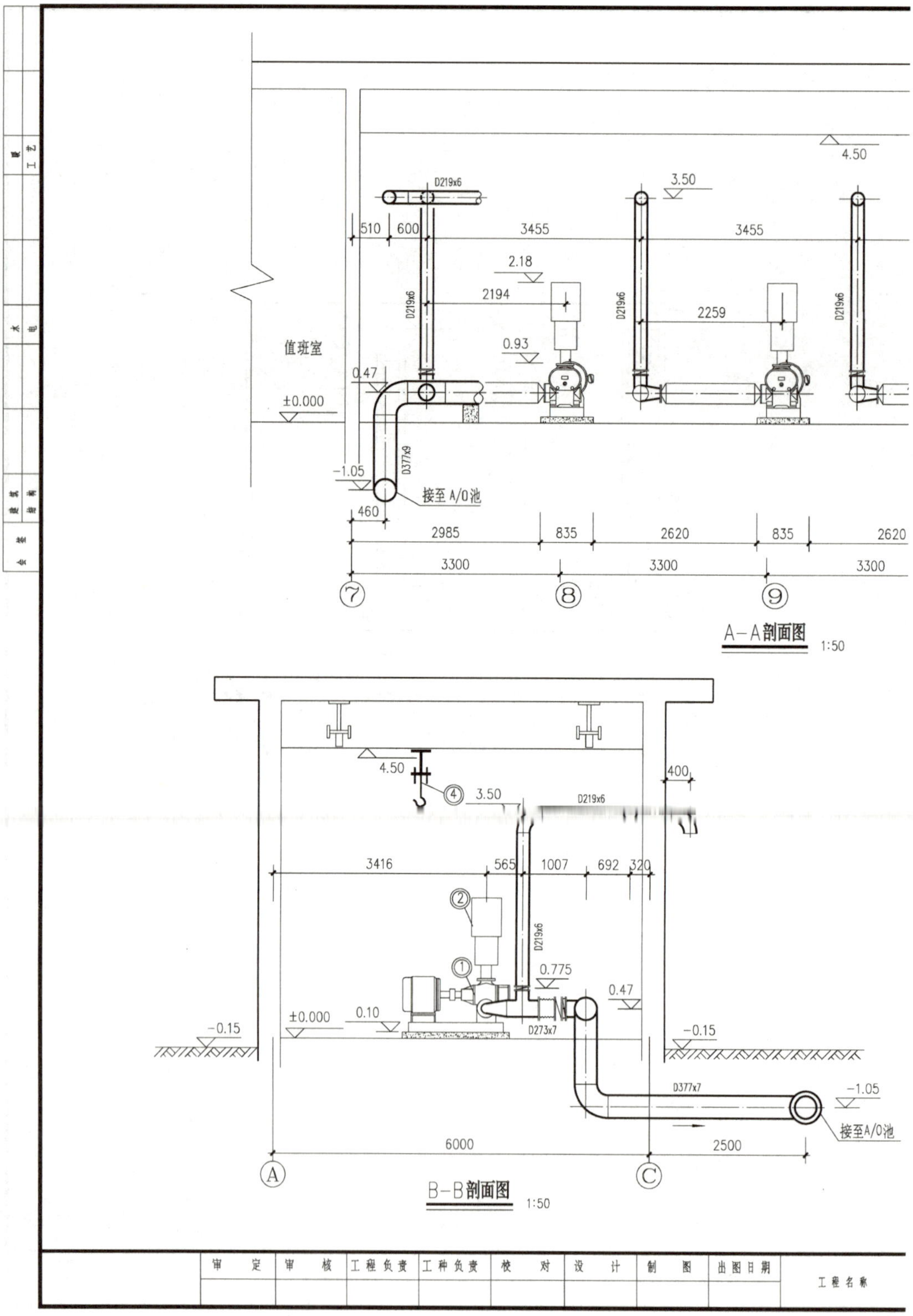

D219x6
3.50
4.50
510
600
3455
3455
2.18
2194
2259
0.93
值班室
0.47
±0.000
-1.05
D377x9
接至A/O池
460
2985
835
2620
835
2620
3300
3300
3300
⑦
⑧
⑨
A-A剖面图
1:50
4.50
④
3.50
400
D219x6
3416
565
1007
692
320
②
①
0.775
0.47
±0.000
0.10
-0.15
-0.15
D273x7
D377x7
-1.05
接至A/O池
6000
2500
Ⓐ
Ⓒ
B-B剖面图
1:50
审 定
审 核
工程负责
工种负责
校 对
设 计
制 图
出图日期
工程名称

图 13-8 鼓风

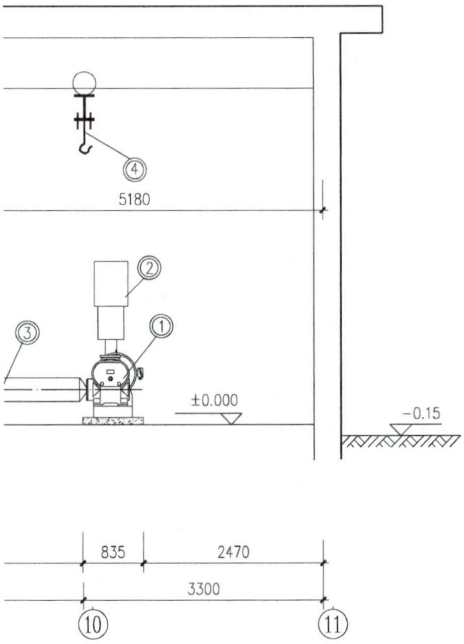

设备一览表

序号	名　称	规　格	单位	数量	备注
①	三叶罗茨鼓风机	3L52WD型	台	3	二用一备
		Q=31.8m³/min　p=58.8kPa			配套电机 Y225M-4
		转速 1450r/min　N=45kW			自带压力表
②	空气进风消音器	D=465mm　H=1250mm	台	3	鼓风机配套设备
③	空气排风消音器	D=320mm　H=1620mm	台	3	鼓风机配套设备
④	手动单梁起重机	LSX 型　T=2t	套	1	
		起升高度3m			
⑤	插入式热式气体质量流量计	DN500	台	1	

	图　名	鼓风机房 A—A　B—B　剖面图	图　别	施工图
			序　号	

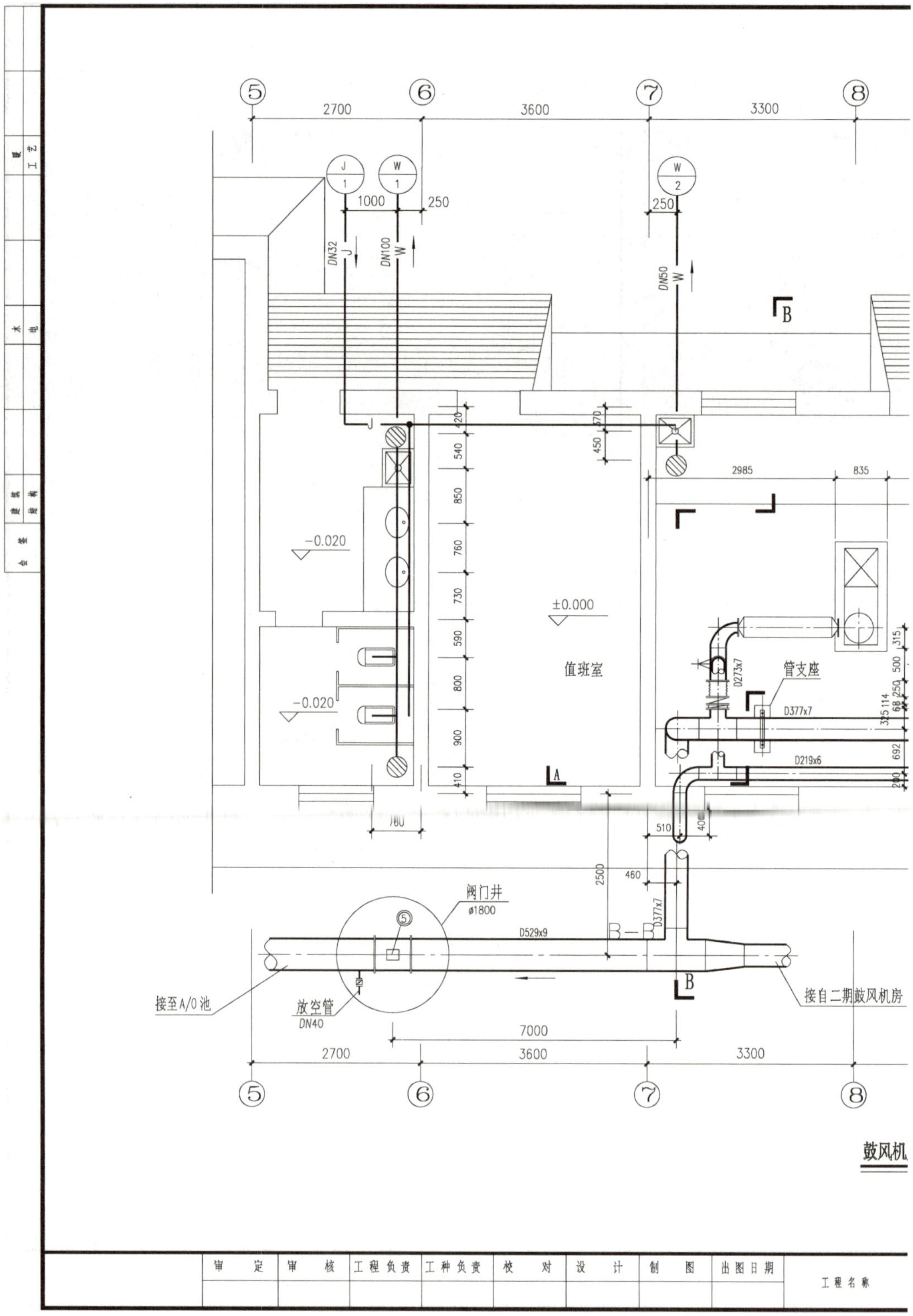
2700
3600
3300
DN32
DN100
DN50
1000
250
−0.020
±0.000
值班室
管支座
D273x7
D377x7
D219x6
2985
835
阀门井
ø1800
D529x9
B—B
接至A/O池
放空管
DN40
接自二期鼓风机房
7000
鼓风机
审　定
审　核
工程负责
工种负责
校　对
设　计
制　图
出图日期
工程名称

图 13-9　鼓风机

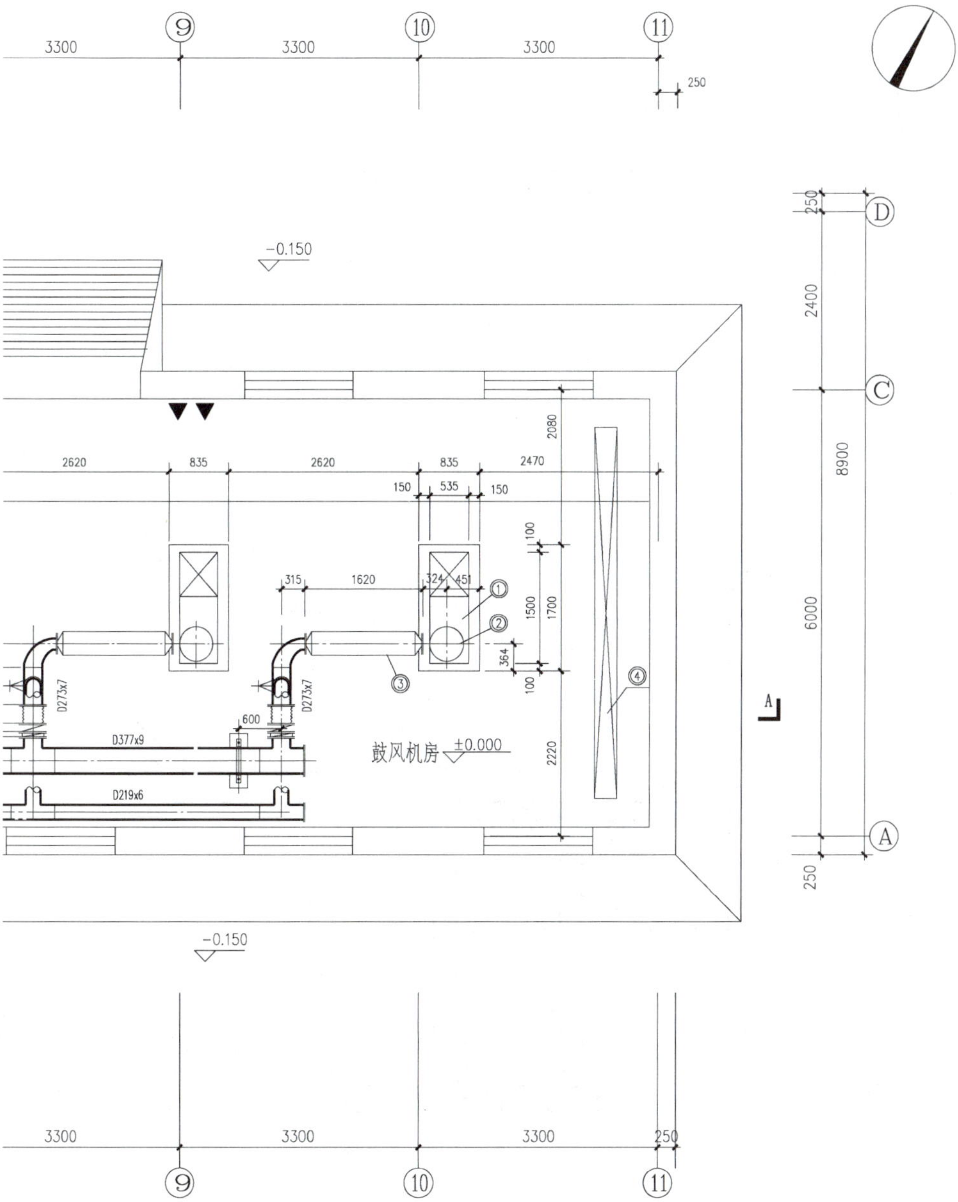

房工艺平面图 1:50

	图　名	鼓风机房工艺平面图	图　别	施工图
			序　号	

房工艺平面图

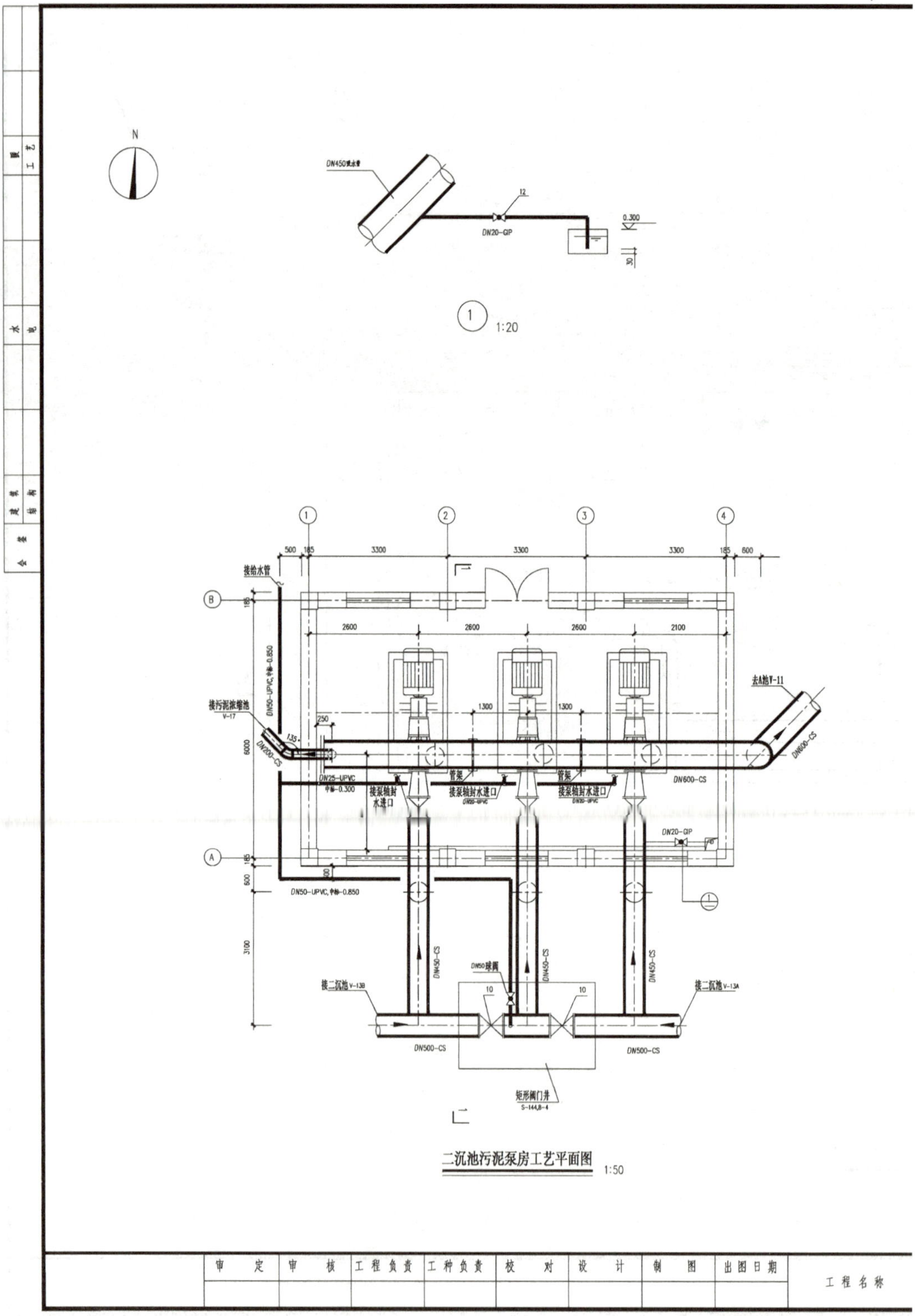
N
DN450送水管
12
DN20-GIP
0.300
30
1
1:20
接给水管
接污泥浓缩池 V-17
去A池V-11
DN50-UPVC,中标-0.850
DN200-CS
DN25-UPVC
中标-0.300
管架
接泵轴封水进口
DN600-CS
DN20-GIP
DN50-UPVC,中标-0.850
DN450-CS
DN50球阀
接二沉池 V-13B
接二沉池 V-13A
DN500-CS
矩形阀门井
S-144,8-4
二沉池污泥泵房工艺平面图
1:50
审　定
审　核
工程负责
工种负责
校　对
设　计
制　图
出图日期
工程名称

图 13-10　污泥

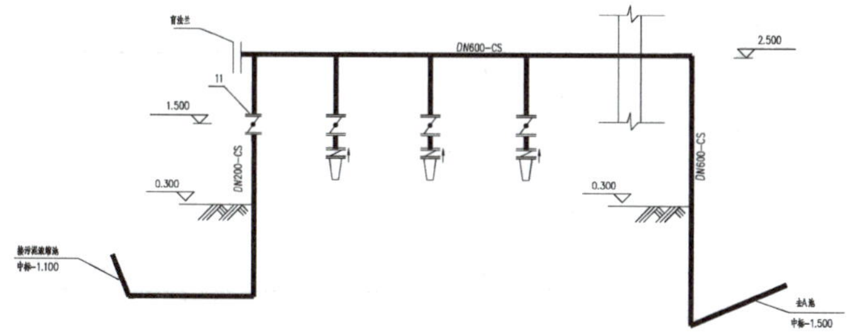

污泥泵出水管系统示意图

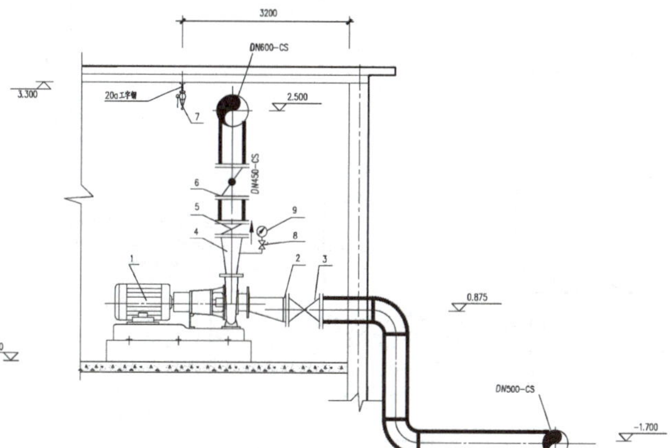

二沉池污泥泵房工艺1－1剖面图 1:50

主要设备材料表

序号	设备编号	设备名称	规　格	材料	单位	数量	备注
1	P-16A/B/C	污泥回流泵	QIP300-400 Q=860m/h,H=10m,N=45kW		台	3	
2		偏心大小头	DN450x300	CS	只	3	
3		闸阀	DN450		只	3	
4		同心大小头	DN450x300	CS	只	3	
5		蝶式止回阀	DN450		只	3	
6		蝶阀	DN450		只	3	
7		电动单轨吊车	起重N=3.0kW		台	1	
8		旋塞阀	DN10		只	3	
9		压力表	Y-60,P=0-0.10MPa		只	3	
10		手动蝶阀	DN500		只	2	
11		蝶阀	DN200		只	1	
12		球阀	DN20		只	1	

注：1,DN600管支架做法参见"S161.55-53"DN500管支架做法，其中管柱由Dg186改为Dg217,共2只。
2,矩形阀门井的做法见"S144,8-4",采用铸铁井盖，其中:
A=3250，B=2000，H=2100

	图　名	二沉池污泥泵房工艺图	图　别	施工图
			序　号	

泵房工艺图

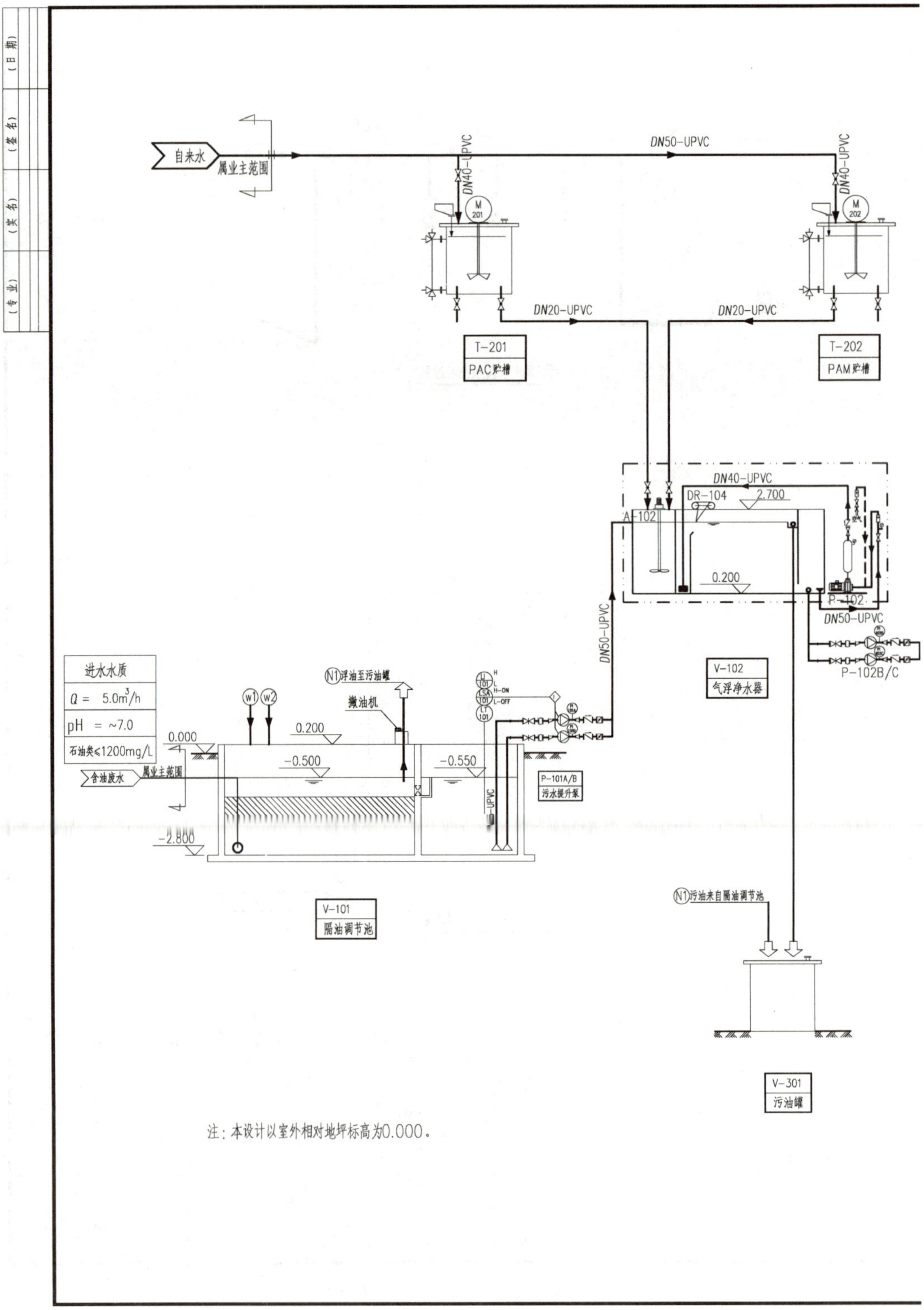
(专业)
(实名)
(签名)
(日期)
自来水
属业主范围
DN50-UPVC
DN40-UPVC
DN20-UPVC
T-201
PAC贮槽
T-202
PAM贮槽
DN40-UPVC
DR-104
2.700
A-102
0.200
P-102
DN50-UPVC
P-102B/C
V-102
气浮净水器
进水水质
Q = 5.0m³/h
pH = ~7.0
石油类≤1200mg/L
N1 浮油至污油罐
撇油机
0.000
0.200
-0.500
-0.550
含油废水
-2.800
P-101A/B
污水提升泵
V-101
隔油调节池
N1 污油来自隔油调节池
V-301
污油罐
注：本设计以室外相对地坪标高为0.000。

图 13-11 含油

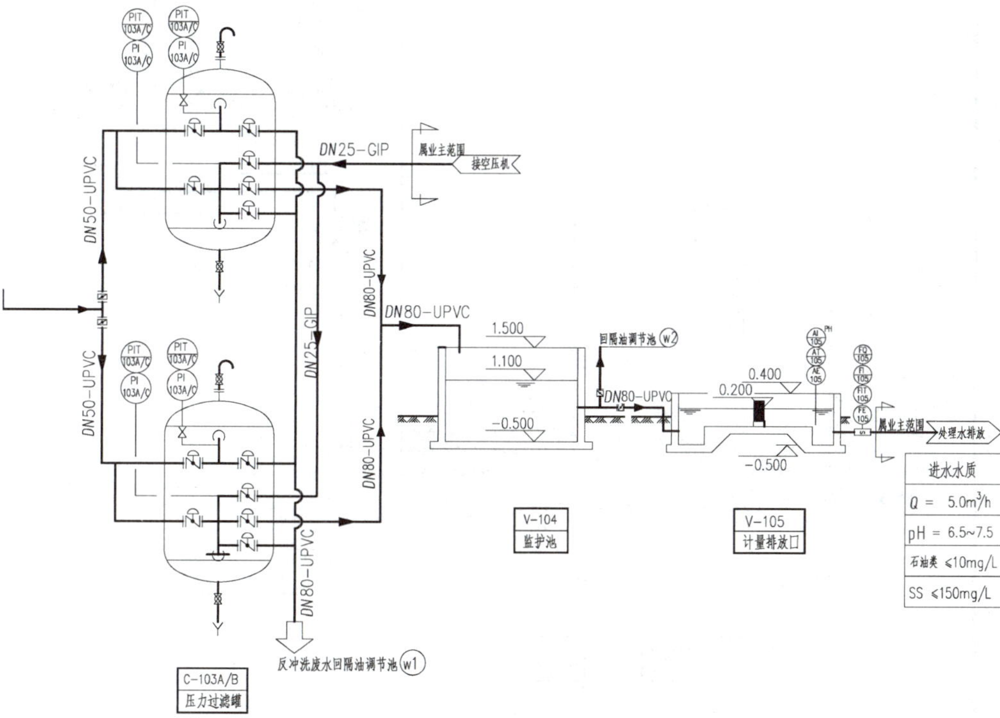

进水水质
Q = 5.0m³/h
pH = 6.5~7.5
石油类 ≤10mg/L
SS ≤150mg/L

××建筑规划设计研究院				建设单位	××石化有限公司	工程编号		
				工程名称	含油废水处理工程	设计阶段	施工图	
制图		审核		图纸名称	工艺流程图	图号		
设计		审定				规格	A2	比例
校对						出图日期		
						第 张	共 张	

废水处理流程图

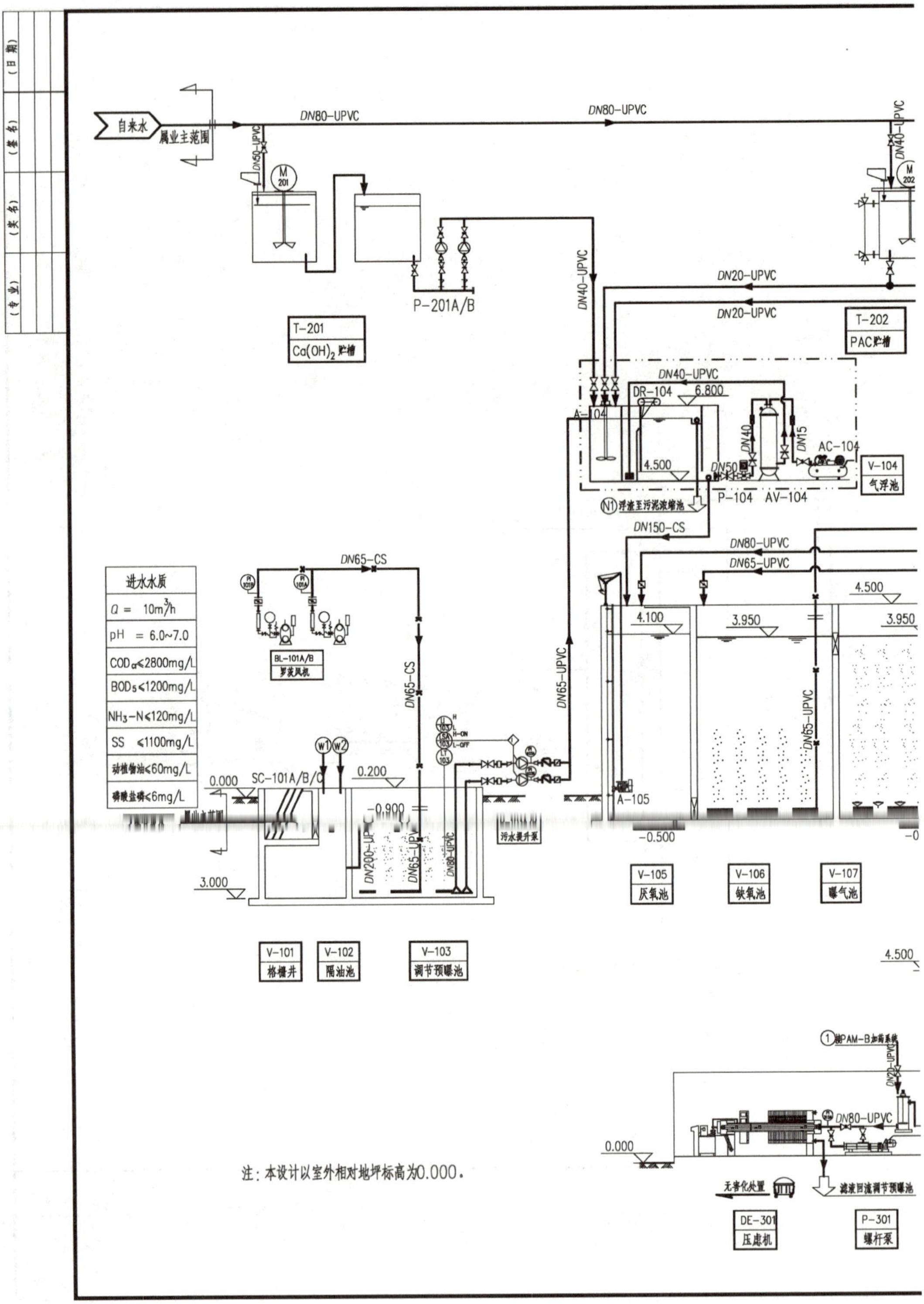
自来水
属业主范围
DN80-UPVC
DN50-UPVC
DN40-UPVC
DN20-UPVC
P-201A/B
T-201
Ca(OH)2 贮槽
T-202
PAC贮槽
DN40-UPVC
DR-104
6.800
4.500
AC-104
P-104
AV-104
V-104
气浮池
N1 浮渣至污泥浓缩池
DN150-CS
DN80-UPVC
DN65-UPVC
进水水质
Q = 10m3/h
pH = 6.0~7.0
CODcr≤2800mg/L
BOD5≤1200mg/L
NH3-N≤120mg/L
SS ≤1100mg/L
动植物油≤60mg/L
磷酸盐磷≤6mg/L
DN65-CS
BL-101A/B
罗茨风机
DN65-UPVC
0.000
SC-101A/B/C
0.200
-0.900
3.000
DN200-UPVC
DN80-UPVC
污水提升泵
A-105
4.100
3.950
4.500
-0.500
V-101
格栅井
V-102
隔油池
V-103
调节预曝池
V-105
厌氧池
V-106
缺氧池
V-107
曝气池
PAM-B加药系统
DN20-UPVC
DN80-UPVC
无害化处置
滤液回流调节预曝池
DE-301
压滤机
P-301
螺杆泵
注：本设计以室外相对地坪标高为0.000。

图 13-12　家禽屠宰

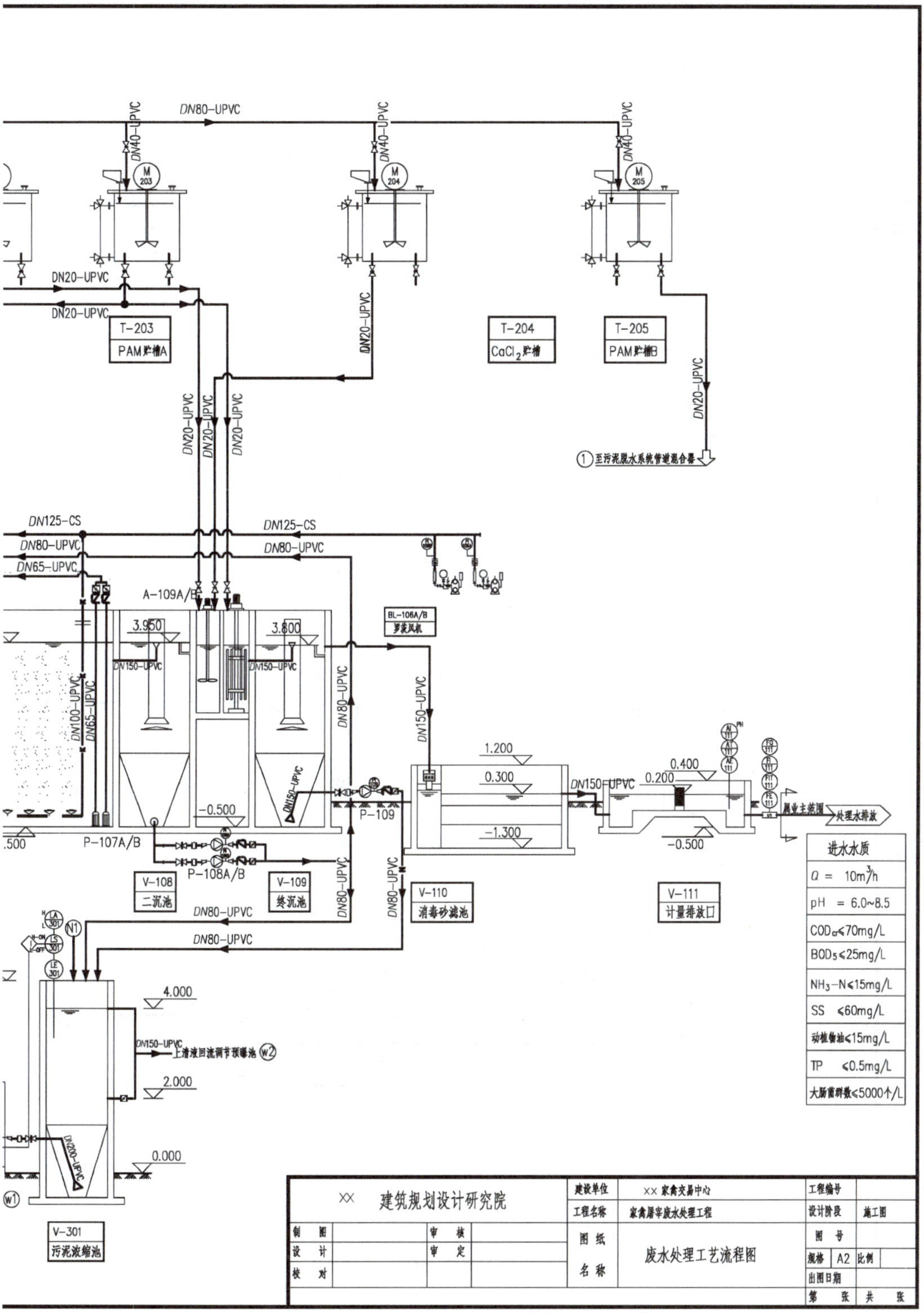
DN80-UPVC
DN40-UPVC
T-203
PAM贮槽A
T-204
$CaCl_2$贮槽
T-205
PAM贮槽B
DN20-UPVC
①至污泥脱水系统管道混合器
DN125-CS
DN80-UPVC
DN65-UPVC
A-109A/B
BL-106A/B
罗茨风机
3.950
3.800
DN150-UPVC
DN100-UPVC
DN65-UPVC
-0.500
P-107A/B
P-108A/B
P-109
V-108
二沉池
V-109
终沉池
1.200
0.300
-1.300
V-110
消毒砂滤池
0.400
0.200
-0.500
V-111
计量排放口
园区主流河
处理水排放
进水水质
Q = 10m³/h
pH = 6.0~8.5
COD_{cr}≤70mg/L
BOD_5≤25mg/L
NH_3-N≤15mg/L
SS ≤60mg/L
动植物油≤15mg/L
TP ≤0.5mg/L
大肠菌群数≤5000个/L
4.000
上清液回流调节预曝池 W2
2.000
0.000
DN200-UPVC
V-301
污泥浓缩池
XX 建筑规划设计研究院
建设单位 XX家禽交易中心
工程名称 家禽屠宰废水处理工程
工程编号
设计阶段 施工图
制图
设计
校对
审核
审定
图纸名称
废水处理工艺流程图
图号
规格 A2 比例
出图日期
第 张 共 张

废水处理流程图

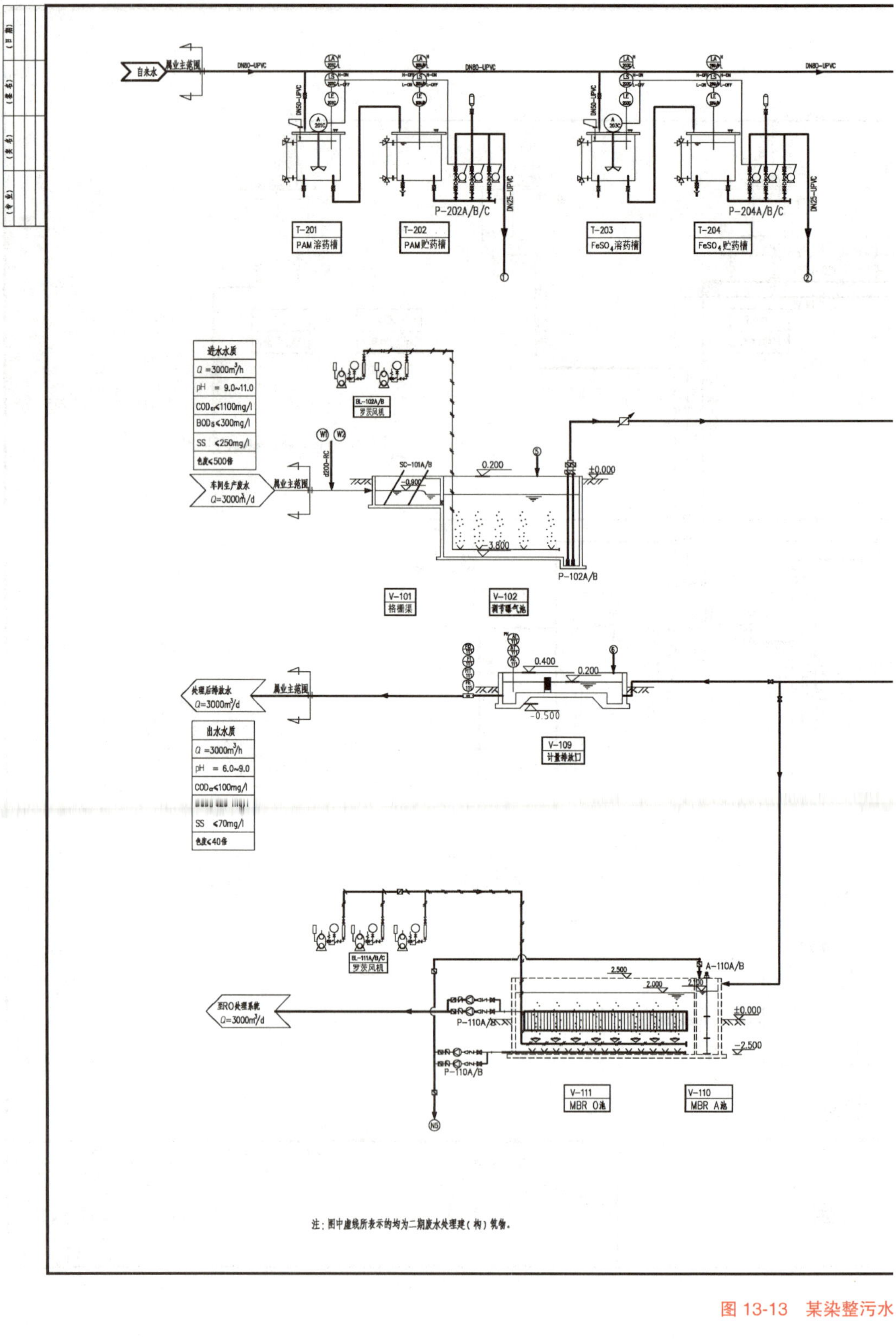
自来水
属业主范围
DN80-UPVC
P-202A/B/C
P-204A/B/C
DN25-UPVC
T-201
PAM溶药槽
T-202
PAM贮药槽
T-203
$FeSO_4$溶药槽
T-204
$FeSO_4$贮药槽
进水水质
Q =3000m³/h
pH = 9.0~11.0
COD_{cr}≤1100mg/l
BOD_5≤300mg/l
SS ≤250mg/l
色度≤500倍
BL-102A/B
罗茨风机
车间生产废水
Q=3000m³/d
属业主范围
SC-101A/B
0.200
±0.000
-3.800
P-102A/B
V-101
格栅渠
V-102
调节曝气池
处理后待放水
Q=3000m³/d
0.400
0.200
-0.500
V-109
计量排放口
出水水质
Q =3000m³/h
pH = 6.0~9.0
COD_{cr}≤100mg/l
SS ≤70mg/l
色度≤40倍
BL-111A/B/C
罗茨风机
A-110A/B
2.500
2.000
±0.000
-2.500
至RO处理系统
Q=3000m³/d
P-110A/B
V-111
MBR O池
V-110
MBR A池
注：图中虚线所表示的均为二期废水处理建（构）筑物。

图 13-13　某染整污水

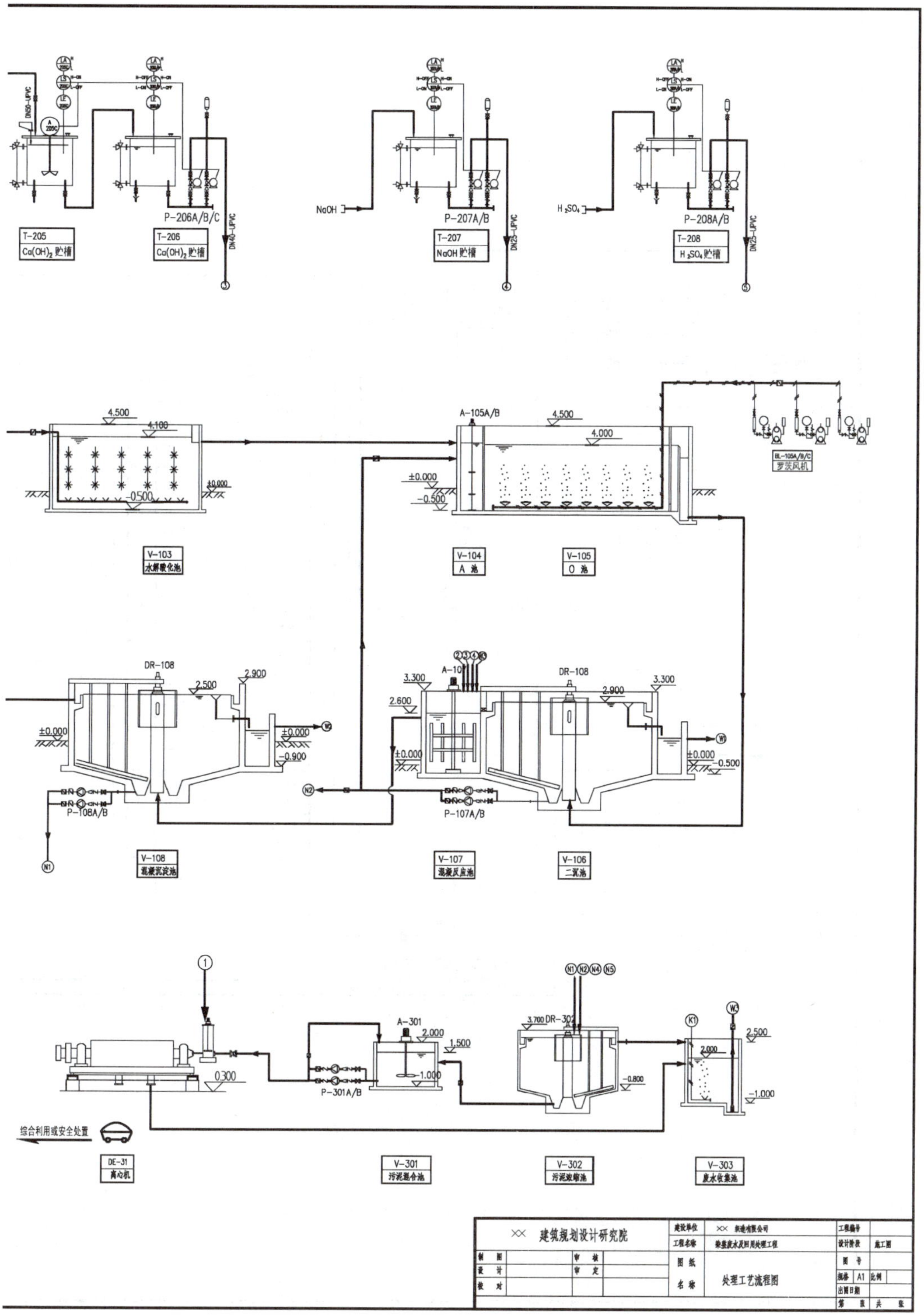
T-205
Ca(OH)₂贮槽
T-206
Ca(OH)₂贮槽
P-206A/B/C
NaOH
T-207
NaOH贮槽
P-207A/B
H₂SO₄
T-208
H₂SO₄贮槽
P-208A/B
4.500
4.100
±0.000
-0.500
V-103
水解酸化池
A-105A/B
4.500
4.000
±0.000
-0.500
V-104
A 池
V-105
O 池
BL-105A/B/C
罗茨风机
DR-108
2.500
2.900
±0.000
±0.000
-0.900
P-108A/B
V-108
混凝沉淀池
3.300
2.600
±0.000
P-107A/B
V-107
混凝反应池
DR-108
2.900
3.300
±0.000
-0.500
V-106
二沉池
0.300
综合利用或安全处置
DE-31
离心机
A-301
2.000
1.500
-1.000
P-301A/B
V-301
污泥混合池
3.700
DR-302
-0.800
V-302
污泥浓缩池
2.000
2.500
-1.000
V-303
废水收集池
××　建筑规划设计研究院
建设单位
××　印染有限公司
工程名称
染整废水及回用处理工程
图纸名称
处理工艺流程图
制图
设计
校对
审核
审定
工程编号
设计阶段
施工图
图号
规格
A1
比例
出图日期
第　张　共　张

处理流程图

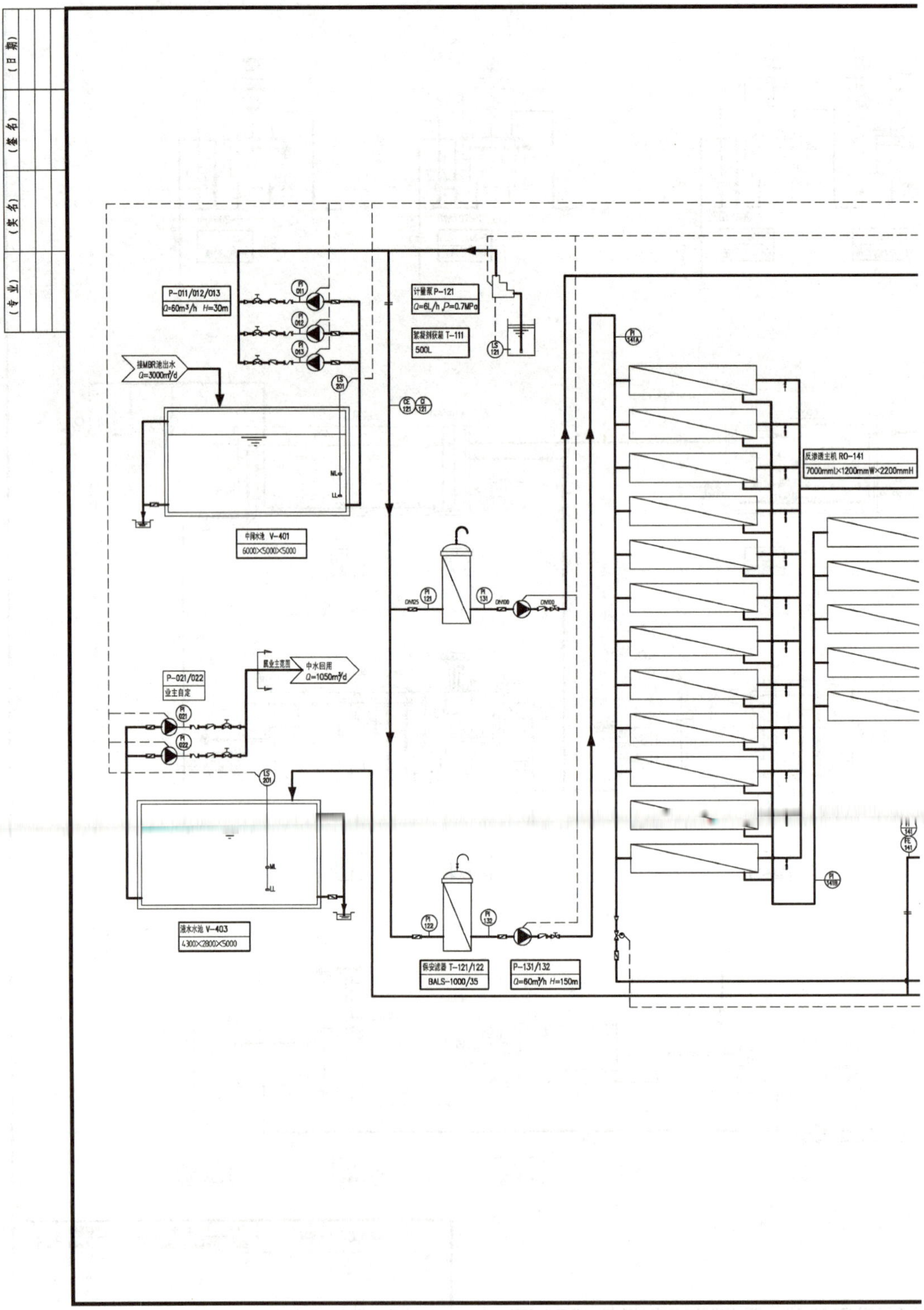

图 13-14　某染整污水处理回用

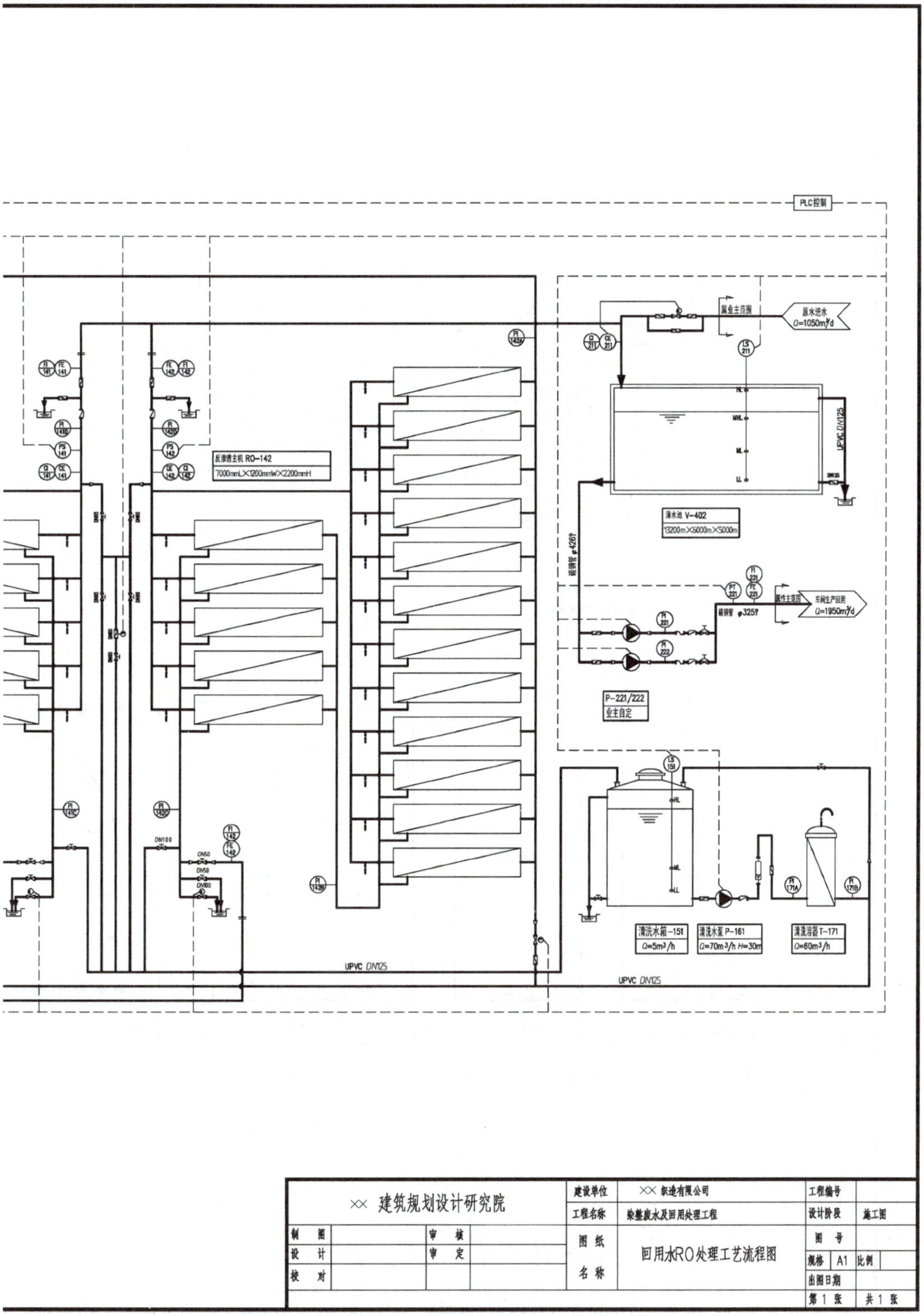
PLC控制
原水进水
属业主范围
清水池 V-402
反渗透主机 RO-142
7000mmL×1200mmW×2200mmH
P-221/222
业主自定
车间生产回用
Q=1950m³/d
清洗水箱-151
Q=5m³/h
清洗水泵 P-161
Q=70m³/h H=30m
清洗溶器 T-171
Q=60m³/h
UPVC DN125
×× 建筑规划设计研究院
建设单位
×× 织造有限公司
工程名称
染整废水及回用处理工程
图纸名称
回用水RO处理工艺流程图
工程编号
设计阶段
施工图
图号
规格
A1
比例
出图日期
第 1 张
共 1 张
制图
设计
校对
审核
审定

工程 RO 工艺流程图

建、构筑物一览表

序号	名称	数量	规格	结构
V-101	进水格栅渠	1座	4.0×1.0×1.80m	R.C.
V-102	调节曝气池	1座	20.20×14.00×4.0m	R.C.
V-103	水解酸化池	1座	20.20×8.250×5.0m	R.C.
V-104	A 池	2座	3.30×3.30×5.0m	R.C.
V-105	O 池	1座	20.20×17.50×5.0m	R.C.
V-106	二沉池	1座	ø16.0×3.80m	R.C.
V-107	混凝反应池	1座	3.0×3.0×4.0m	R.C.
V-108	混凝沉淀池	1座	ø14.0×3.80m	R.C.
V-109	计量排放口	1座	5.10×1.280×0.90m	砖混
V-110	MBR A池	2座	3.30×3.30×5.0m	R.C.
V-111	MBR O池	2座	27.0×16.0×3.0m	R.C.

序号	名称	数量	规格	结构
V-301	污泥混合池	1座	2.80×2.80×3.0m	R.C.
V-302	污泥浓缩池	1座	ø7.80×4.50	R.C.
V-401	中间水池	1座	6.0×5.0×5.0m	砖混
V-402	清水池	1座	13.20×6.0×5.0m	R.C.
V-403	浓水水池	1座	4.0×2.80×5.0m	R.C.
B-501	综合用房	1座	21.0×12.80×2F	砖混
B-502	RO处理用房	1座	14.0×5.0×1F	砖混

注：

1. 表中所列构筑物尺寸均为一期工程建构筑物净尺寸，建筑物尺寸为轴线尺寸。

2. 图中虚线所表示的均为二期废水处理建（构）筑物。

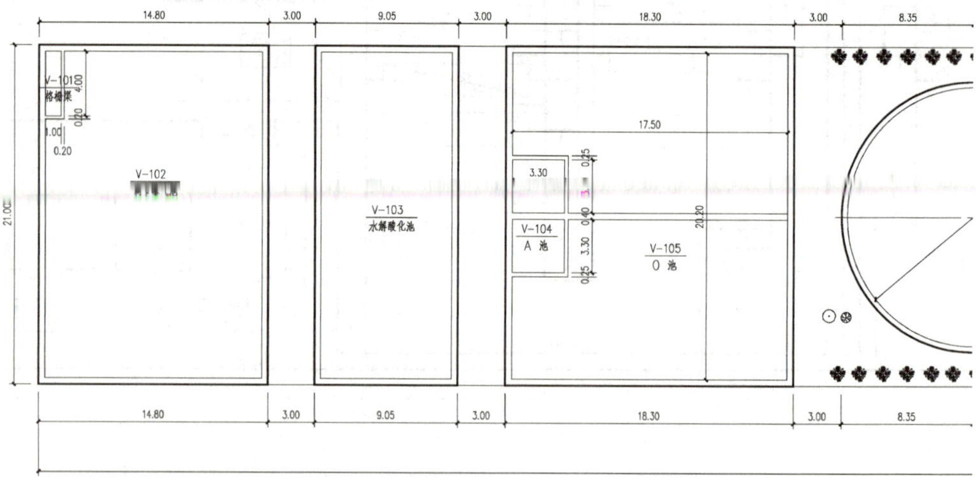

图 13-15　某染整废水及回用

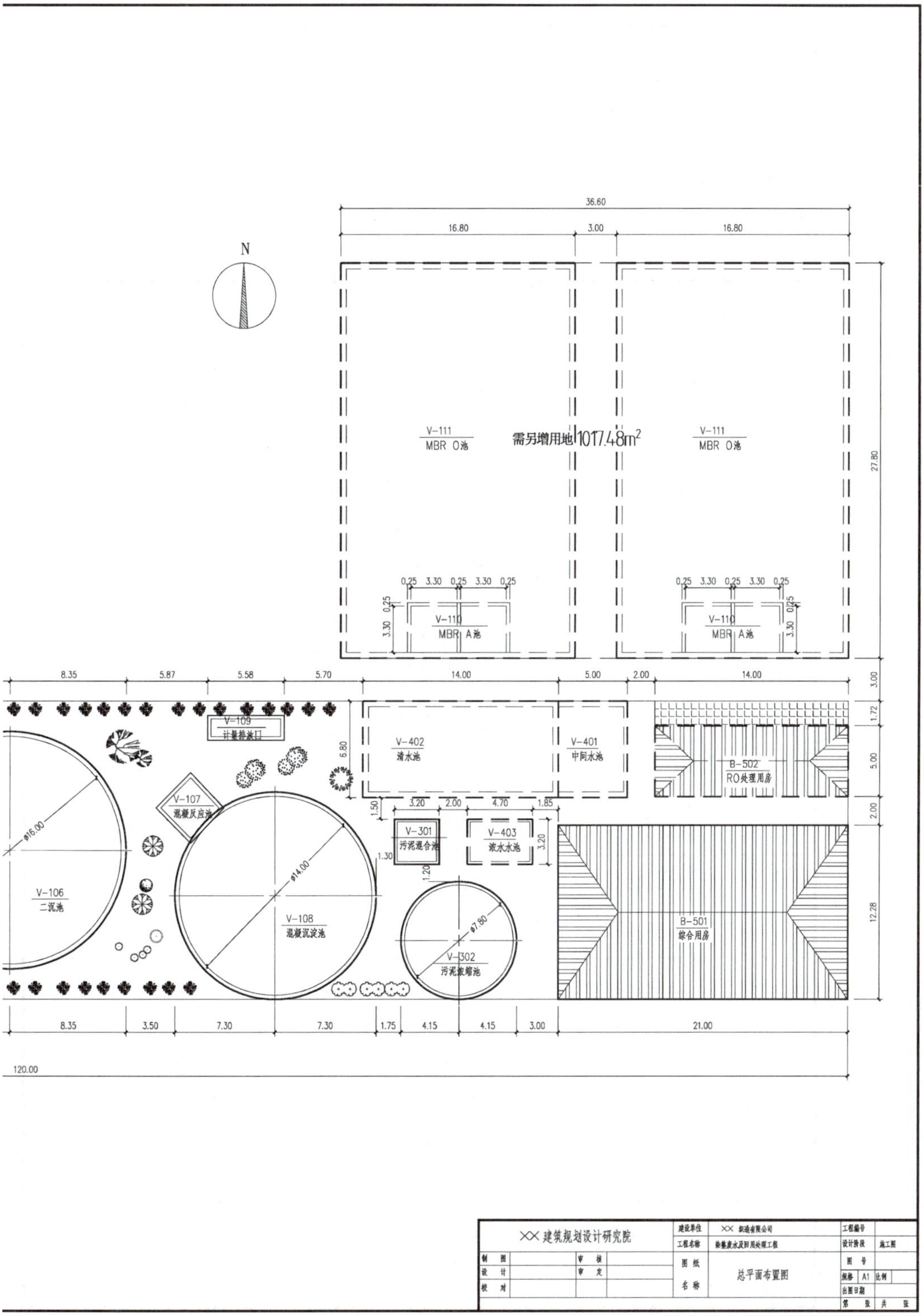
N
36.60
16.80
3.00
16.80
27.80
V-111
MBR O池
需另增用地1017.48m²
V-111
MBR O池
0.25 3.30 0.25 3.30 0.25
V-110
MBR A池
V-110
MBR A池
8.35 5.87 5.58 5.70 14.00 5.00 2.00 14.00
3.00
1.72
5.00
2.00
12.28
V-109
计量排放口
V-402
清水池
V-401
中间水池
B-502
RO处理用房
6.80
V-107
混凝反应池
ϕ16.00
ϕ14.00
V-106
二沉池
V-108
混凝沉淀池
3.20 2.00 4.70 1.85
1.50
V-301
污泥混合池
V-403
浓水水池
3.20
1.30
1.20
ϕ7.80
V-302
污泥浓缩池
B-501
综合用房
8.35 3.50 7.30 7.30 1.75 4.15 4.15 3.00 21.00
120.00
××建筑规划设计研究院
建设单位
×× 织造有限公司
工程名称
染整废水及回用处理工程
工程编号
设计阶段
施工图
制图
设计
校对
审核
审定
图纸名称
总平面布置图
图号
规格
A1
比例
出图日期
第 张 共 张

处理工程总平面布置图

第　　页
共　　页

卷册检索号

燃煤锅炉烟气脱硫系统 工程 施工 图图纸目录

机务部分　第____卷　第____册　第____分册

卷册名称________

图　纸____张____本　说明____本____清册____本

年　月　日

批　准:________　校　对:________

审　核:________　设　计:________

序号	图号	图纸名称	张数	套用原工程名称及卷册检索号、图号
1	图13-16	图纸目录	1	
2	图13-17	图例符号	1	
3	图13-18	烟气系统P&ID	1	
4	图13-19	综合楼一层平面布置图	1	
5	图13-20	综合楼二层平面布置图	1	
6	图13-21	1#吸收塔系统P&ID图	1	
7	图13-22	2#吸收塔系统P&ID图	1	
8	图13-23	除雾器系统P&ID	1	
9	图13-24	氧化风机系统P&ID	1	
10	图13-25	石灰石浆液制备系统P&ID	1	
11	图13-26	石膏脱水系统(1/3)P&ID	1	
12	图13-27	石膏脱水系统(2/3)P&ID	1	
13	图13-28	石膏脱水系统(3/3)P&ID	1	
14	图13-29	事故浆液系统P&ID	1	
15	图13-30	工艺水系统P&ID	1	
16	图13-31	压缩空气系统P&ID	1	

图 13-16　图纸目录

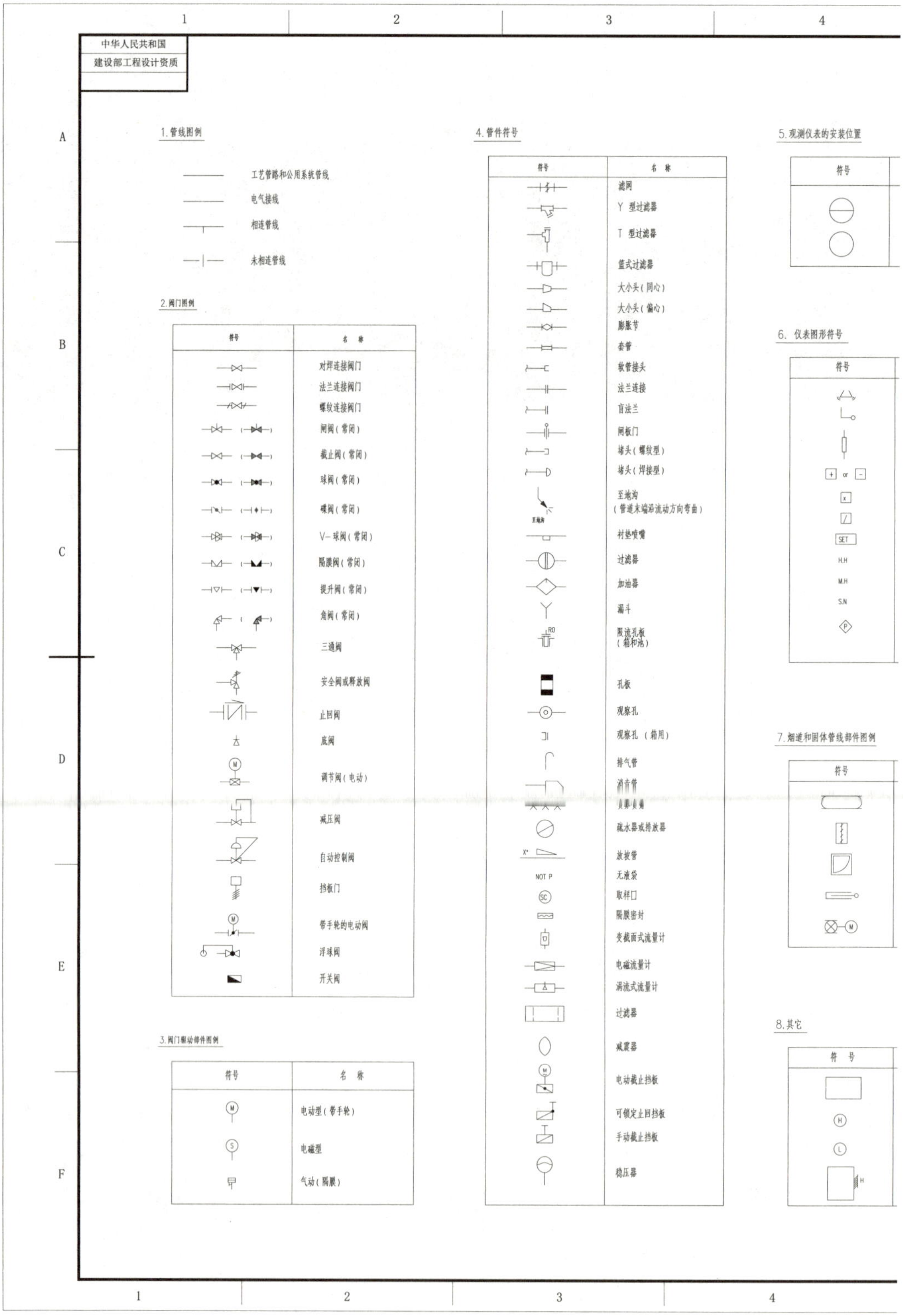
中华人民共和国
建设部工程设计资质
1.管线图例
工艺管路和公用系统管线
电气接线
相连管线
未相连管线
2.阀门图例
符号
名　称
对焊连接阀门
法兰连接阀门
螺纹连接阀门
闸阀(常闭)
截止阀(常闭)
球阀(常闭)
碟阀(常闭)
V-球阀(常闭)
隔膜阀(常闭)
提升阀(常闭)
角阀(常闭)
三通阀
安全阀或释放阀
止回阀
底阀
调节阀(电动)
减压阀
自动控制阀
挡板门
带手轮的电动阀
浮球阀
开关阀
3.阀门驱动部件图例
符号
名　称
电动型(带手轮)
电磁型
气动(隔膜)
4.管件符号
符号
名　称
滤网
Y 型过滤器
T 型过滤器
篮式过滤器
大小头(同心)
大小头(偏心)
膨胀节
套管
软管接头
法兰连接
盲法兰
阀板门
堵头(螺纹型)
堵头(焊接型)
至地沟
(管道末端沿流动方向弯曲)
衬垫喷嘴
过滤器
加油器
漏斗
限流孔板
(箱和泡)
孔板
观察孔
观察孔 (箱用)
排气管
消音管
疏水器或排放器
放坡管
无液袋
取样口
隔膜密封
变截面式流量计
电磁流量计
涡流式流量计
过滤器
减震器
电动截止挡板
可锁定止回挡板
手动截止挡板
稳压器
NOT P
5.观测仪表的安装位置
符号
6.仪表图形符号
符号
SET
H.H
M.H
S.N
7.烟道和固体管线部件图例
符号
8.其它
符　号
1
2
3
4
A
B
C
D
E
F

图 13-17　图

5 6 7 8

控制地点
控制室 （ DCS ）
就地

软管连接详图

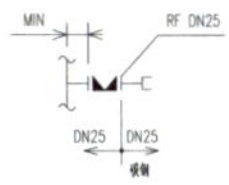

取样连接详图

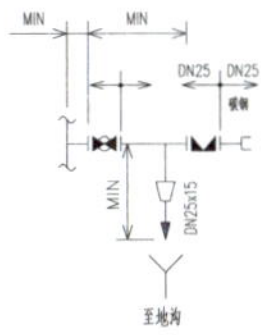

（3）等级符号

等级	材 质
A10	碳钢+ 橡胶内衬或聚乙烯内衬、FRP
B10	316L不锈钢
B40	304不锈钢
C10	碳钢
C40	孔网刚带塑料复合管或PPR

（4） 保温，伴热

H：热保温

F：防冻保温

所有室外管路均做防冻保温

名 称
超声波型料位计
浮球式液位计
浆液密度分析仪(质量流量计)
加减计算器
乘法计算器
除法计算器
比例设置开关
手孔
人孔
取样接管
空气净化装置

9. 管线表示符号

PID图管线标号说明

管线标号:

SX-Φ219 x16 -20G -7001 - H120

1* 2* 3* 4* 5*

1* 管线内介质

2* 尺寸和壁厚

3* 管线材质

4* 管线编号

5* 保温等级或防护等级

10. 连接指示

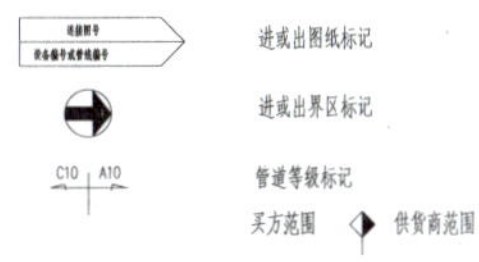

11. 仪表表示图例

（1） 流体符号

符号	流体	等级	标准	设计温度(℃)
LP	石灰石粉	C10		50
LD	液体排放	B10		50
SV	安全阀放空	A10		60
VT	放空	C10		50
PA	氧化空气	C10 A10		120 60
RW	工艺水	C10		50
IA	仪表用气	B40		60
LF	石灰石浆液	A10		50
GS	石膏浆液	A10		50
SA	密封用气	C10		50
FG	烟气	B10		140/110 60/90

仪表符号说明		
首位符号	后继符号	其它
F-流量	C-控制	H-上限
L-液位	I-指示	HH-上上限
P-压力	S-开关量	L-下限
T-温度	T-变送	LL-下下限
M-气动阀门	G-就地显示	R-记录
Z-执行器	E-检测元件	A-报警
Pd-差压	V-阀门、挡板 执行元件	
H-手动操作		
FL-火检探头		
Q-分析仪表		
D-密度		
G-位移		

名 称
膨胀节
挡板门
翻版式隔离门
插板门
旋转阀

名 称
设备厂家供货范围
差压的高压侧
差压的低压侧
设备绝热及绝热符号

0							
版次 REV.	说 明 DESCRIPTION	日 期 DATE	设 计 DESIGN	制 图 DRAW	校 核 CHECK	审 核 REVIEW	审 定 APPROVE

项目名称 PROJECT	燃煤锅炉烟气脱硫系统
装置名称 UNIT NAME	脱硫装置
设计阶段 DESIGN PHASE	施工图设计
图纸编号 DWG. NO.	

图例符号

会签专业 DISCIPLINE	签 字 SIGNATURE	日 期 DATE	比 例 SCALE	第 1 张 PAGE	共 15 张 TOTAL

A B C D E F

5 6 7 8

例符号

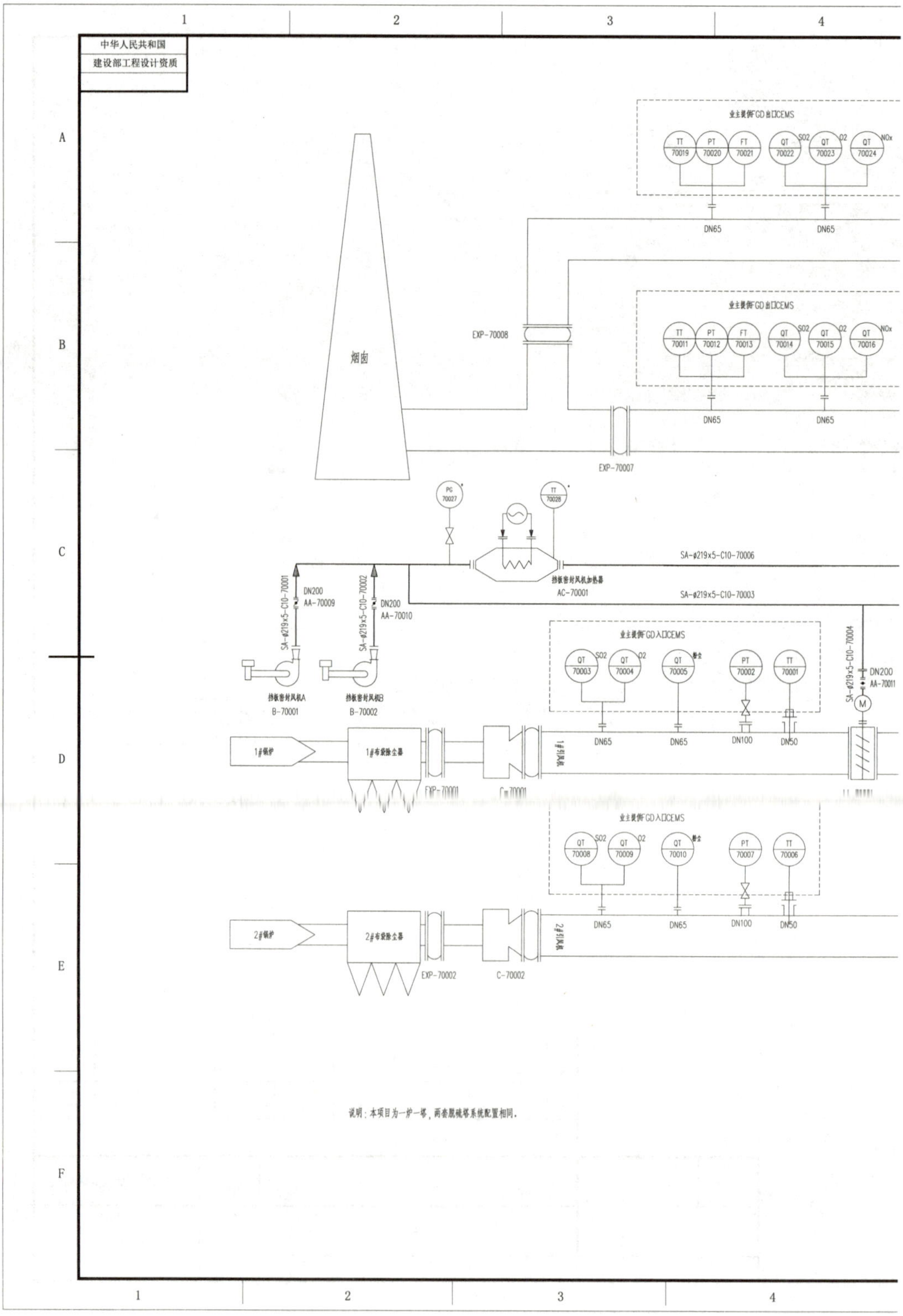
中华人民共和国
建设部工程设计资质
烟囱
EXP-70008
EXP-70007
DN65
SA-ø219x5-C10-70006
SA-ø219x5-C10-70003
AC-70001
DN200
AA-70009
AA-70010
AA-70011
B-70001
B-70002
1#锅炉
2#锅炉
EXP-70002
C-70002
说明：本项目为一炉一塔，两套脱硫塔系统配置相同。

图 13-18　烟

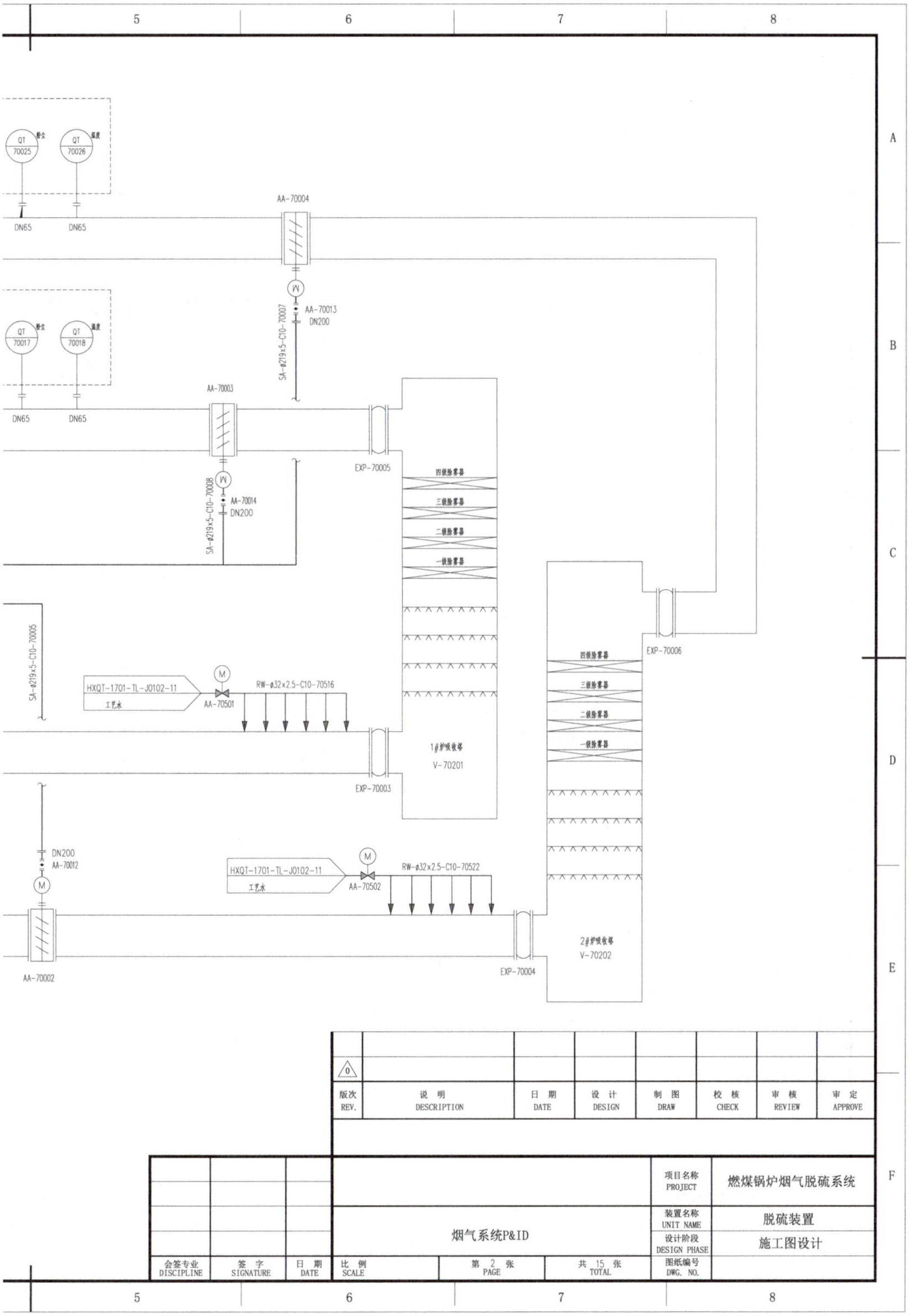
5
6
7
8
A
B
C
D
E
F
QT 70025
QT 70026
QT 70017
QT 70018
DN65
AA-70004
AA-70013
DN200
SA-φ219x5-C10-70007
AA-70003
AA-70014
DN200
SA-φ219x5-C10-70008
SA-φ219x5-C10-70005
EXP-70005
EXP-70006
EXP-70003
EXP-70004
四级除雾器
三级除雾器
二级除雾器
一级除雾器
HXQT-1701-TL-J0102-11
工艺水
AA-70501
RW-φ32x2.5-C10-70516
1#炉吸收塔
V-70201
DN200
AA-70012
HXQT-1701-TL-J0102-11
工艺水
AA-70502
RW-φ32x2.5-C10-70522
2#炉吸收塔
V-70202
AA-70002
0
版次 REV.
说 明 DESCRIPTION
日 期 DATE
设 计 DESIGN
制 图 DRAW
校 核 CHECK
审 核 REVIEW
审 定 APPROVE
项目名称 PROJECT
燃煤锅炉烟气脱硫系统
装置名称 UNIT NAME
脱硫装置
设计阶段 DESIGN PHASE
施工图设计
烟气系统P&ID
会签专业 DISCIPLINE
签 字 SIGNATURE
日 期 DATE
比 例 SCALE
第 2 张 PAGE
共 15 张 TOTAL
图纸编号 DWG. NO.

气系统

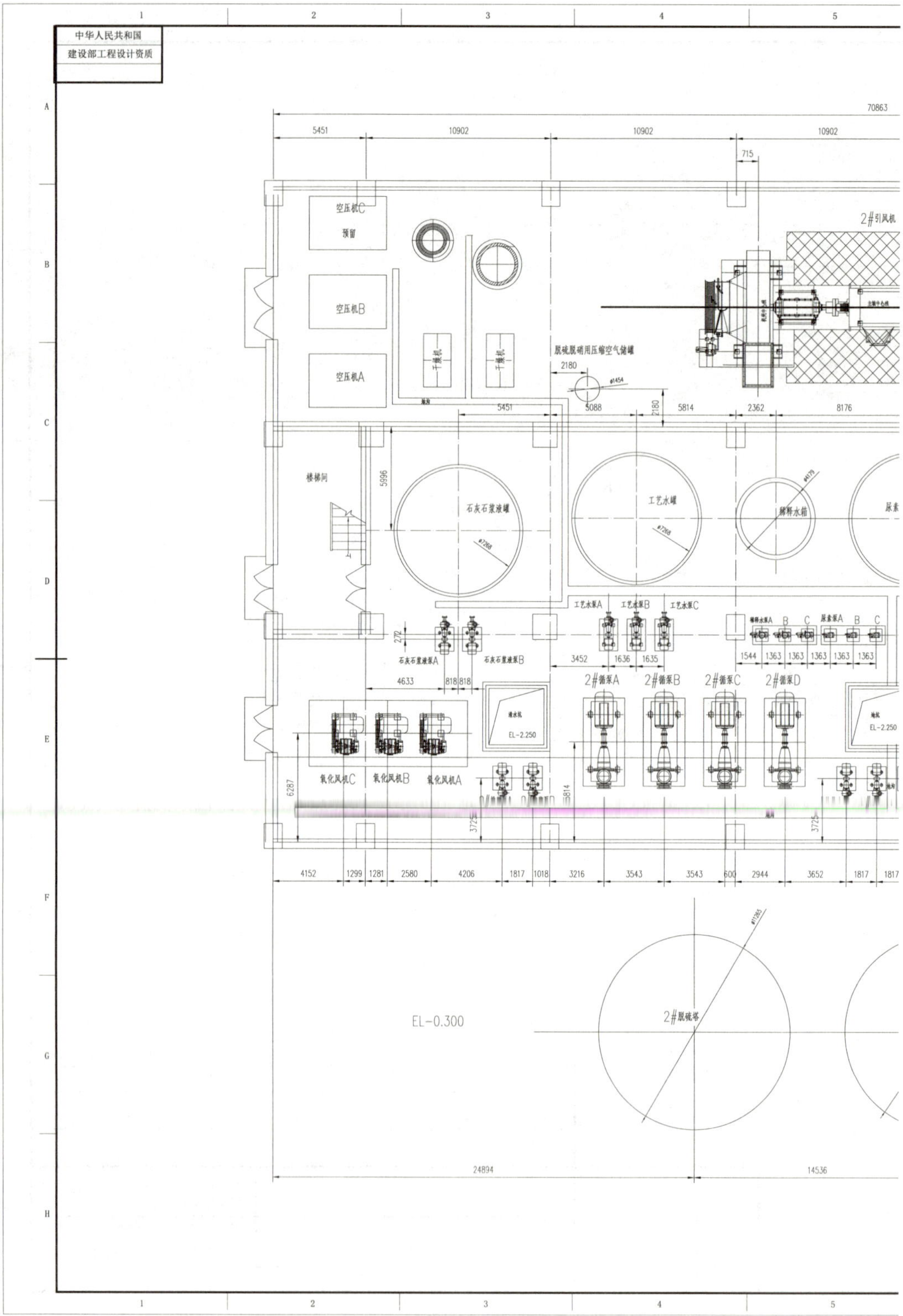
中华人民共和国
建设部工程设计资质
70863
5451
10902
10902
10902
715
空压机C
预留
空压机B
空压机A
2#引风机
脱硫脱硝用压缩空气储罐
2180
5451
5088
2180
5814
2362
8176
楼梯间
5996
石灰石浆液罐
工艺水罐
稀释水箱
工艺水泵A
工艺水泵B
工艺水泵C
石灰石浆液泵A
石灰石浆液泵B
3452
1636
1635
1544
1363
4633
818
818
2#循泵A
2#循泵B
2#循泵C
2#循泵D
氧化风机C
氧化风机B
氧化风机A
EL-2.250
6287
5814
3725
4152
1299
1281
2580
4206
1817
1018
3216
3543
3543
600
2944
3652
1817
1817
EL-0.300
2#脱硫塔
24894
14536

图 13-19　综合楼一

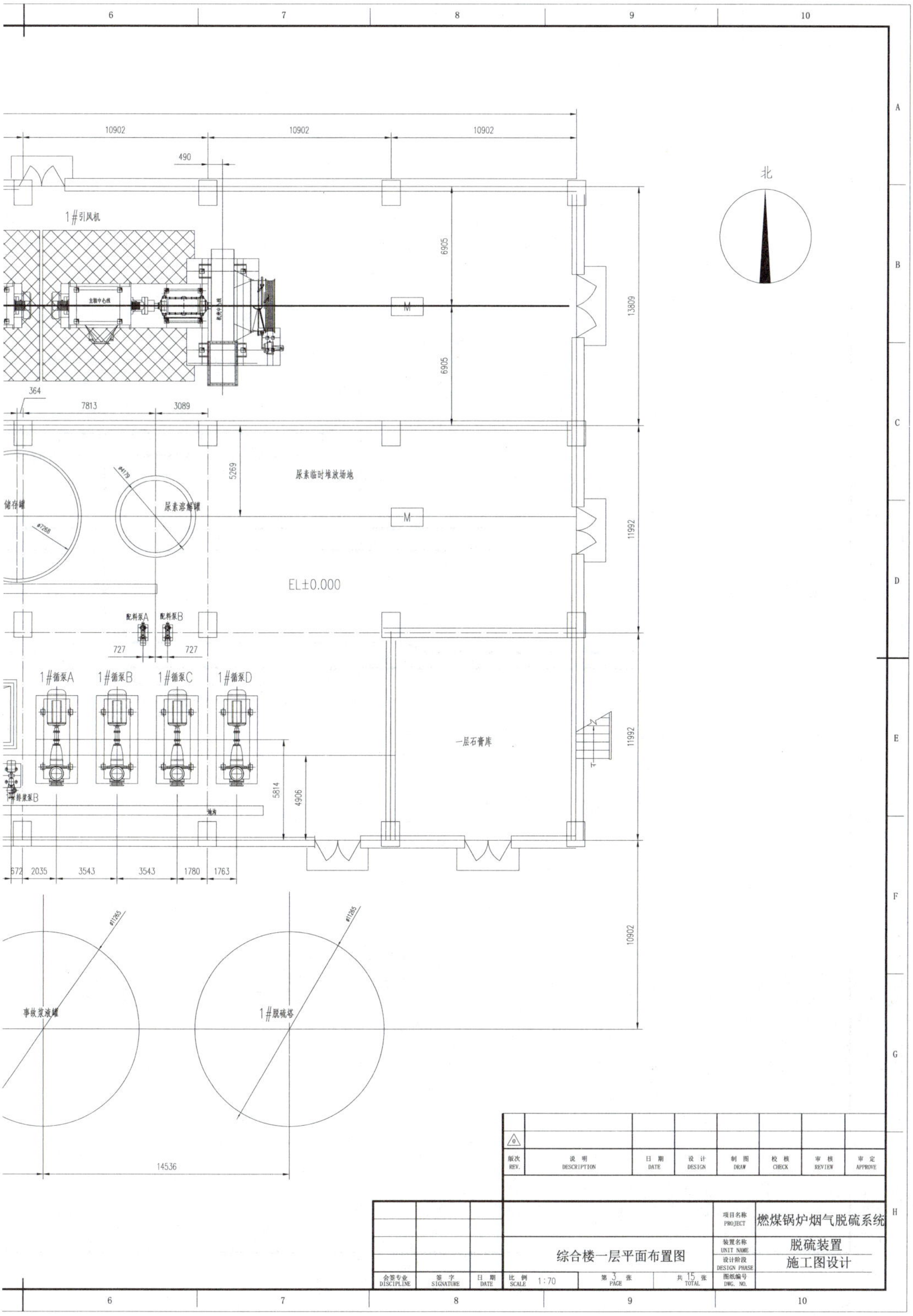
北
1#引风机
主轴中心线
尿素临时堆放场地
储存罐
尿素溶解罐
EL±0.000
配料泵A
配料泵B
1#循泵A
1#循泵B
1#循泵C
1#循泵D
一层石膏库
事故浆液罐
1#脱硫塔
10902
490
6905
13809
364
7813
3089
5269
11992
727
5814
4906
672
2035
3543
1780
1763
14536
版次 REV.
说明 DESCRIPTION
日期 DATE
设计 DESIGN
制图 DRAW
校核 CHECK
审核 REVIEW
审定 APPROVE
项目名称 PROJECT
燃煤锅炉烟气脱硫系统
装置名称 UNIT NAME
脱硫装置
设计阶段 DESIGN PHASE
施工图设计
图纸编号 DWG. NO.
综合楼一层平面布置图
会签专业 DISCIPLINE
签字 SIGNATURE
日期 DATE
比例 SCALE 1:70
第 3 张 PAGE
共 15 张 TOTAL

层平面布置图

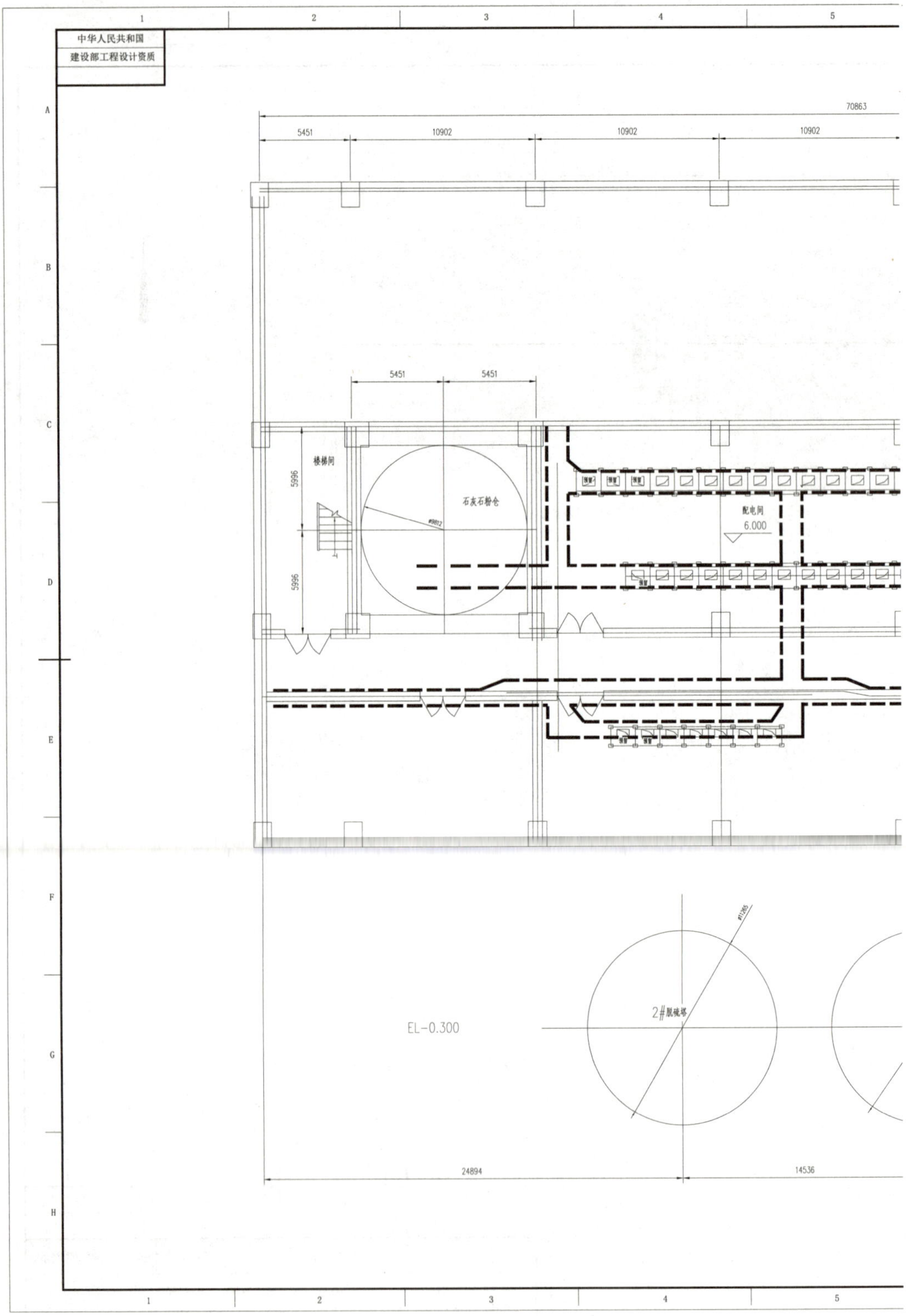
中华人民共和国
建设部工程设计资质
70863
5451
10902
10902
10902
5451
5451
楼梯间
5996
5996
石灰石粉仓
配电间
6.000
EL-0.300
2#脱硫塔
24894
14536

图 13-20　综合楼

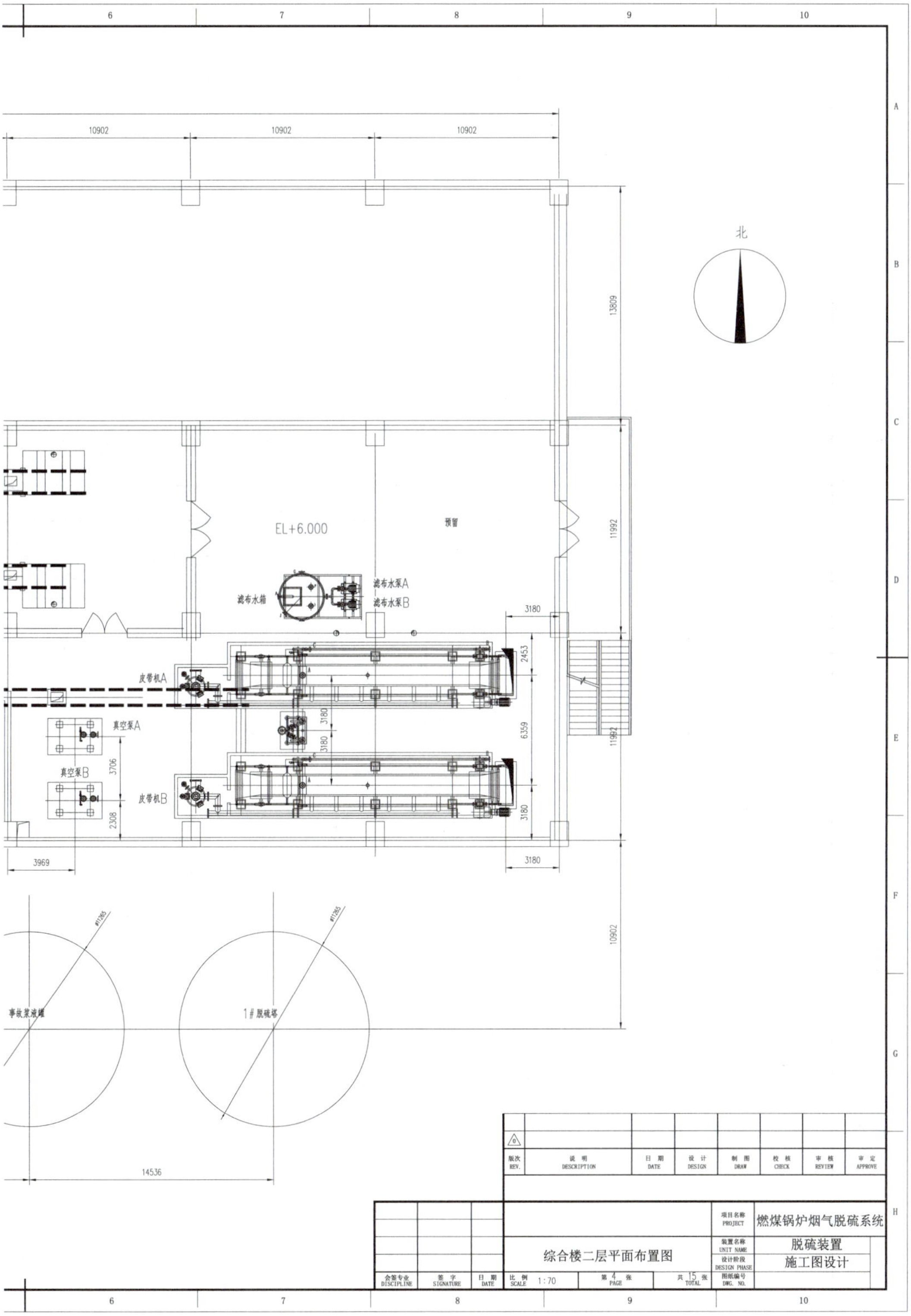
北
EL+6.000
预留
滤布水箱
滤布水泵A
滤布水泵B
皮带机A
皮带机B
真空泵A
真空泵B
事故浆液罐
1#脱硫塔
10902
13809
11992
3180
2453
6359
3706
2308
3969
14536
版次 REV.
说明 DESCRIPTION
日期 DATE
设计 DESIGN
制图 DRAW
校核 CHECK
审核 REVIEW
审定 APPROVE
项目名称 PROJECT
燃煤锅炉烟气脱硫系统
装置名称 UNIT NAME
脱硫装置
设计阶段 DESIGN PHASE
施工图设计
图纸编号 DWG. NO.
综合楼二层平面布置图
会签专业 DISCIPLINE
签字 SIGNATURE
日期 DATE
比例 SCALE 1:70
第 4 张 PAGE
共 15 张 TOTAL

二层平面布置图

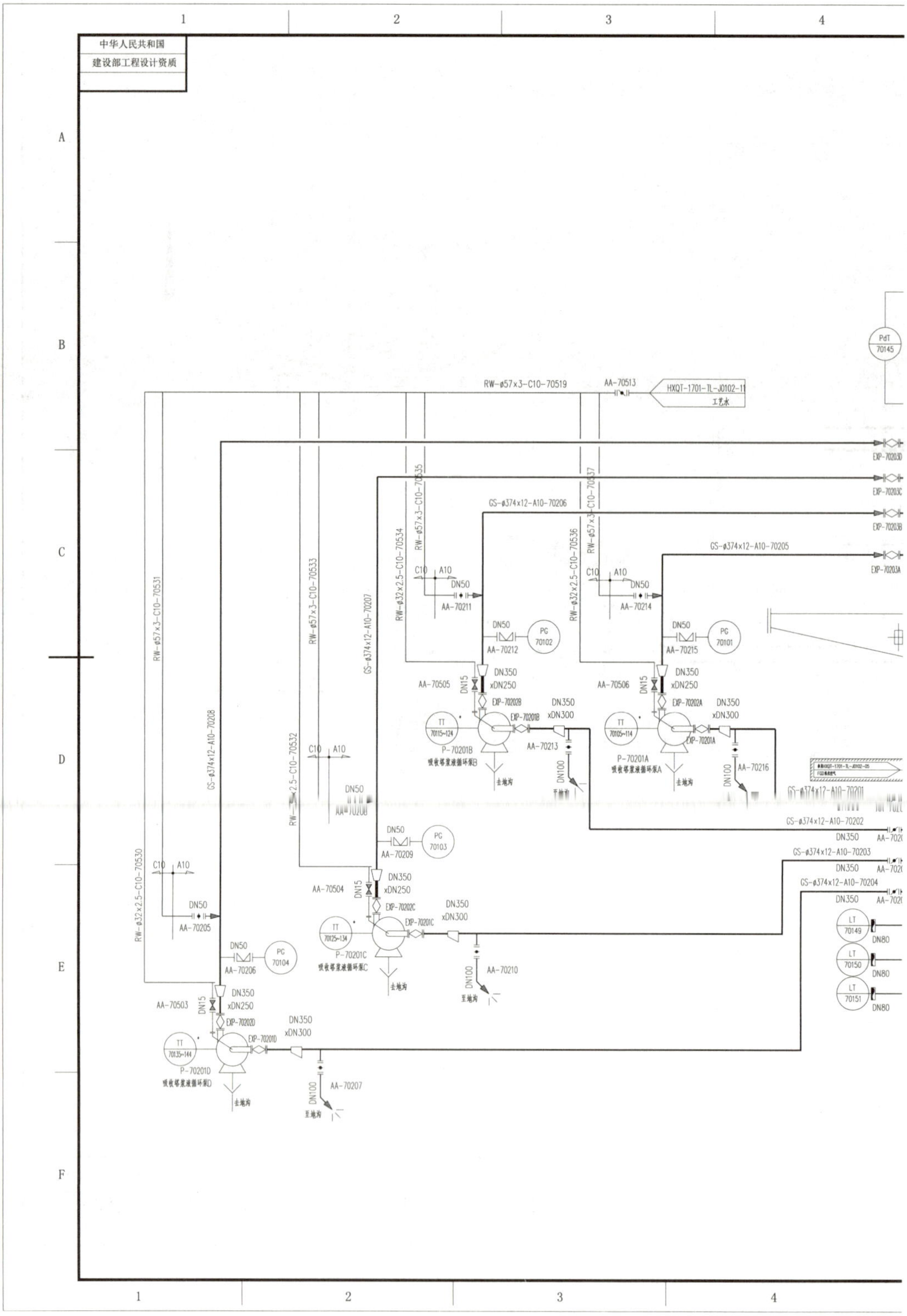
中华人民共和国
建设部工程设计资质
RW-φ57×3-C10-70519
AA-70513
HXQT-1701-TL-J0102-11
工艺水
GS-φ374×12-A10-70206
GS-φ374×12-A10-70205
GS-φ374×12-A10-70202
GS-φ374×12-A10-70203
GS-φ374×12-A10-70204
P-70201A
P-70201B
P-70201C
P-70201D
PdT
70145

图 13-21　1# 吸收

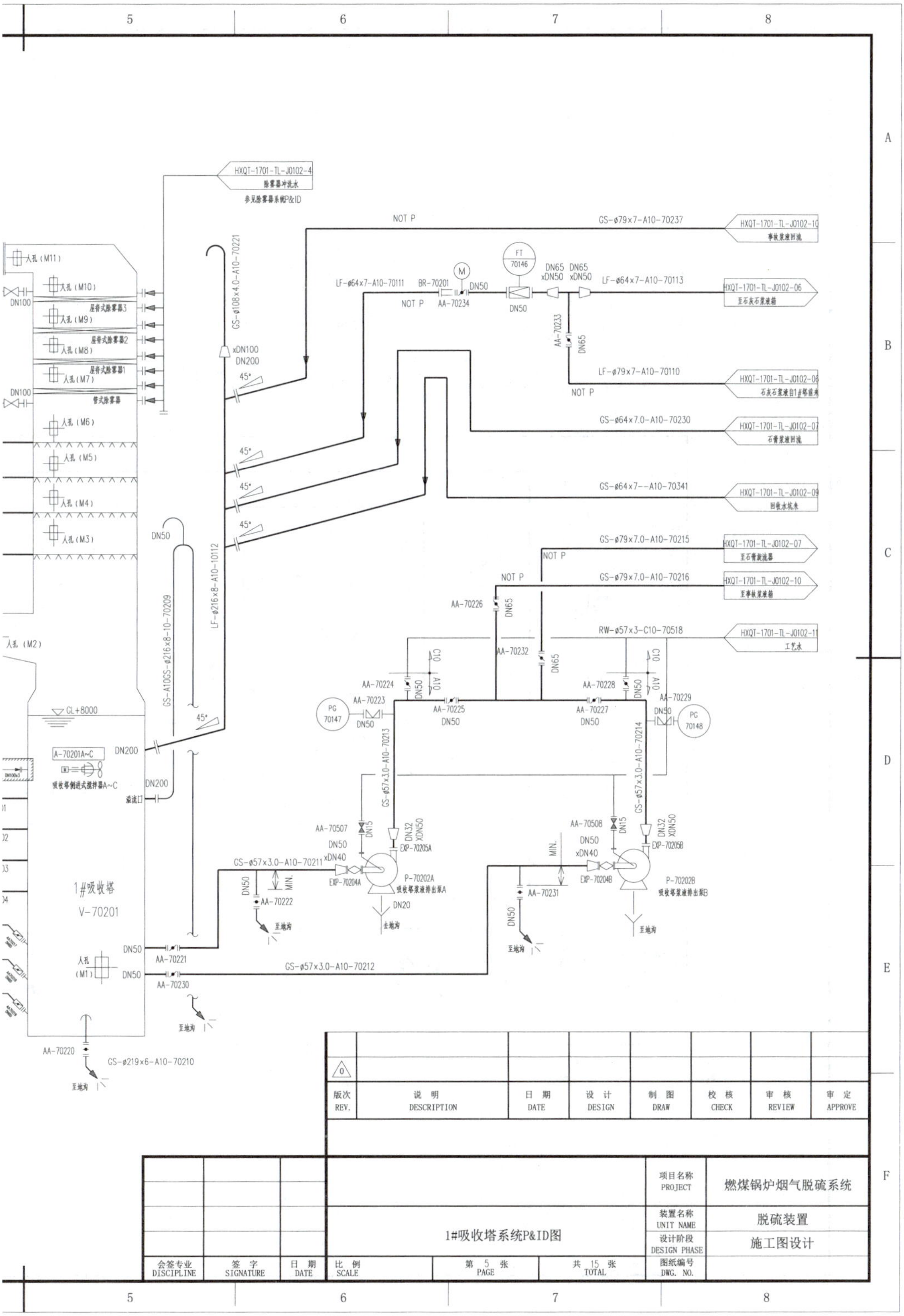

HXQT-1701-TL-J0102-4
除雾器冲洗水
参见除雾器系统P&ID
NOT P
GS-ø79x7-A10-70237
LF-ø64x7-A10-70111
BR-70201
AA-70234
FT 70146
DN65 xDN50
LF-ø64x7-A10-70113
HXQT-1701-TL-J0102-06
至石灰石浆液箱
AA-70233
LF-ø79x7-A10-70110
GS-ø64x7.0-A10-70230
石膏浆液回流
GS-ø64x7--A10-70341
回收水坑来
GS-ø108x4.0-A10-70221
LF-ø216x8-A10-10112
GS-A10GS-ø216x8-10-70209
GS-ø79x7.0-A10-70215
HXQT-1701-TL-J0102-07
至石膏旋流器
GS-ø79x7.0-A10-70216
HXQT-1701-TL-J0102-10
至事故浆液箱
RW-ø57x3-C10-70518
HXQT-1701-TL-J0102-11
工艺水
AA-70226
AA-70232
AA-70224
AA-70223
AA-70225
AA-70228
AA-70227
AA-70229
PG 70147
PG 70148
GS-ø57x3.0-A10-70213
GS-ø57x3.0-A10-70214
AA-70507
AA-70508
EXP-70205A
EXP-70205B
GS-ø57x3.0-A10-70211
EXP-70204A
EXP-70204B
P-70202A
吸收塔浆液排出泵A
P-70202B
吸收塔浆液排出泵B
AA-70222
AA-70231
至地沟
人孔（M11）
人孔（M10）
屋脊式除雾器3
人孔（M9）
屋脊式除雾器2
人孔（M8）
屋脊式除雾器1
人孔（M7）
管式除雾器
人孔（M6）
人孔（M5）
人孔（M4）
人孔（M3）
人孔（M2）
GL+8000
A-70201A~C
吸收塔侧进式搅拌器A~C
溢流口
1#吸收塔
V-70201
人孔（M1）
AA-70221
AA-70230
GS-ø57x3.0-A10-70212
AA-70220
GS-ø219x6-A10-70210
版次 REV.
说明 DESCRIPTION
日期 DATE
设计 DESIGN
制图 DRAW
校核 CHECK
审核 REVIEW
审定 APPROVE
项目名称 PROJECT
燃煤锅炉烟气脱硫系统
装置名称 UNIT NAME
脱硫装置
设计阶段 DESIGN PHASE
施工图设计
图纸编号 DWG. NO.
1#吸收塔系统P&ID图
会签专业 DISCIPLINE
签字 SIGNATURE
日期 DATE
比例 SCALE
第 5 张 PAGE
共 15 张 TOTAL

塔系统

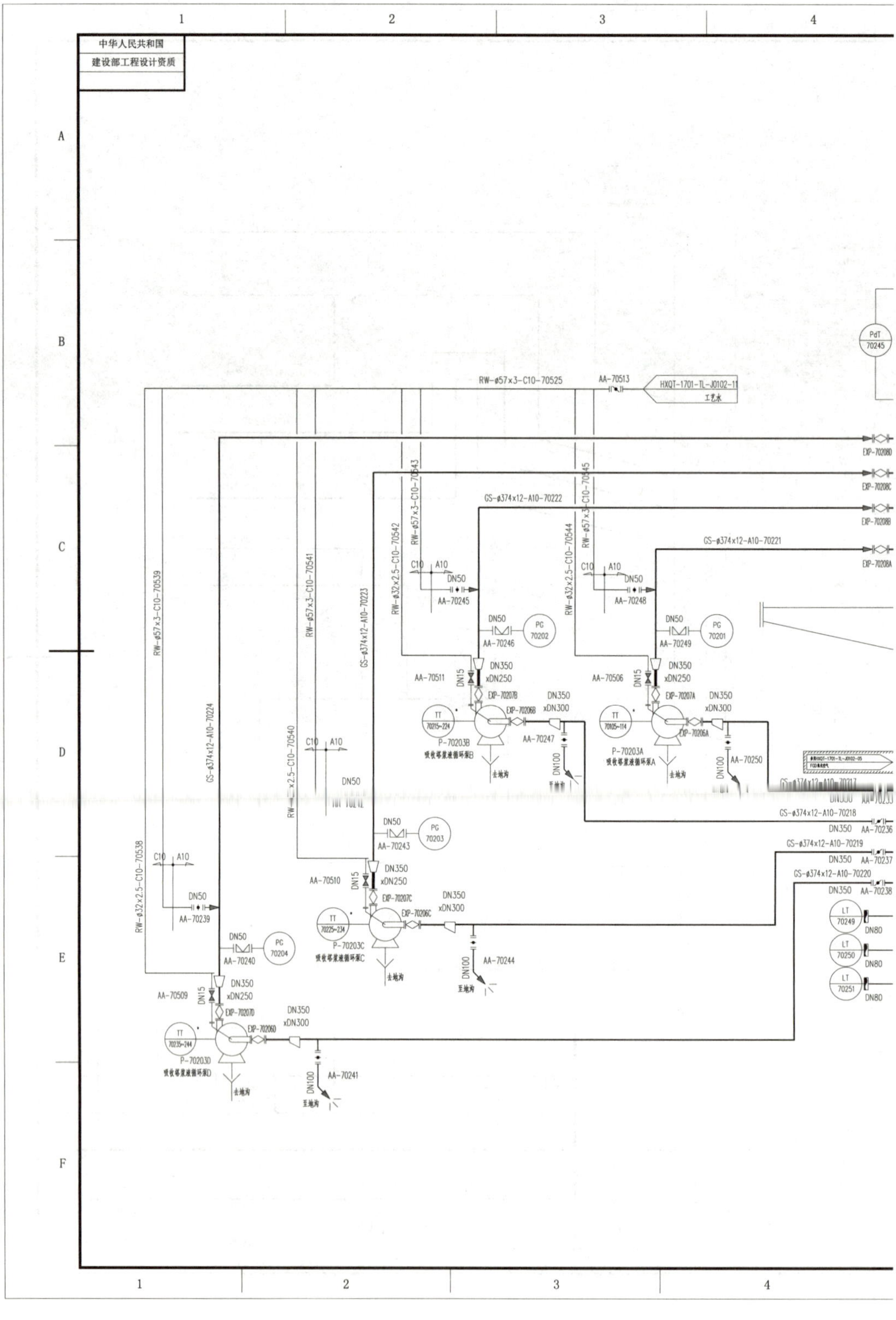
中华人民共和国
建设部工程设计资质
RW-ø57x3-C10-70525
AA-70513
HXQT-1701-TL-J0102-11
工艺水
PdT
70245
GS-ø374x12-A10-70222
GS-ø374x12-A10-70221
RW-ø57x3-C10-70539
RW-ø57x3-C10-70541
RW-ø57x3-C10-70543
RW-ø57x3-C10-70545
RW-ø32x2.5-C10-70542
RW-ø32x2.5-C10-70544
RW-ø32x2.5-C10-70540
RW-ø32x2.5-C10-70538
GS-ø374x12-A10-70223
GS-ø374x12-A10-70224
AA-70245
AA-70248
AA-70246
AA-70249
PG
70202
PG
70201
PG
70203
PG
70204
P-70203B
P-70203A
P-70203C
P-70203D
吸收塔浆液循环泵B
吸收塔浆液循环泵A
吸收塔浆液循环泵C
吸收塔浆液循环泵D
GS-ø374x12-A10-70218
GS-ø374x12-A10-70219
GS-ø374x12-A10-70220
AA-70236
AA-70237
AA-70238
LT
70249
LT
70250
LT
70251
AA-70244
AA-70241
AA-70247
AA-70250
去地沟
至地沟

图 13-22　2# 吸收

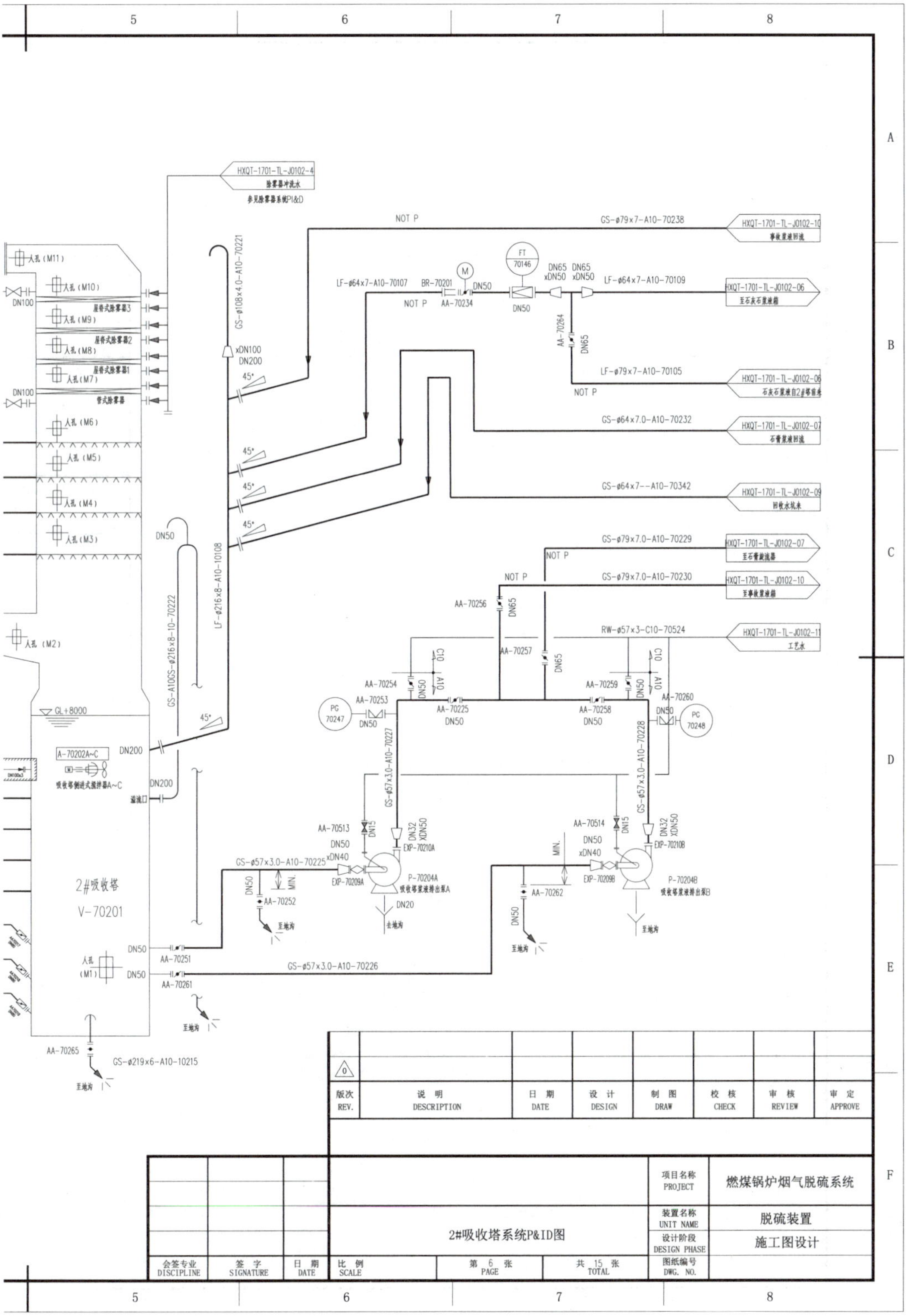

项目名称 PROJECT	燃煤锅炉烟气脱硫系统
装置名称 UNIT NAME	脱硫装置
设计阶段 DESIGN PHASE	施工图设计
图纸编号 DWG. NO.	

2#吸收塔系统P&ID图

第 6 张 PAGE　共 15 张 TOTAL

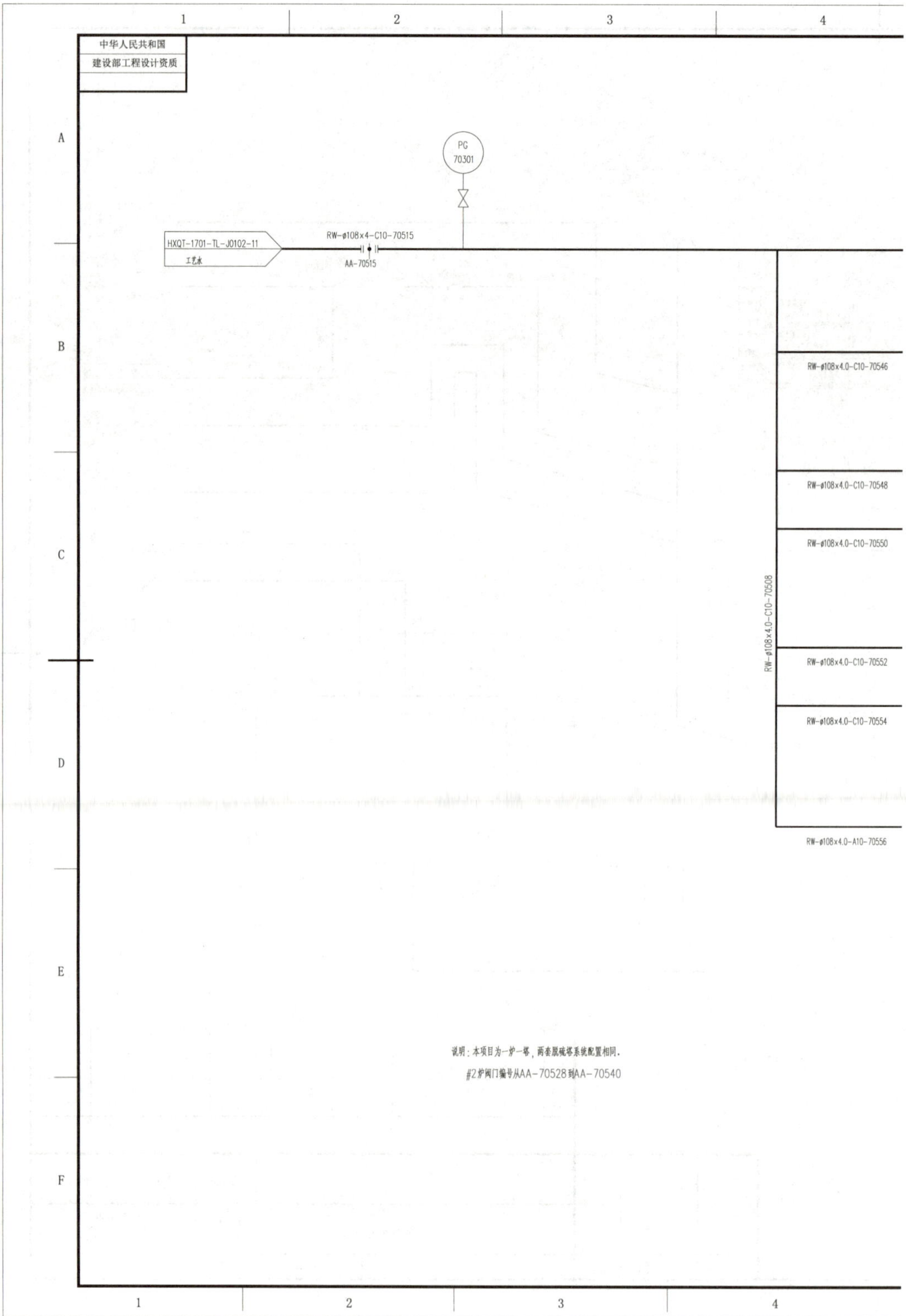
中华人民共和国
建设部工程设计资质
PG
70301
HXQT-1701-TL-J0102-11
工艺水
RW-ø108×4-C10-70515
AA-70515
RW-ø108×4.0-C10-70546
RW-ø108×4.0-C10-70548
RW-ø108×4.0-C10-70550
RW-ø108×4.0-C10-70508
RW-ø108×4.0-C10-70552
RW-ø108×4.0-C10-70554
RW-ø108×4.0-A10-70556
说明：本项目为一炉一塔，两套脱硫塔系统配置相同。
#2炉阀门编号从AA-70528到AA-70540

图 13-23　除雾

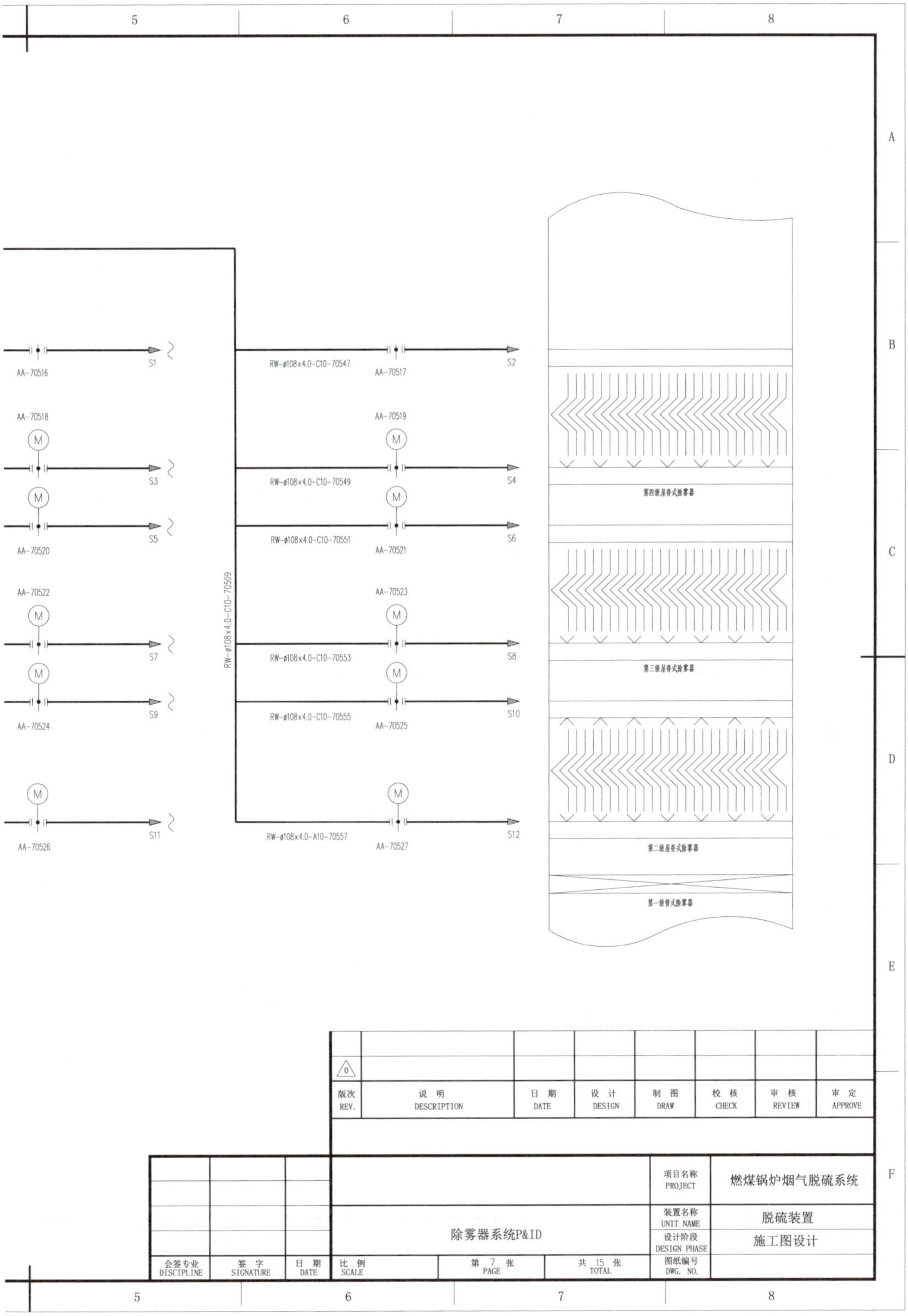
5
6
7
8
A
B
C
D
E
F
AA-70516
S1
RW-ø108x4.0-C10-70547
AA-70517
S2
AA-70518
AA-70519
S3
RW-ø108x4.0-C10-70549
S4
S5
RW-ø108x4.0-C10-70551
S6
AA-70520
AA-70521
RW-ø108x4.0-C10-70509
AA-70522
AA-70523
S7
RW-ø108x4.0-C10-70553
S8
S9
RW-ø108x4.0-C10-70555
S10
AA-70524
AA-70525
S11
RW-ø108x4.0-A10-70557
S12
AA-70526
AA-70527
第四级屋脊式除雾器
第三级屋脊式除雾器
第二级屋脊式除雾器
第一级管式除雾器
0
版次 REV.
说 明 DESCRIPTION
日 期 DATE
设 计 DESIGN
制 图 DRAW
校 核 CHECK
审 核 REVIEW
审 定 APPROVE
项目名称 PROJECT
燃煤锅炉烟气脱硫系统
装置名称 UNIT NAME
脱硫装置
设计阶段 DESIGN PHASE
施工图设计
除雾器系统P&ID
图纸编号 DWG. NO.
会签专业 DISCIPLINE
签 字 SIGNATURE
日 期 DATE
比 例 SCALE
第 7 张 PAGE
共 15 张 TOTAL

器系统

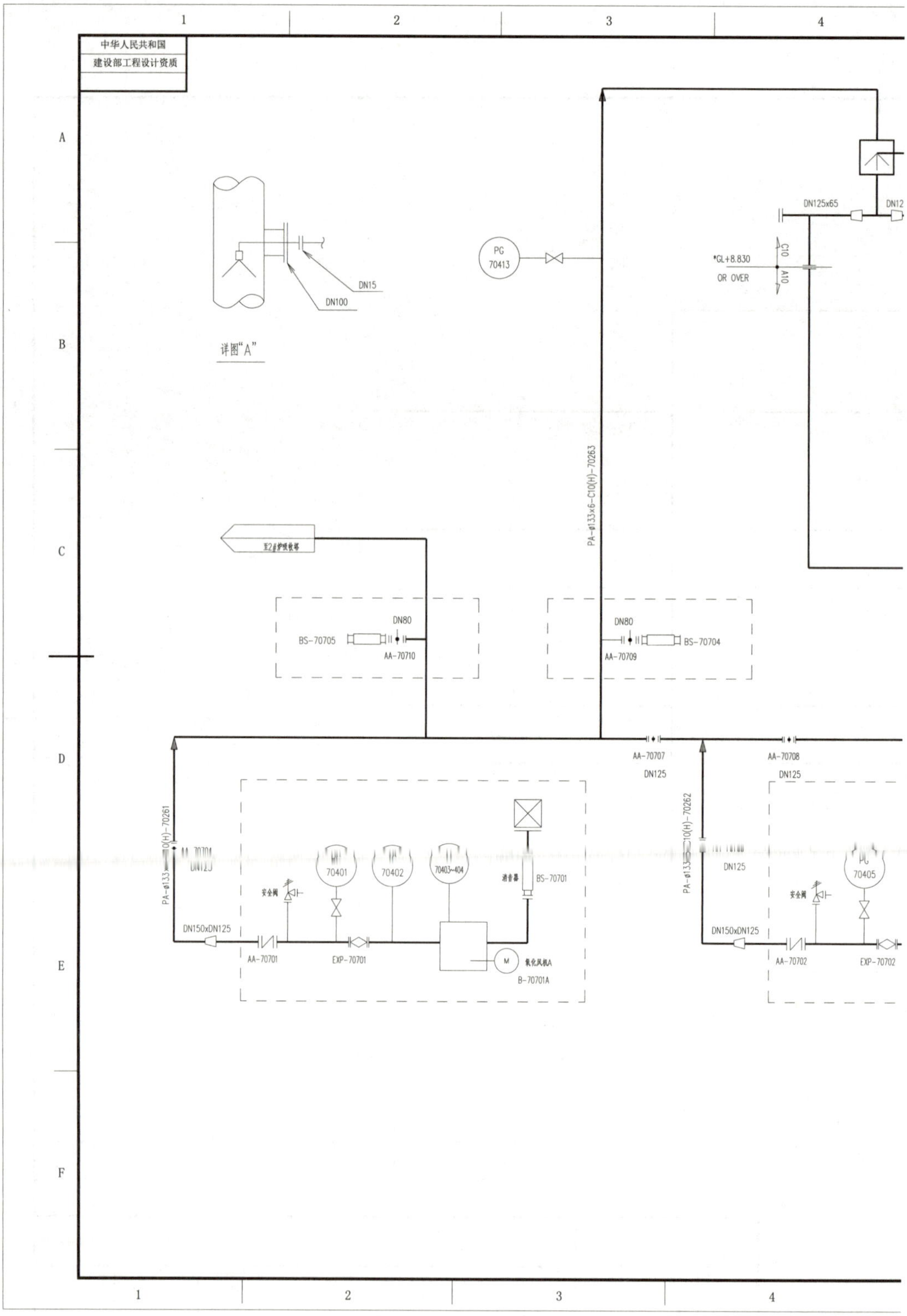
中华人民共和国
建设部工程设计资质
详图“A”
DN15
DN100
PG
70413
PA-φ133x6-C10(H)-70263
DN125x65
*GL+8.830
OR OVER
C10
A10
DN80
BS-70705
AA-70710
DN80
AA-70709
BS-70704
AA-70707
DN125
AA-70708
DN125
PA-φ133
70401
70402
70403~404
安全阀
消音器
BS-70701
DN150xDN125
AA-70701
EXP-70701
M
氧化风机A
B-70701A
DN125
70405
安全阀
DN150xDN125
AA-70702
EXP-70702
A
B
C
D
E
F
1
2
3
4

图 13-24　氧化

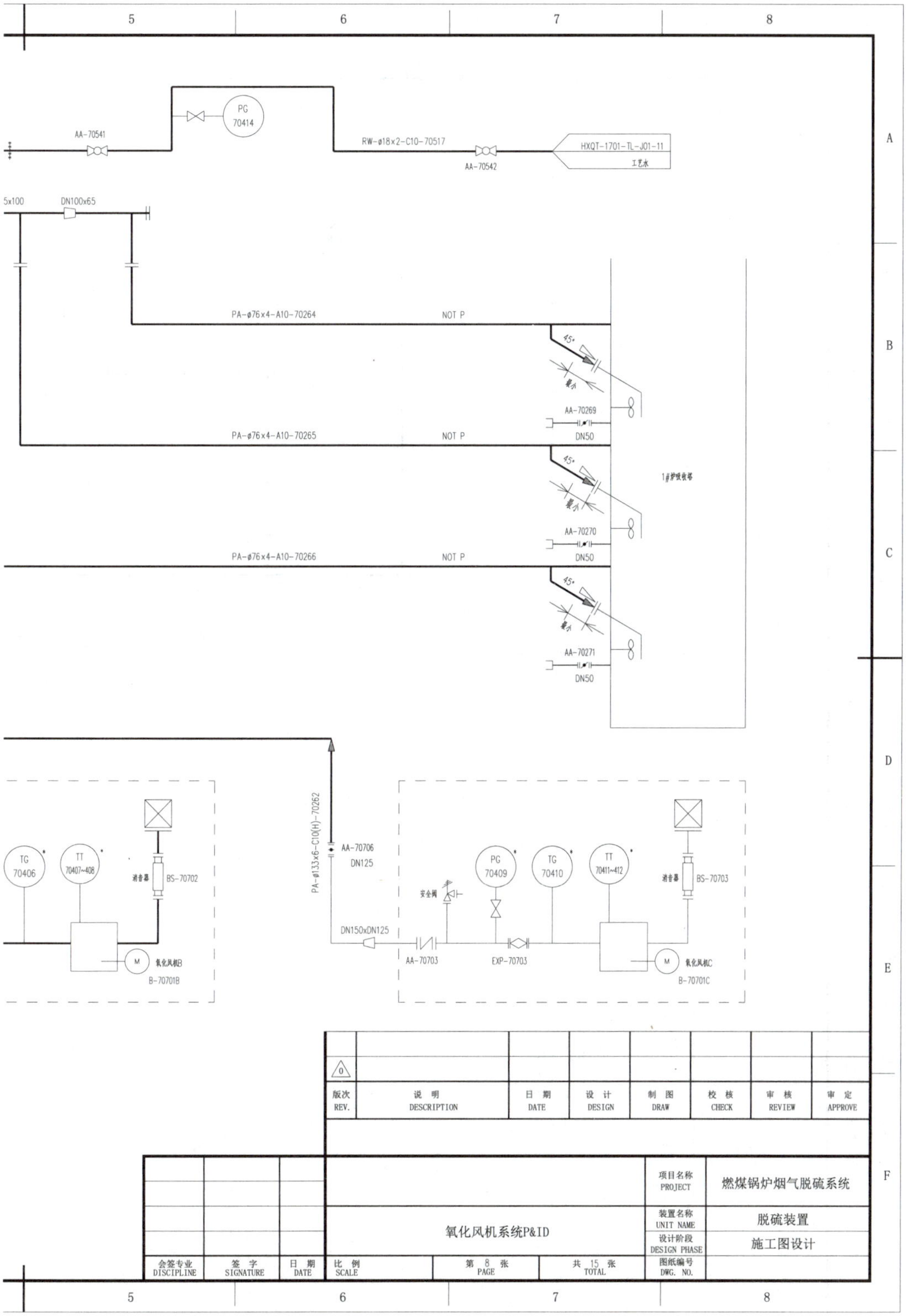

PG 70414
AA-70541
RW-ø18x2-C10-70517
AA-70542
HXQT-1701-TL-J01-11
工艺水
DN100x65
PA-ø76x4-A10-70264
NOT P
AA-70269
DN50
PA-ø76x4-A10-70265
AA-70270
PA-ø76x4-A10-70266
AA-70271
45°
TG 70406
TT 70407~408
BS-70702
氧化风机B
B-70701B
PA-ø133x6-C10(H)-70262
AA-70706
DN125
DN150xDN125
安全阀
PG 70409
TG 70410
TT 70411~412
BS-70703
AA-70703
EXP-70703
氧化风机C
B-70701C
版次 REV.
说明 DESCRIPTION
日期 DATE
设计 DESIGN
制图 DRAW
校核 CHECK
审核 REVIEW
审定 APPROVE
项目名称 PROJECT
燃煤锅炉烟气脱硫系统
装置名称 UNIT NAME
脱硫装置
设计阶段 DESIGN PHASE
施工图设计
氧化风机系统P&ID
会签专业 DISCIPLINE
签字 SIGNATURE
日期 DATE
比例 SCALE
第 8 张 PAGE
共 15 张 TOTAL
图纸编号 DWG. NO.

风机系统

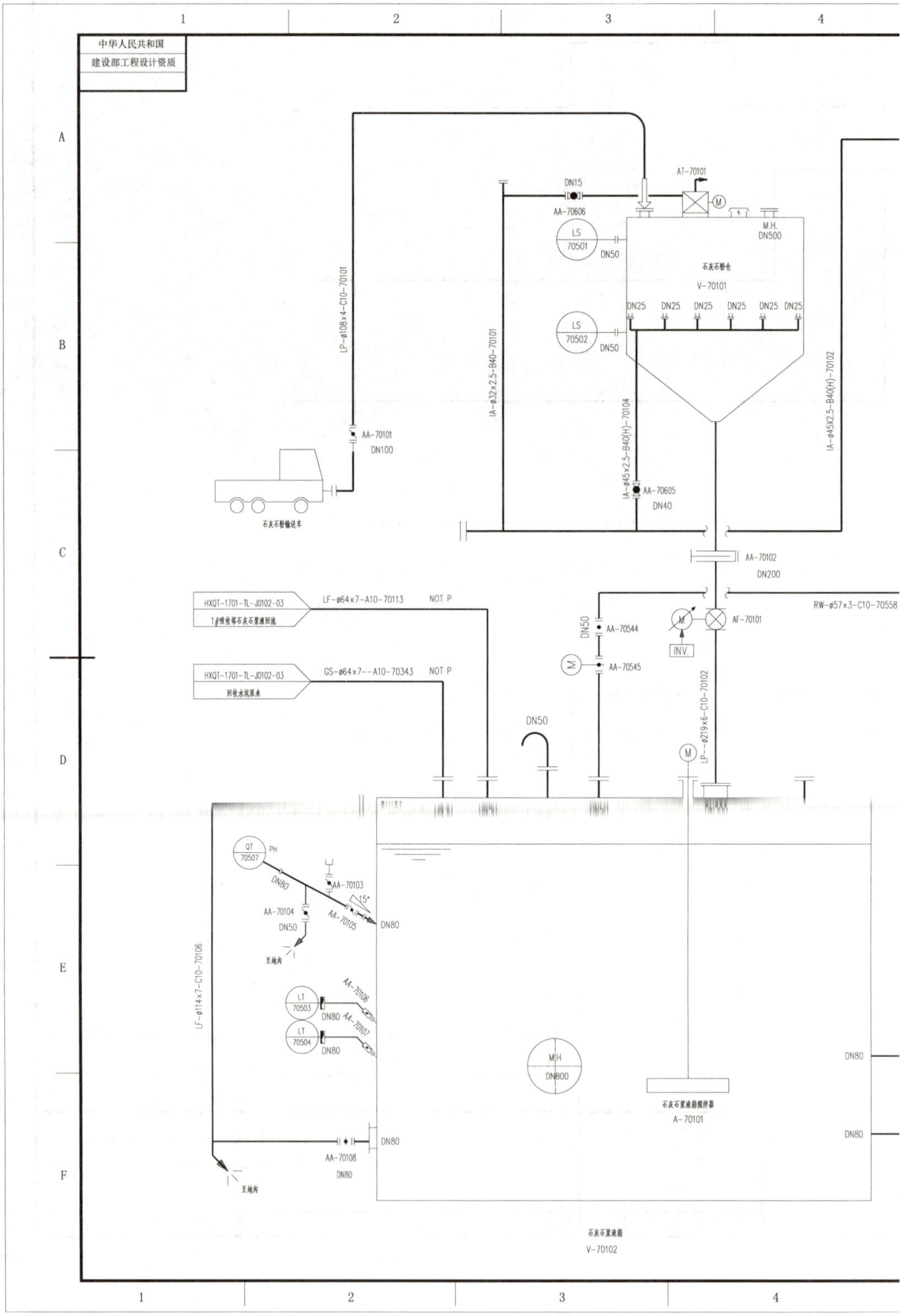
中华人民共和国
建设部工程设计资质
LP-ø108x4-C10-70101
AA-70101
DN100
石灰石粉输送车
DN15
AA-70606
AT-70101
M.H.
DN500
LS 70501
DN50
石灰石粉仓
V-70101
LS 70502
IA-ø32x2.5-B40-70101
IA-ø45x2.5-B40(H)-70104
AA-70605
DN40
IA-ø45X2.5-B40(H)-70102
AA-70102
DN200
HXQT-1701-TL-J0102-03
LF-ø64x7-A10-70113
NOT P
RW-ø57x3-C10-70558
AF-70101
INV.
AA-70544
AA-70545
GS-ø64x7--A10-70343
回收水坑泵来
LP--ø219x6-C10-70102
DN50
QT 70507
PH
DN80
AA-70103
AA-70104
AA-70105
至地沟
LF-ø114x7-C10-70106
LT 70503
LT 70504
AA-70106
AA-70107
M.H
DN800
石灰石浆液箱搅拌器
A-70101
AA-70108
石灰石浆液箱
V-70102

图 13-25　石灰石

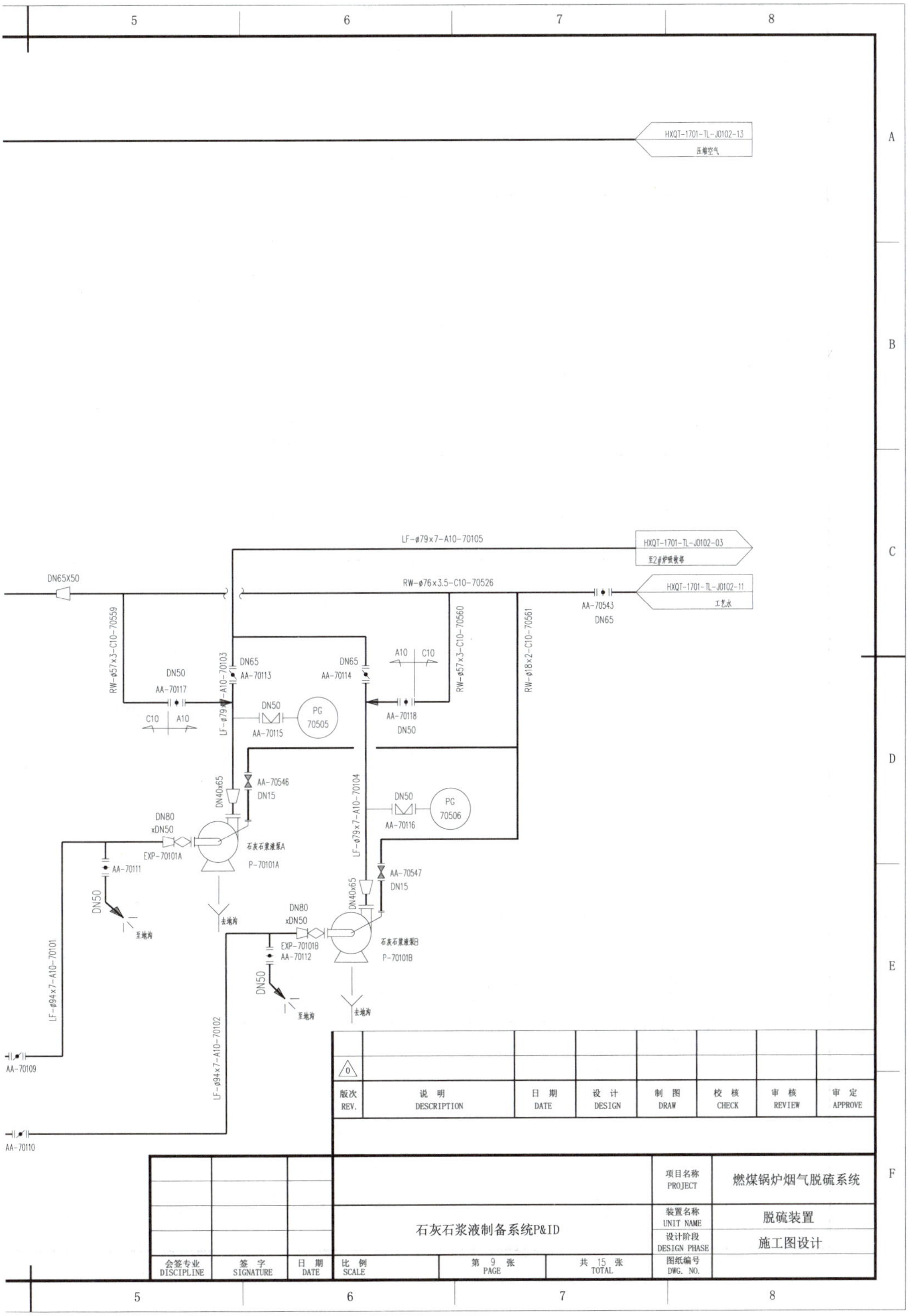

5
6
7
8
A
B
C
D
E
F
HXQT-1701-TL-J0102-13
压缩空气
LF-ø79x7-A10-70105
HXQT-1701-TL-J0102-03
至2#炉吸收塔
DN65X50
RW-ø76x3.5-C10-70526
HXQT-1701-TL-J0102-11
工艺水
AA-70543
DN65
RW-ø57x3-C10-70559
RW-ø57x3-C10-70560
RW-ø18x2-C10-70561
LF-ø79x7-A10-70103
DN65
AA-70113
DN65
AA-70114
A10
C10
DN50
AA-70117
C10
A10
DN50
AA-70115
PG
70505
AA-70118
DN50
AA-70546
DN15
DN40x65
DN80
xDN50
EXP-70101A
石灰石浆液泵A
P-70101A
AA-70111
DN50
至地沟
LF-ø79x7-A10-70104
DN50
AA-70116
PG
70506
AA-70547
DN15
DN40x65
DN80
xDN50
EXP-70101B
AA-70112
石灰石浆液泵B
P-70101B
DN50
至地沟
至地沟
LF-ø94x7-A10-70101
AA-70109
LF-ø94x7-A10-70102
AA-70110
0
版次 REV.
说 明 DESCRIPTION
日 期 DATE
设 计 DESIGN
制 图 DRAW
校 核 CHECK
审 核 REVIEW
审 定 APPROVE
项目名称 PROJECT
燃煤锅炉烟气脱硫系统
石灰石浆液制备系统P&ID
装置名称 UNIT NAME
脱硫装置
设计阶段 DESIGN PHASE
施工图设计
会签专业 DISCIPLINE
签 字 SIGNATURE
日 期 DATE
比 例 SCALE
第 9 张 PAGE
共 15 张 TOTAL
图纸编号 DWG. NO.

浆液制备系统

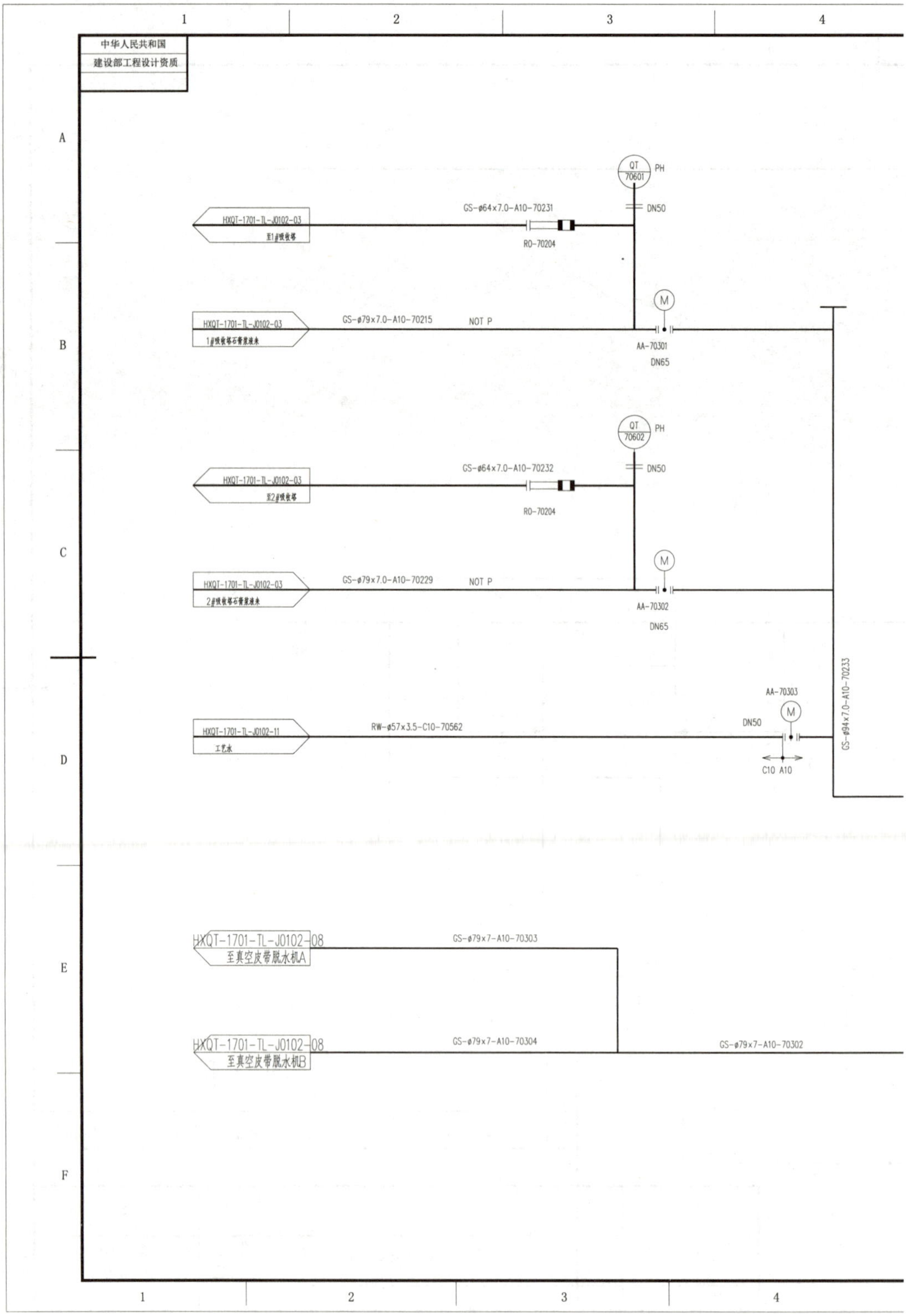

1
2
3
4
A
B
C
D
E
F
中华人民共和国
建设部工程设计资质
HXQT-1701-TL-J0102-03
至1#吸收塔
GS-ø64x7.0-A10-70231
RO-70204
QT
70601
PH
DN50
HXQT-1701-TL-J0102-03
1#吸收塔石膏浆液来
GS-ø79x7.0-A10-70215
NOT P
M
AA-70301
DN65
HXQT-1701-TL-J0102-03
至2#吸收塔
GS-ø64x7.0-A10-70232
RO-70204
QT
70602
PH
DN50
HXQT-1701-TL-J0102-03
2#吸收塔石膏浆液来
GS-ø79x7.0-A10-70229
NOT P
M
AA-70302
DN65
HXQT-1701-TL-J0102-11
工艺水
RW-ø57x3.5-C10-70562
AA-70303
M
DN50
C10 A10
GS-ø94x7.0-A10-70233
HXQT-1701-TL-J0102-08
至真空皮带脱水机A
GS-ø79x7-A10-70303
HXQT-1701-TL-J0102-08
至真空皮带脱水机B
GS-ø79x7-A10-70304
GS-ø79x7-A10-70302

图 13-26　石膏

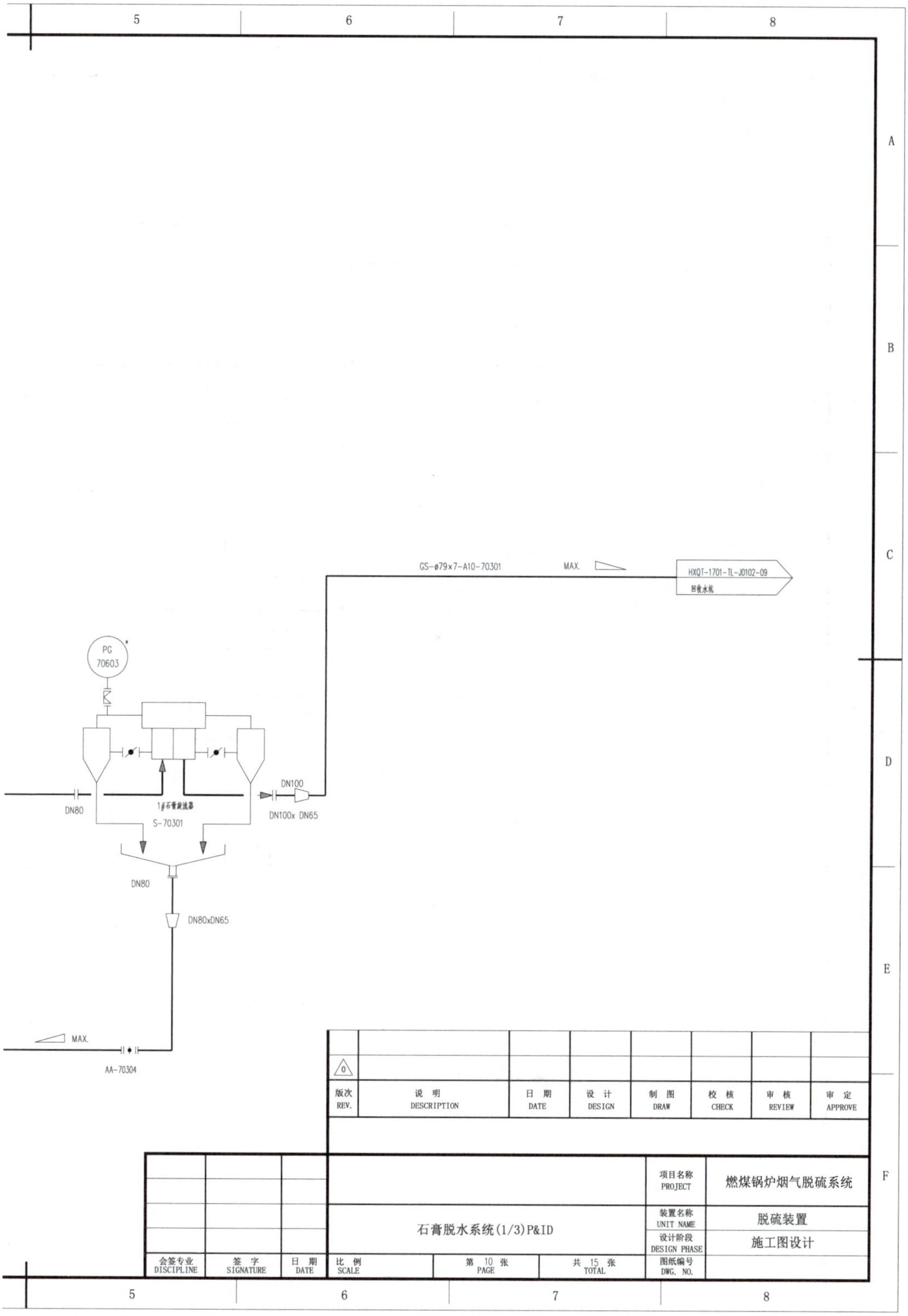

5
6
7
8
A
B
C
D
E
F
GS-ø79x7-A10-70301
MAX.
HXQT-1701-TL-J0102-09
回收水坑
PG
70603
DN100
DN80
1#石膏旋流器
S-70301
DN100x DN65
DN80
DN80xDN65
MAX.
AA-70304
0
版次 REV.
说 明 DESCRIPTION
日 期 DATE
设 计 DESIGN
制 图 DRAW
校 核 CHECK
审 核 REVIEW
审 定 APPROVE
项目名称 PROJECT
燃煤锅炉烟气脱硫系统
装置名称 UNIT NAME
脱硫装置
设计阶段 DESIGN PHASE
施工图设计
石膏脱水系统(1/3)P&ID
图纸编号 DWG. NO.
会签专业 DISCIPLINE
签 字 SIGNATURE
日 期 DATE
比 例 SCALE
第 10 张 PAGE
共 15 张 TOTAL

脱水系统（1/3）

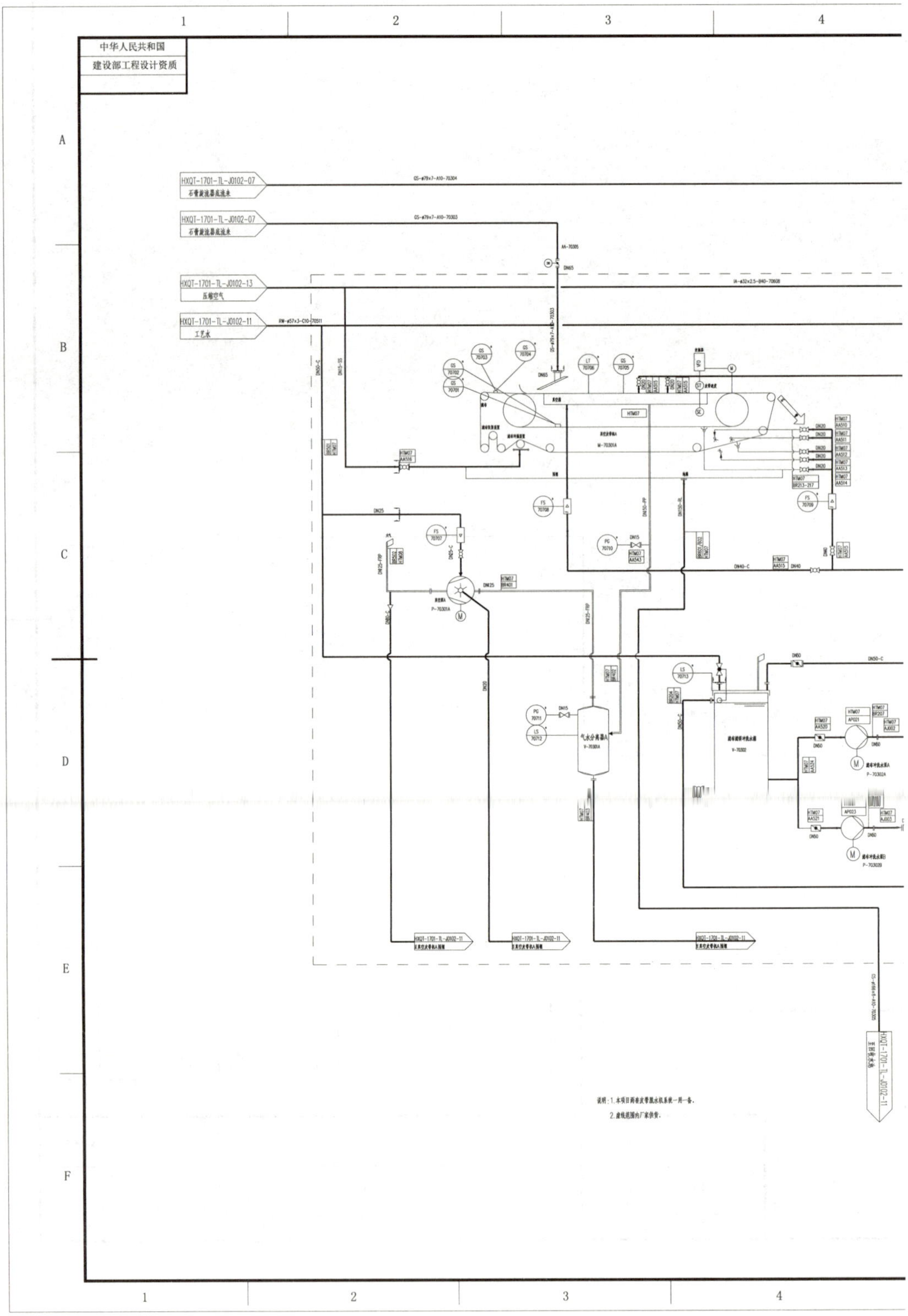

图 13-27　石膏

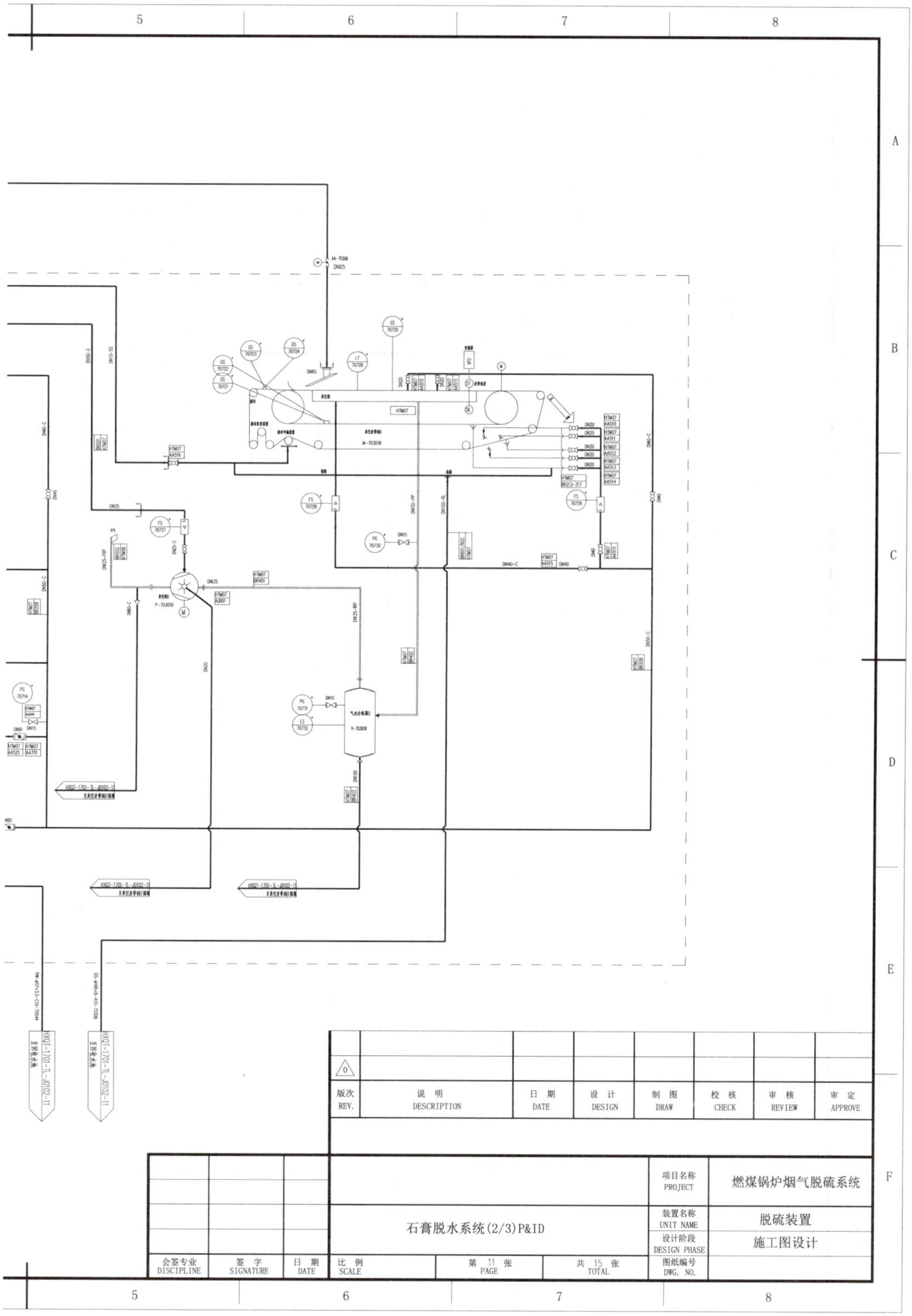

版次 REV.
说明 DESCRIPTION
日期 DATE
设计 DESIGN
制图 DRAW
校核 CHECK
审核 REVIEW
审定 APPROVE
项目名称 PROJECT
燃煤锅炉烟气脱硫系统
装置名称 UNIT NAME
脱硫装置
设计阶段 DESIGN PHASE
施工图设计
石膏脱水系统(2/3)P&ID
会签专业 DISCIPLINE
签字 SIGNATURE
日期 DATE
比例 SCALE
第 11 张 PAGE
共 15 张 TOTAL
图纸编号 DWG. NO.

脱水系统（2/3）

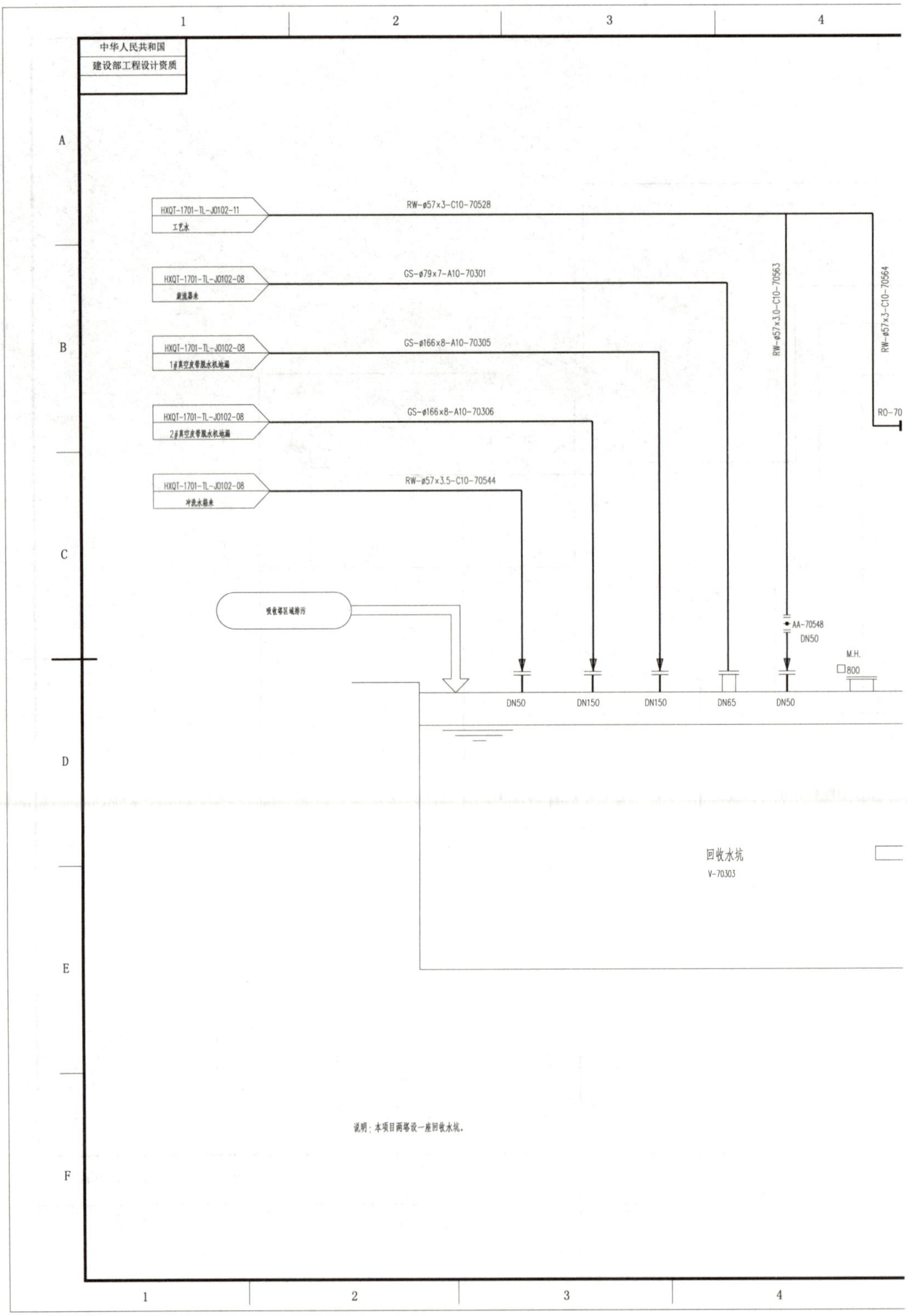
1
2
3
4
中华人民共和国
建设部工程设计资质
A
B
C
D
E
F
HXQT-1701-TL-J0102-11
工艺水
RW-ø57x3-C10-70528
HXQT-1701-TL-J0102-08
旋流器来
GS-ø79x7-A10-70301
HXQT-1701-TL-J0102-08
1#真空皮带脱水机地漏
GS-ø166x8-A10-70305
HXQT-1701-TL-J0102-08
2#真空皮带脱水机地漏
GS-ø166x8-A10-70306
HXQT-1701-TL-J0102-08
冲洗水箱来
RW-ø57x3.5-C10-70544
RW-ø57x3.0-C10-70563
RW-ø57x3-C10-70564
RO-70
吸收塔区域排污
AA-70548
DN50
M.H.
800
DN50
DN150
DN150
DN65
DN50
回收水坑
V-70303
说明：本项目两塔设一座回收水坑。

图 13-28　石膏

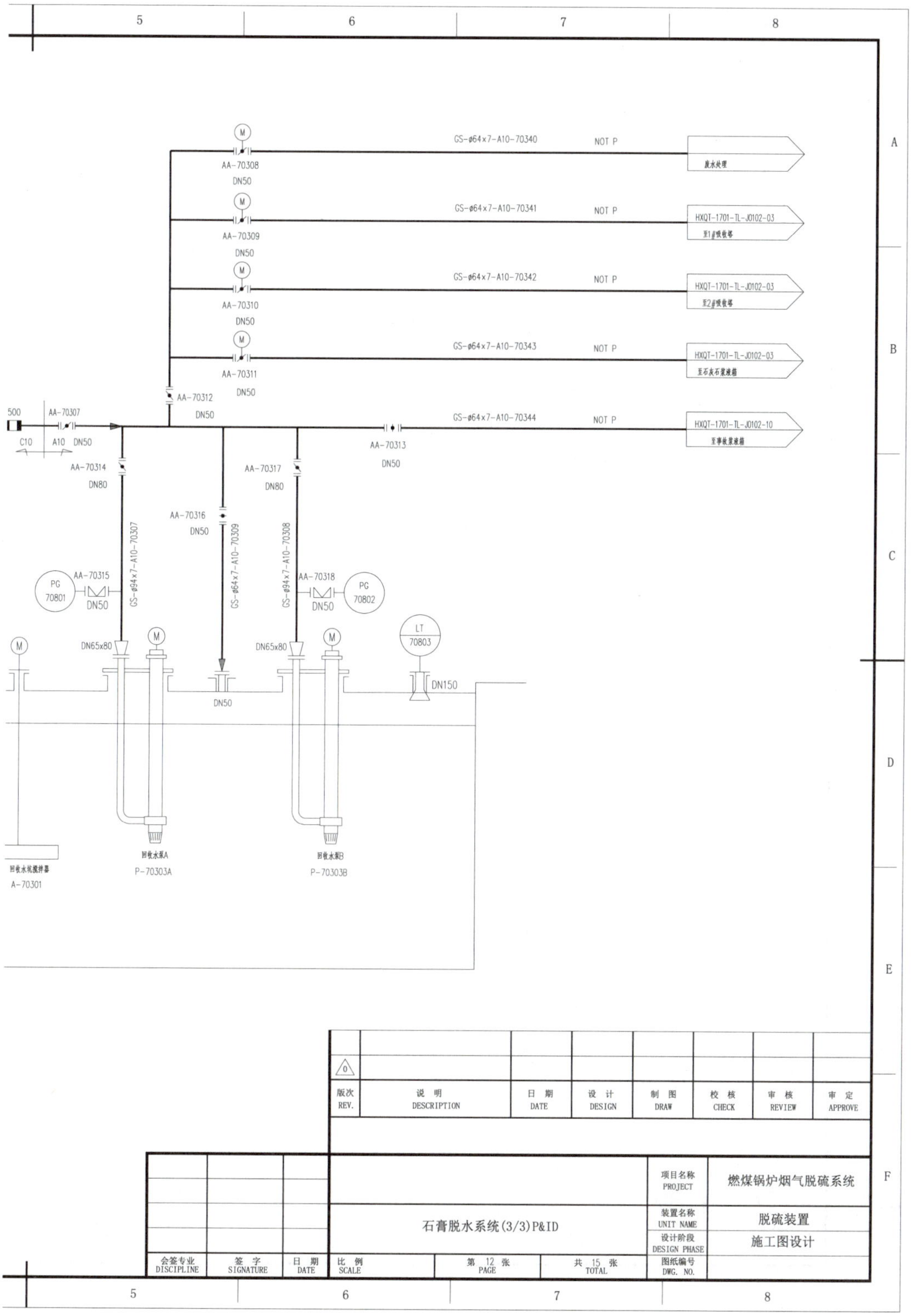
5
6
7
8
A
B
C
D
E
F
M
AA-70308
DN50
GS-ø64x7-A10-70340
NOT P
废水处理
AA-70309
DN50
GS-ø64x7-A10-70341
NOT P
HXQT-1701-TL-J0102-03
至1#吸收塔
AA-70310
DN50
GS-ø64x7-A10-70342
NOT P
HXQT-1701-TL-J0102-03
至2#吸收塔
AA-70311
DN50
GS-ø64x7-A10-70343
NOT P
HXQT-1701-TL-J0102-03
至石灰石浆液箱
AA-70312
DN50
500
AA-70307
C10
A10
DN50
GS-ø64x7-A10-70344
NOT P
HXQT-1701-TL-J0102-10
至事故浆液箱
AA-70313
DN50
AA-70314
DN80
AA-70317
DN80
AA-70316
DN50
GS-ø94x7-A10-70307
GS-ø64x7-A10-70309
GS-ø94x7-A10-70308
PG
70801
AA-70315
DN50
AA-70318
DN50
PG
70802
LT
70803
DN65x80
DN65x80
DN150
DN50
回收水坑搅拌器
A-70301
回收水泵A
P-70303A
回收水泵B
P-70303B
0
版次
REV.
说 明
DESCRIPTION
日 期
DATE
设 计
DESIGN
制 图
DRAW
校 核
CHECK
审 核
REVIEW
审 定
APPROVE
项目名称
PROJECT
燃煤锅炉烟气脱硫系统
石膏脱水系统(3/3)P&ID
装置名称
UNIT NAME
脱硫装置
设计阶段
DESIGN PHASE
施工图设计
会签专业
DISCIPLINE
签 字
SIGNATURE
日 期
DATE
比 例
SCALE
第 12 张
PAGE
共 15 张
TOTAL
图纸编号
DWG. NO.

脱水系统（3/3）

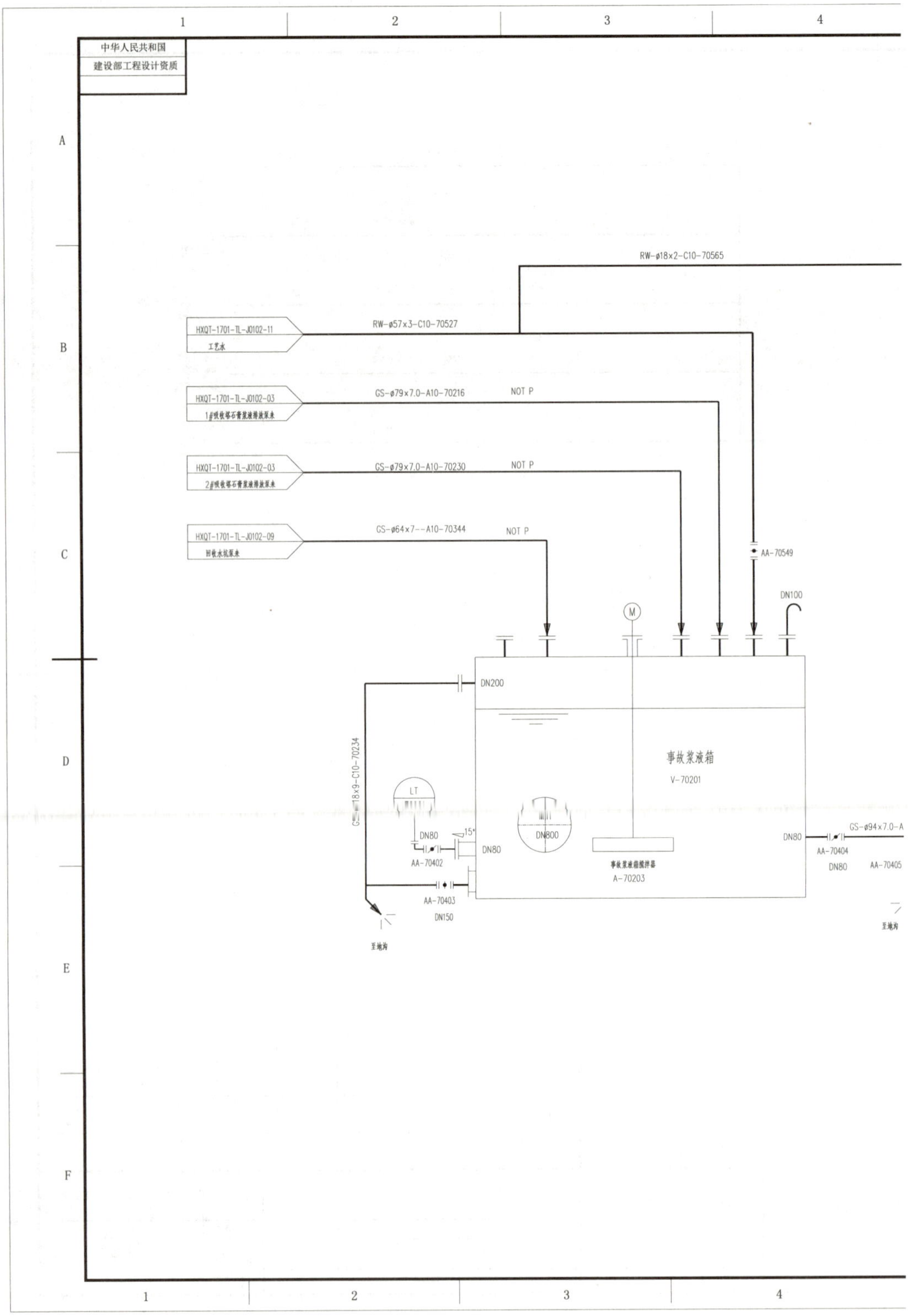

中华人民共和国
建设部工程设计资质
RW-ø18x2-C10-70565
HXQT-1701-TL-J0102-11
工艺水
RW-ø57x3-C10-70527
HXQT-1701-TL-J0102-03
1#吸收塔石膏浆液排放泵来
GS-ø79x7.0-A10-70216
NOT P
HXQT-1701-TL-J0102-03
2#吸收塔石膏浆液排放泵来
GS-ø79x7.0-A10-70230
NOT P
HXQT-1701-TL-J0102-09
回收水坑泵来
GS-ø64x7--A10-70344
NOT P
AA-70549
DN100
M
DN200
事故浆液箱
V-70201
LT
DN80
15°
AA-70402
DN80
DN800
事故浆液箱搅拌器
A-70203
DN80
GS-ø94x7.0-A
AA-70404
DN80
AA-70405
AA-70403
DN150
至地沟
至地沟

图 13-29　事故

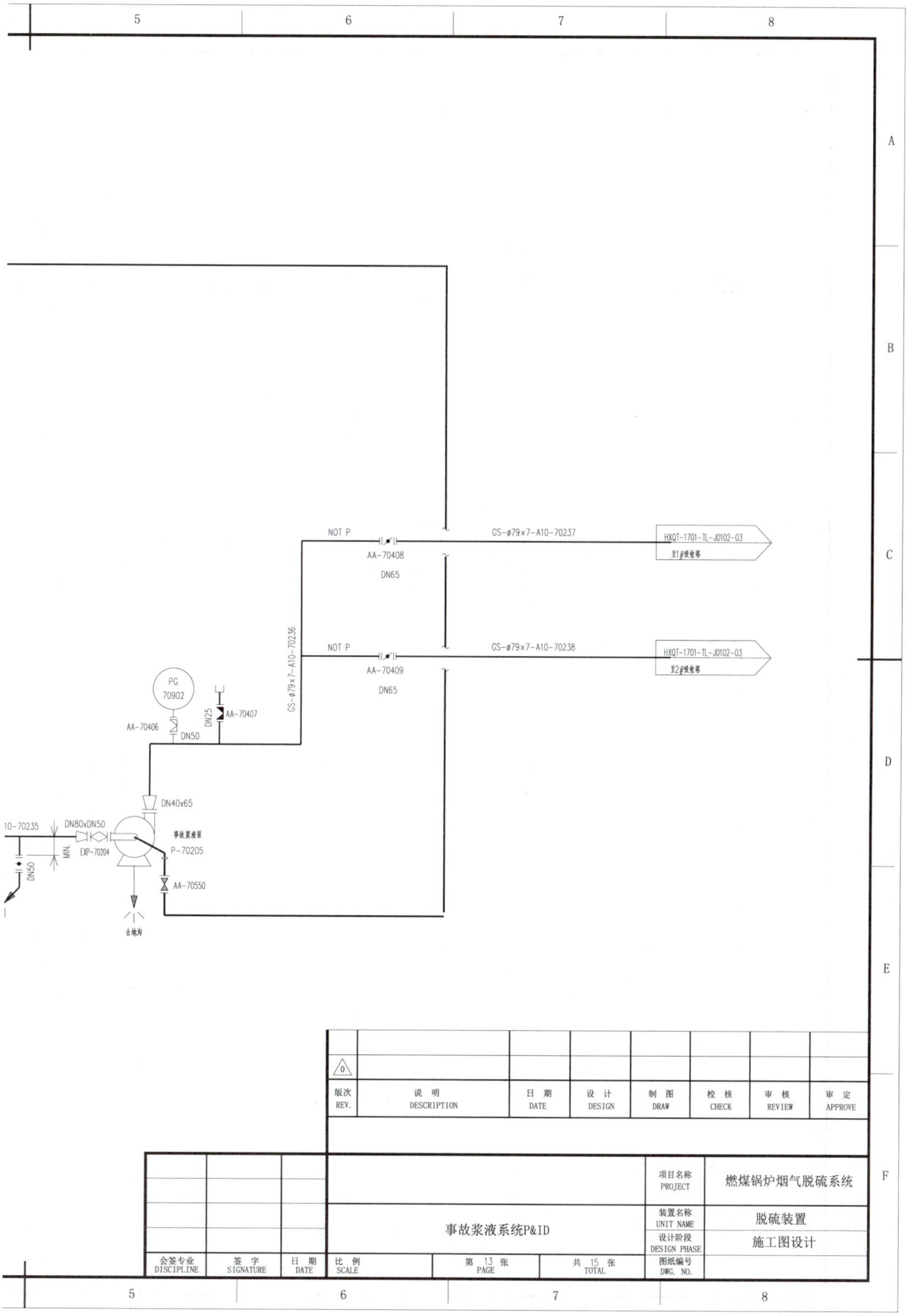

NOT P
AA-70408
DN65
GS-φ79×7-A10-70237
HXQT-1701-TL-J0102-03
至1#吸收塔
NOT P
AA-70409
DN65
GS-φ79×7-A10-70238
HXQT-1701-TL-J0102-03
至2#吸收塔
GS-φ79×7-A10-70236
PG
70902
AA-70406
DN50
DN25
AA-70407
DN40x65
10-70235
DN80xDN50
EXP-70204
MIN.
DN50
事故浆液泵
P-70205
AA-70550
去地沟
版次
REV.
说明
DESCRIPTION
日期
DATE
设计
DESIGN
制图
DRAW
校核
CHECK
审核
REVIEW
审定
APPROVE
项目名称
PROJECT
燃煤锅炉烟气脱硫系统
装置名称
UNIT NAME
脱硫装置
设计阶段
DESIGN PHASE
施工图设计
事故浆液系统P&ID
会签专业
DISCIPLINE
签字
SIGNATURE
日期
DATE
比例
SCALE
第 13 张
PAGE
共 15 张
TOTAL
图纸编号
DWG. NO.

浆液系统

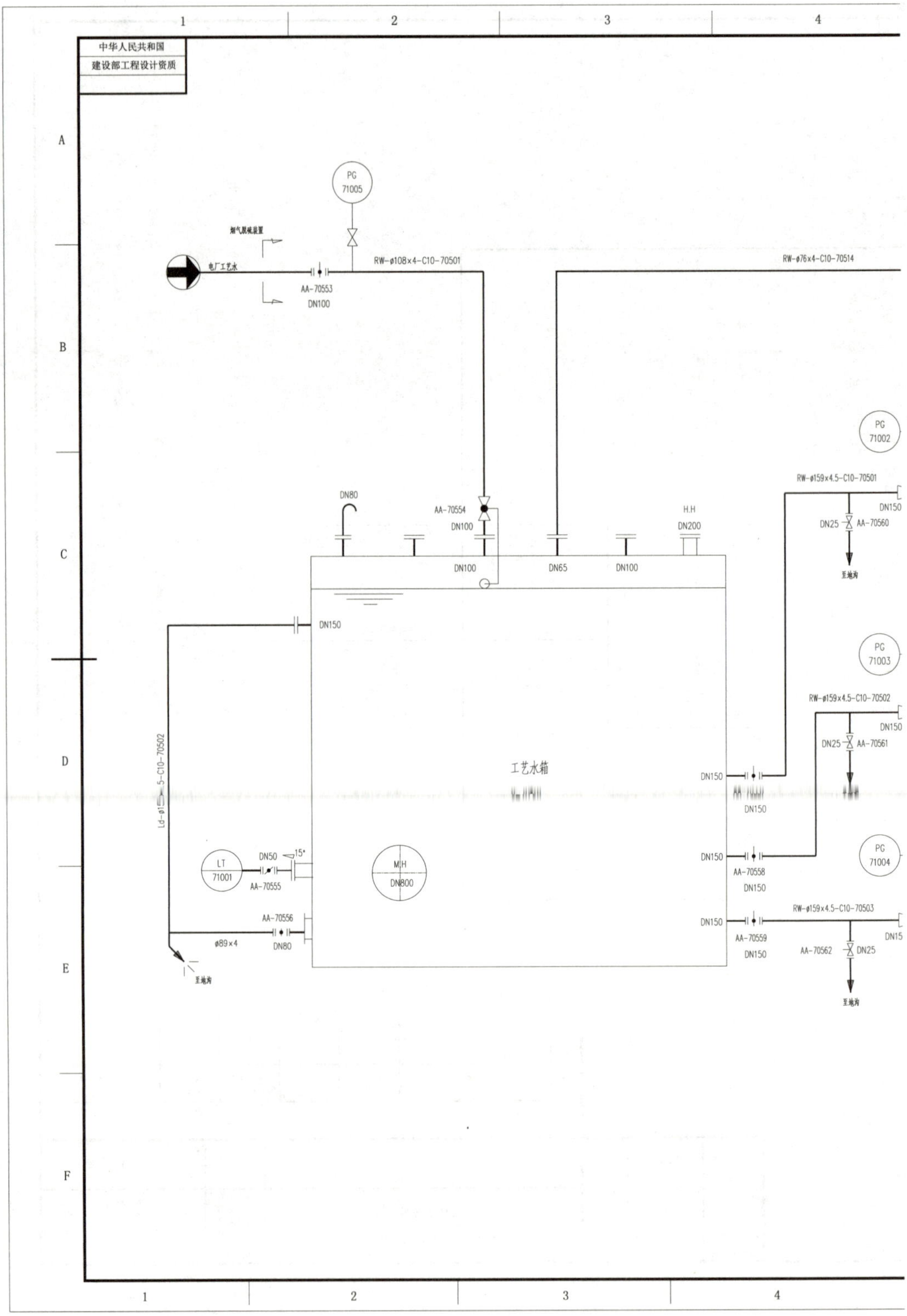
中华人民共和国
建设部工程设计资质
烟气脱硫装置
电厂工艺水
RW-ø108x4-C10-70501
AA-70553
DN100
PG
71005
RW-ø76x4-C10-70514
AA-70554
DN100
DN80
H.H
DN200
DN65
工艺水箱
DN150
M.H
DN800
LT
71001
AA-70555
DN50
AA-70556
DN80
ø89x4
至地沟
Ld-ø1 .5-C10-70502
PG
71002
RW-ø159x4.5-C10-70501
DN25
AA-70560
PG
71003
RW-ø159x4.5-C10-70502
AA-70561
PG
71004
RW-ø159x4.5-C10-70503
AA-70558
AA-70559
AA-70562

图 13-30　工艺

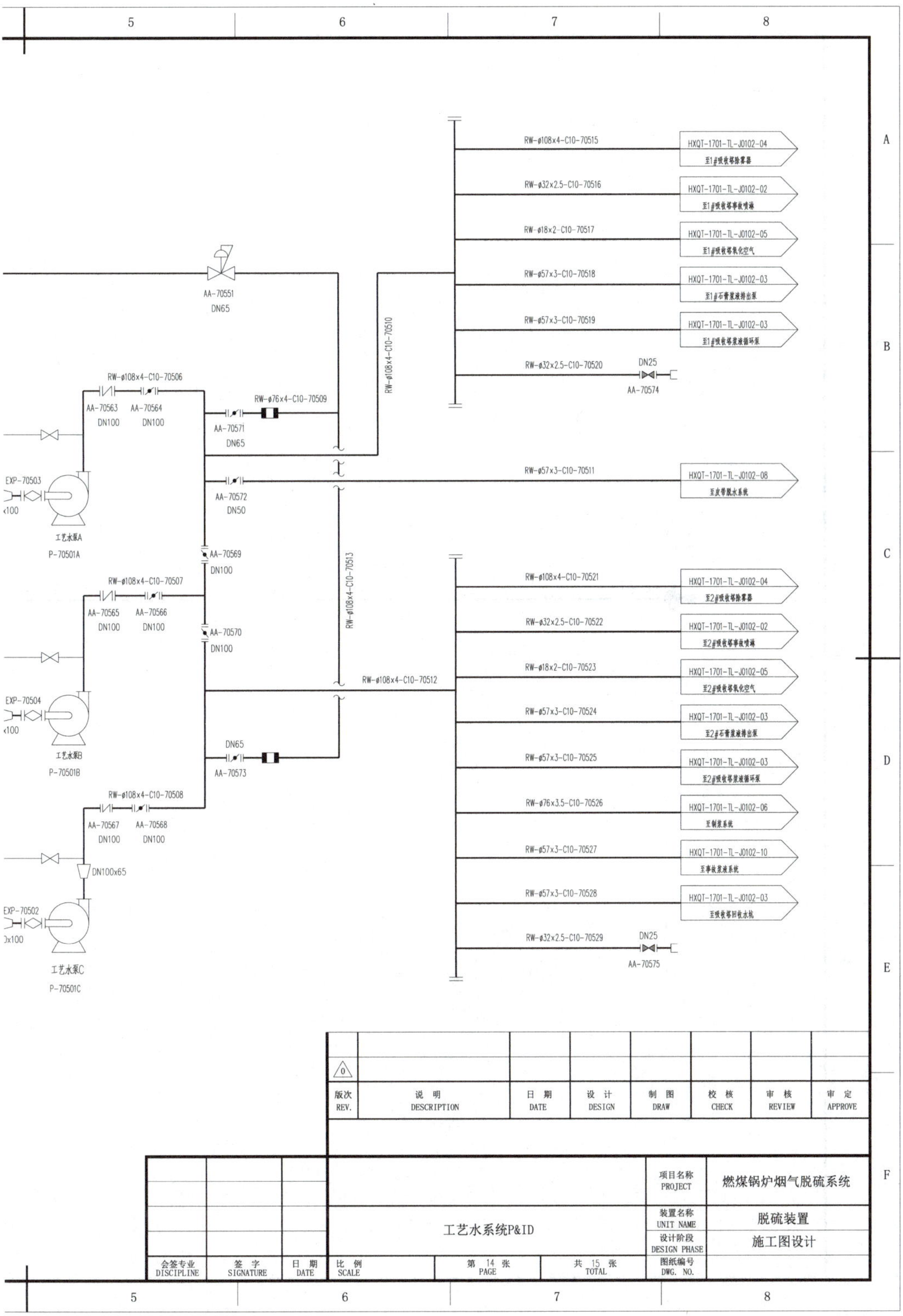

5
6
7
8
A
B
C
D
E
F
RW-ø108x4-C10-70515
HXQT-1701-TL-J0102-04
至1#吸收塔除雾器
RW-ø32x2.5-C10-70516
HXQT-1701-TL-J0102-02
至1#吸收塔事故喷淋
RW-ø18x2-C10-70517
HXQT-1701-TL-J0102-05
至1#吸收塔氧化空气
RW-ø57x3-C10-70518
HXQT-1701-TL-J0102-03
至1#石膏浆液排出泵
RW-ø57x3-C10-70519
HXQT-1701-TL-J0102-03
至1#吸收塔浆液循环泵
RW-ø32x2.5-C10-70520
DN25
AA-70574
AA-70551
DN65
RW-ø108x4-C10-70510
RW-ø108x4-C10-70506
AA-70563
DN100
AA-70564
DN100
RW-ø76x4-C10-70509
AA-70571
DN65
EXP-70503
工艺水泵A
P-70501A
RW-ø57x3-C10-70511
HXQT-1701-TL-J0102-08
至皮带脱水系统
AA-70572
DN50
AA-70569
DN100
RW-ø108x4-C10-70513
RW-ø108x4-C10-70507
AA-70565
DN100
AA-70566
DN100
AA-70570
DN100
EXP-70504
工艺水泵B
P-70501B
RW-ø108x4-C10-70512
DN65
AA-70573
RW-ø108x4-C10-70508
AA-70567
DN100
AA-70568
DN100
DN100x65
EXP-70502
工艺水泵C
P-70501C
RW-ø108x4-C10-70521
HXQT-1701-TL-J0102-04
至2#吸收塔除雾器
RW-ø32x2.5-C10-70522
HXQT-1701-TL-J0102-02
至2#吸收塔事故喷淋
RW-ø18x2-C10-70523
HXQT-1701-TL-J0102-05
至2#吸收塔氧化空气
RW-ø57x3-C10-70524
HXQT-1701-TL-J0102-03
至2#石膏浆液排出泵
RW-ø57x3-C10-70525
HXQT-1701-TL-J0102-03
至2#吸收塔浆液循环泵
RW-ø76x3.5-C10-70526
HXQT-1701-TL-J0102-06
至制浆系统
RW-ø57x3-C10-70527
HXQT-1701-TL-J0102-10
至事故浆液系统
RW-ø57x3-C10-70528
HXQT-1701-TL-J0102-03
至吸收塔回收水坑
RW-ø32x2.5-C10-70529
DN25
AA-70575
0
版次 REV.
说 明 DESCRIPTION
日 期 DATE
设 计 DESIGN
制 图 DRAW
校 核 CHECK
审 核 REVIEW
审 定 APPROVE
项目名称 PROJECT
燃煤锅炉烟气脱硫系统
装置名称 UNIT NAME
脱硫装置
设计阶段 DESIGN PHASE
施工图设计
图纸编号 DWG. NO.
工艺水系统P&ID
会签专业 DISCIPLINE
签 字 SIGNATURE
日 期 DATE
比 例 SCALE
第 14 张 PAGE
共 15 张 TOTAL

水系统

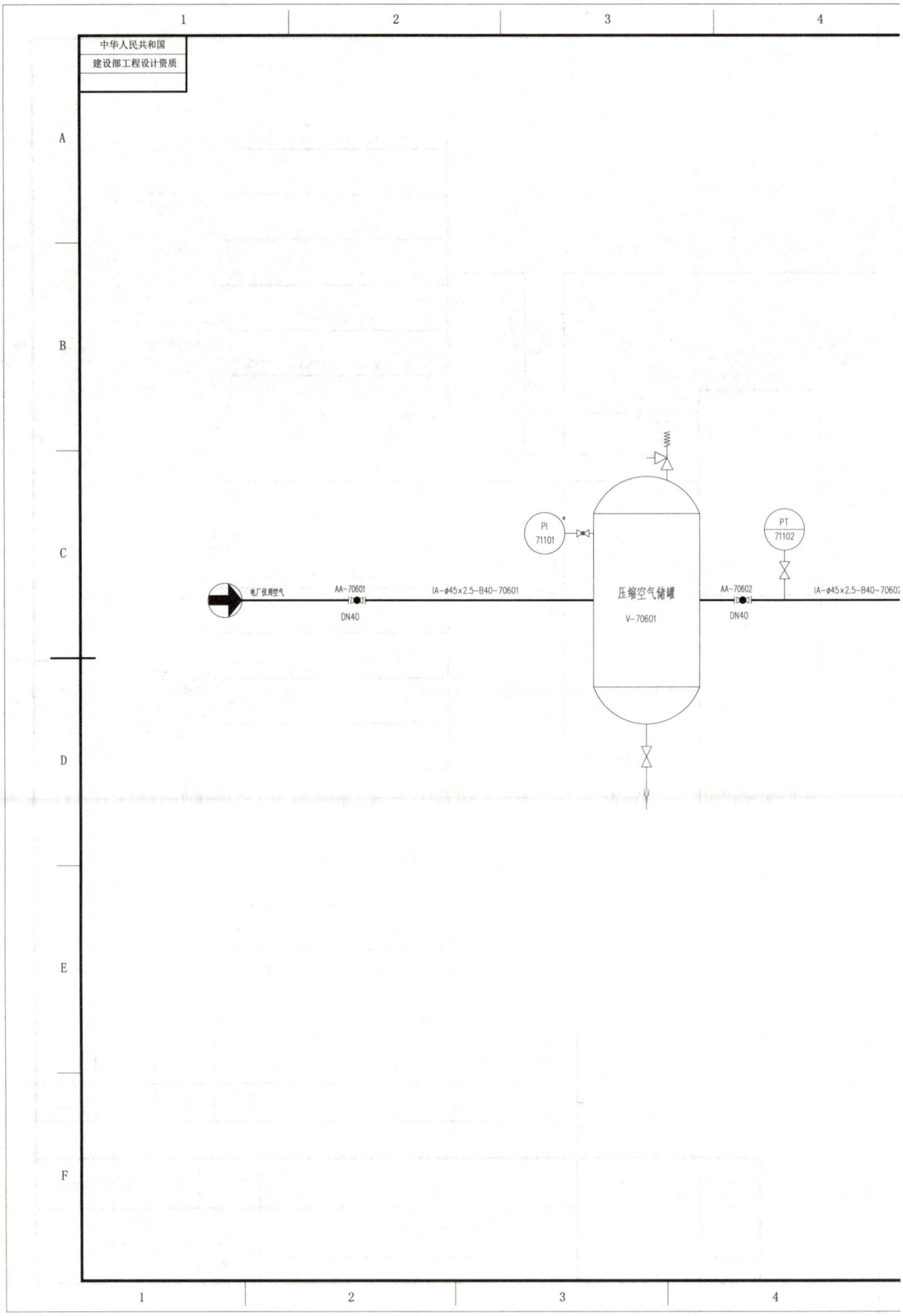
中华人民共和国
建设部工程设计资质
1
2
3
4
A
B
C
D
E
F
电厂仪用空气
AA-70601
DN40
IA-ø45×2.5-B40-70601
PI
71101
压缩空气储罐
V-70601
AA-70602
DN40
PT
71102
IA-ø45×2.5-B40-7060

图 13-31　压缩

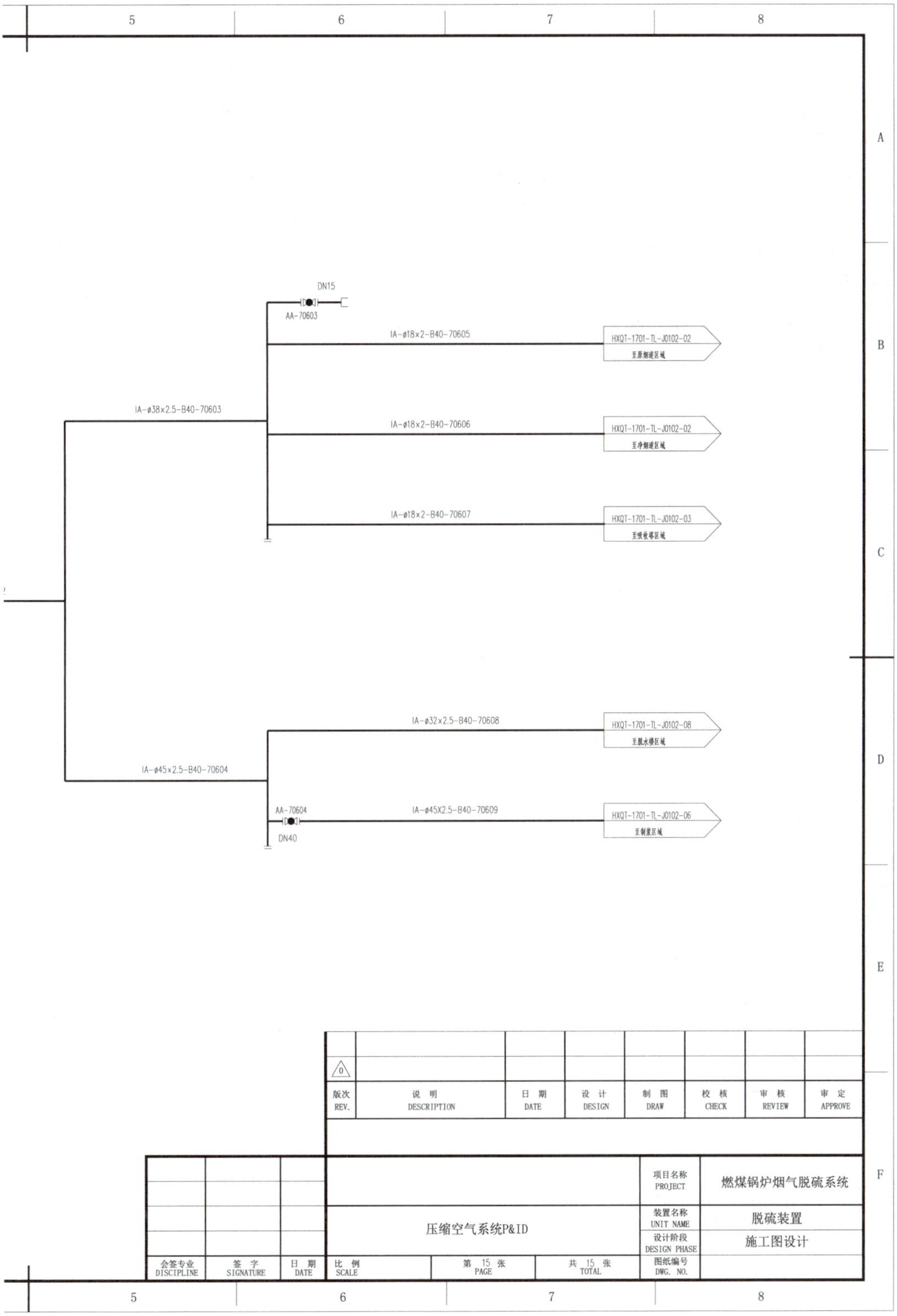
5
6
7
8
A
B
C
D
E
F
DN15
AA-70603
IA-ø18x2-B40-70605
HXQT-1701-TL-J0102-02
至原烟道区域
IA-ø38x2.5-B40-70603
IA-ø18x2-B40-70606
HXQT-1701-TL-J0102-02
至净烟道区域
IA-ø18x2-B40-70607
HXQT-1701-TL-J0102-03
至吸收塔区域
IA-ø32x2.5-B40-70608
HXQT-1701-TL-J0102-08
至脱水楼区域
IA-ø45x2.5-B40-70604
AA-70604
IA-ø45X2.5-B40-70609
HXQT-1701-TL-J0102-06
至制浆区域
DN40
0
版次 REV.
说明 DESCRIPTION
日期 DATE
设计 DESIGN
制图 DRAW
校核 CHECK
审核 REVIEW
审定 APPROVE
项目名称 PROJECT
燃煤锅炉烟气脱硫系统
装置名称 UNIT NAME
脱硫装置
压缩空气系统P&ID
设计阶段 DESIGN PHASE
施工图设计
会签专业 DISCIPLINE
签字 SIGNATURE
日期 DATE
比例 SCALE
第 15 张 PAGE
共 15 张 TOTAL
图纸编号 DWG. NO.

【思考题】

1. 污水处理工艺流程图核心主流路线有哪些？加药系统、污水处理系统和污泥处理系统应该怎样布图才能层次分明？为什么说水平标高的标注在流程图中具有重要意义？

2. 污水处理厂总平面布置图必须反映的内容有哪些？构筑物怎样布置才符合节能、省地的原则？平面图的尺寸标注怎样才能层次分明、整齐美观、定位精确？

3. 流程图中的污水管、污泥管、空气管、加药管等线型设置成自定义线型，有哪些优点？

4. 脱硫工程图例中大量使用符号图例，它的优点是什么？

14 环境工程设计绘图操作实例

【本章导读】

本章以废水处理工程为例，系统介绍了环境工程CAD设计绘图全过程，从项目规划到施工图绘制，涵盖了设计规范、绘图技巧及实用经验，指导读者高效掌握核心要点，避免常见误区，快速提升设计和绘图能力。

1. 设计流程与图纸体系的核心架构

工程设计全周期解析：废水处理工程需经历“项目论证—工艺选型—初步设计—施工图设计—工程施工—运行调试—竣工验收”等几大阶段。初步设计侧重宏观布局（如流域范围图、平面布置图、工艺流程图），解决“建什么？在哪建？”的问题；施工图设计聚焦微观细节（如设备管道节点、结构配筋），解决“如何建、如何控”的问题。两者形成“从概念到具象”的递进关系，需特别关注设计深度要求（如初步设计需控制投资、施工图需细化至安装尺寸）。

专业图纸分类与功能定位：

总体类图纸（如总平面布置图、工艺流程图、管道综合图）：需建立项目与场地的空间关系，同时关注坐标网、风玫瑰图与等高线的标准化表达。

工艺类图纸（如废水/污泥流程图、构筑物模板图）：体现流水高差逻辑与设备布局，需搞清水流方向、水位标高与设备布局的关联性。

专项类图纸（如电气自控、采暖通风）：属辅助设计，可依据读者岗位需求选择性学习（如非电气专业的可简化控制系统图细节）。

2. CAD绘图标准化操作实践的要点

（1）按实际尺寸1∶1绘图

所有实体按实际尺寸1∶1绘制。出图比例按需选择：总平面图比例常用1∶100～1∶500，详图可用1∶10～1∶50，需注意同一套图纸比例不宜超过3种。

关键技巧：通过[标注特征比例]联动出图比例（如出图比例1∶100时，标注全局比例设为100），确保尺寸数字与实际一致。

（2）图层管理

分层原则：按专业（建筑、结构、给排水）、功能（轮廓线、尺寸线、中心线）、可见性（实线层、虚线层）划分图层，如“给水管线 - 粗实线层”“设备基础 - 虚线层”。标准化设置：图层命名采用“专业 - 线型 - 用途”格式（如“STRU- 中心线 - 定位”），线型、线宽严格遵循相关国家制图统一标准。在一套图纸中同一性质的图元应始终使用同一图层。

效率技巧：利用［图层特性管理器］批量锁定非当前图层，避免误操作；通过［图层状态管理器］保存常用设置。

（3）线型与文字的规范表达

线型体系：粗线（b）用于主要轮廓（如新建重力流管线），中粗线（$0.75b$）用于次要轮廓（如原有压力流管线），细线（$0.25b$）用于标注（如尺寸界线），线宽比例 4 ：2 ：1 需严格执行。

文字样式设置：汉字采用长仿宋体（宽度比例 0.7），字母数字斜体倾斜 75°，字高需按出图比例换算（如出图字高 3.5mm、比例 1 ：50 时，CAD 字高设为 175mm）。

打印设置：使用 [monochrome.ctb] 打印样式，将所有线型、文字颜色转换为黑色。

3. 拓展建议

工程设计与图纸绘制需严格遵照《建筑给水排水制图标准》《总图制图标准》等国家标准规范，读者应该深化理解、规范应用，提高图纸的合规性，提升设计水平、绘图效率与图纸质量。

14.1　环境工程设计概述 **

环境工程设计是按照污染物控制的任务和要求，预先制订可行性设计方案，依据设计方案绘制出施工图样。

环境工程设计涉及众多专业，其中主要有化学工程、生物工程、土木工程、环境监测、给水排水工程、机械设备、电气自控等。

本章以废水处理工程为例，介绍 CAD 在环境工程设计中的应用过程，使读者更容易理解并掌握绘制废水处理工程设计图的基本方法、流程和规范。

根据现行环境工程建设项目的流程，一个废水处理工程的实施必须经历以下八个程序：项目建议书、可行性研究、环境影响评价、方案论证评审、工程设计、工程施工、运行调试和验收交付。

废水处理工程设计又分为初步设计、施工图设计两个阶段，在这两个阶段中都需要绘制大量的图纸。

14.2　废水处理工程初步设计 **

废水处理工程初步设计的基本要求如下：

① 初步设计应明确建设目的、工程规模、设计原则和标准，确定处理工艺方案，确定拆迁、征地范围和数量，提出设计文件中存在的问题、注意事项及有关建议。其深度应能控制工程投资，满足编制施工图设计的要求。主要设备材料的品种、规格和数量需满足设计、招标和施工要求。

② 初步设计应包括设计说明书、工艺、结构模板图、设计图纸、主要工程数量、主要材料设备数量、工程概算和设计图纸。

废水处理工程初步设计图纸一般包括下列内容，根据工程项目的实际情况或有增减。

14.2.1 总体布置图（亦称流域面积图）

总图的比例一般采用 1 ∶ 1000 ～ 1 ∶ 10000，图上应表示出地形、地貌、河湖、道路、居民点、工厂等，标出坐标网与指北针，绘出现有和设计的排水系统、废水处理厂的流域范围，列出图例一览表、主要工程项目及风玫瑰图。

14.2.2 废水处理厂平面布置图

平面布置图比例一般采用 1 ∶ 100 ～ 1 ∶ 500，图上应表示出坐标轴线、等高线、风玫瑰图、平面尺寸，绘出现有和设计的建（构）筑物、围墙、道路及相关位置尺寸，并列出图例一览表、建（构）筑物一览表和工程数量、主要经济技术指标。

14.2.3 废水、污泥处理工艺流程图

工艺流程图比例一般采用 1 ∶ 100 ～ 1 ∶ 200，图上应表示出处理流程中各构筑物及其水位标高、构筑物之间联系管路、废水流向、主要设备及编号、主要规模指标等。

14.2.4 主要构筑物工艺、结构模板图

模板图采用比例一般为 1 ∶ 50 ～ 1 ∶ 200，图上表示出工艺布置，设备、仪表及配管等安装尺寸及结构厚度、标高。列出主要设备一览表，并注明主要设计参数。

14.2.5 主要建筑物及辅助建筑的建筑图

建筑图采用比例一般为 1 ∶ 100 ～ 1 ∶ 200，图上表示出建筑形式，平、立、剖面图及基础图，建筑内外装修标准等建筑外轮廓尺寸及标高，并附技术经济指标。

14.2.6 供电系统和主要变配电设备布置图

图上表示出变电、配电、用电启动保护等设备的位置、名称、符号及型号规格，附主要设备材料表。

14.2.7 自动控制仪表系统布置图

绘制系统控制流程图，采用微机控制时，应绘制微机控制系统框图。

14.2.8 采暖、通风、空调设计图

图中表示出采暖、通风、空调设置的位置，说明其型号规格等。

14.2.9 机械设计图

专用机械和非标机械设备设计图，标明设备的规格、外形尺寸、质量、功率等。

14.2.10 给水排水和消防设计图

标明给排水进出方向、位置及消防栓平面布置等。

14.3 废水处理工程施工图设计 **

14.3.1 废水处理工程施工图设计的基本要求

① 编制详细的设计说明书，内容包括：

a. 设计依据。说明初步设计批准的机关、文号、日期及主要审批内容（摘要说明）；施工图设计依据。

b. 设计变更部分。初步设计批准后，设计内容不能随便变更。如确实有需要变更的，则需经原审批单位或部门批准。设计说明书需对照初步设计阐明变更部分的内容、原因、依据等。

c. 施工安装。施工安装注意事项及质量验收要求，根据具体废水特性，提出对构筑物、设备、管道施工安装中的要求和质量验收标准。若存在易燃、易爆、有毒、腐蚀性强等物品时，有必要另编特别工程施工与安装方法设计。

d. 运行管理注意事项。根据本项目具体废水特性，提出运行管理的注意事项。若存在易燃、易爆、有毒、腐蚀性强等物品时，有必要另编特别运行管理注意事项。

② 修正概算或工程预算。

③ 核定主要设备及材料表。

④ 有关专业计算书（计算书不属于必须交付的设计文件，但应按有关规定编制，供审图部门查阅）。

⑤ 施工图设计。废水处理工程施工图设计主要由三部分组成：建（构）筑物施工图、设备管道工艺施工图和电气自控施工图。每部分施工图包括：封面目录、设计说明、设计图纸、设计计算书等。

废水处理工程施工图设计文件的组成与初步设计文件基本相同，在初步设计文件审批的基础上作进一步的深化和补充。

14.3.2 废水处理工程设备管道工艺设计施工图

① 封面。写明项目名称、编制单位、项目设计阶段、项目设计编号、设计日期。

② 图纸目录。注明图纸的编号、图名、页码、图幅。

③ 设计总说明。

a. 设计依据：初步设计批准的机关、文号、日期及主要审批内容（摘要说明）。

b. 设计资料依据：采用的规范、标准和标准设计，市政条件。

c. 项目概况：项目名称、建设地点、建设单位、占地面积、废水类别、进水水量水质、设计规模、等级、排放标准等。

d. 设计范围：用地红线（或建筑红线）内的设计内容；当有其他单位参与共同设计时，还应说明各自设计的内容。

e. 处理工艺流程概况：控制方法、运营和操作说明。

f. 尺寸单位说明。

g. 设计标高：相对标高与总图绝对标高的关系。

h. 主要设备、器材选型说明。

i. 管道敷设要求：设备 / 管道基础、支吊架、支座（滑动、固定）、支墩、伸缩器、防腐/防冻/保温措施，系统工作压力、试压和冲洗要求。

j. 节水、节能、减排等技术要求。

k. 凡不能用图示表达的施工要求，均应以设计说明表述。

l. 有特殊需要说明（采用的新技术、新材料的说明）的可分列在有关图纸上。

m. 运行管理注意事项，根据本项目具体废水特性，特别是所存在的易燃、易爆、有毒、腐蚀性强等物品时，需提出特殊运行管理注意事项。

n. 施工安装注意事项及质量验收要求。

o. 图例。

④ 总图的内容。

a. 废水处理厂区域位置图，比例一般为1∶1000～1∶10000，标示出废水处理厂的位置与生产厂或废水排放区的关系，处理后废水排放点与用水点之间的关系。

b. 废水处理厂总平面布置图，比例一般为1∶100～1∶500，标绘出各建筑物、构筑物的平面位置，围墙、绿地、道路等的平面位置，包含风玫瑰图、等高线、坐标轴线；注明厂界四角坐标及构筑物四角坐标或相对位置，构筑物的主要尺寸、各种管渠及室外地沟尺寸、地质钻孔位置等，并附构筑物一览表、工程量表、图例及有关说明。

c. 废水、污泥处理工艺流程图，比例一般采用1∶100～1∶200，图上应标示出处理流程中各构筑物及其水位标高、构筑物之间联系管路、废水流向、主要设备及编号，主要规模等指标。

d. 厂区管道综合布置图，比例一般为1∶200～1∶500，综合各种管线平面布置，注明管线与构筑物、建筑物的距离尺寸和管线间距尺寸，以及窨井、阀门井、放空井等位置；管线交叉密集部分的位置要适当增加断面大样图，注明各管线间的交叉标高，并注明管线及地沟等的设计标高、坡度。

⑤ 废水处理工艺设计图。比例一般采用1∶50～1∶100，分别绘制各处理构（建）筑物平面、剖面及详图，表示工艺布置设备、管道、阀门、管件等的位置、尺寸、标高，说明安装方法，引用的详图、标准图，附管道一览表和主要设备型号、性能、数量等技术数据。

⑥ 污泥处理工艺设备管道平面图、剖面图。比例一般采用1∶50～1∶100，表示污泥处理工艺布置设备、管道、阀门、管件等的位置、尺寸、标高，说明安装方法，引用的详图、标准图，附件一览表和主要设备型号、性能、数量等数据。

⑦ 非标准配件加工详图。

⑧ 非标准机械设备制造图。

a. 总装图：表明机械整体构造、部件组装位置、技术要求、设备性能、使用情况及注意事项，附主要部件一览表。

b. 部件图：表明部件组装样式及精度，必要的技术措施（如防潮、防腐蚀及润滑措施等）。

c. 零件图：标注工件加工详细尺寸、精度等级、技术指标和要求。

⑨ 有关专业计算书（计算书不属于必须交付的设计文件，但应按有关规定的要求编制。）

14.3.3　废水处理工程建（构）筑物土建施工图

① 封面。写明项目名称、编制单位、项目设计阶段、项目设计编号、设计日期。

② 图纸目录。注明图纸的编号、图名、页码、图幅。

③ 设计总说明 另见土建施工图相关设计规范。

④ 建筑设计图。

a. 各处理建（构）筑物建筑平面、立面、剖面图，一般采用比例 1 ∶ 50 ~ 1 ∶ 100，分别绘制各单体绘制平面、立面、剖面及各部构造详图，节点大样图；标注轴线编号后各部分尺寸、总尺寸及标高，设备或基座等位置、尺寸与标高，预留孔及套管位置、尺寸与标高；标明室外用料做法，室内装修做法及有特殊要求的做法；标注引用的详图、标准图并附门窗表及必要的说明。

b. 辅助车间、综合楼建筑平面图、立面图、剖面图，一般采用比例 1 ∶ 50 ~ 1 ∶ 100，绘制平面、立面、剖面及各部构造详图，节点大样图；标注轴线编号后各部分尺寸、总尺寸及标高，设备或基座等位置、尺寸与标高，预留孔位置、尺寸与标高；标明室外用料做法、室内装修做法及有特殊要求的做法；标注引用的详图、标准图并附门窗表及必要的说明。

⑤ 结构设计图。

a. 各处理建（构）筑物结构平面图、剖面图，一般采用比例 1 ∶ 50 ~ 1 ∶ 100，绘出结构整体平剖面及构件详图，注明配筋情况，构（建）筑物尺寸、标高、预埋件、预留孔等位置。基础平面、剖面结构形式，尺寸、标高，墙、柱、梁位置尺寸，层面结构布置及详图。

b. 辅助车间、综合楼结构平面图、剖面图，比例一般采用 1 ∶ 50 ~ 1 ∶ 100。绘出结构整体及构件详图，包括配筋情况，各部分及总尺寸与标高，设备或基座等位置、尺寸与标高，留孔、预埋件、地沟等位置、尺寸与标高，地基处理、基础平面布置、结构形式、尺寸、标高，墙柱、梁等位置及尺寸，屋面结构布置及详图，引用的详图、标准图，汇总工程量表，主要材料表、钢筋表（根据需要）及必要的说明。

⑥ 采暖通风与空气调节设计图。

采暖通风与空气调节设计应包括图纸目录、设计与施工说明、设备表、设计图纸。对小型简单工程要绘制平剖面图表示，散热器、风机、空调机的安装位置、型号、性能、数量和材料表，设计与施工说明、设备表可直接在平面图中表示。特大型工程要绘制系统通风与空气调节平面图、剖面图、系统图、主管图及详图，具体设计内容详见相关设计规范。

⑦ 室内给水排水安装图。

室内给水排水安装图一般采用比例 1 ∶ 50 ~ 1 ∶ 100，绘出建（构）筑物各用水排水点的用水设备平面布置、管道位置，标出室内外接管位置和管径；绘制给水排水、消防、热水系统图，加压泵房、水池、水箱平面和剖面图（如工程项目存在加压泵房时）。

⑧ 有关专业计算书（计算书不属于必须交付的设计文件，但应按有关规定的要求编制。）

14.3.4 废水处理工程电气自控施工图

① 封面。写明项目名称、编制单位、项目设计阶段、项目设计编号、设计日期。

② 图纸目录。注明图纸的编号、图名、页码、图幅。

③ 设计总说明。另见电气自控施工图相关设计规范。

④ 厂（站）高、低压供配电系统图和一、二次回路接线原理图。其包括变电、配电、用电启动和保护等设备型号、规格和编号；附设备材料表，说明工作原理、主要技术数据和要求。

⑤ 各构筑物平面、剖面图。其包括变电所、配电间、操作控制间电气设备位置、供电控制线路敷设、接地装置、设备材料明细表和施工说明及注意事项。

⑥ 各种保护和控制原理图、接线图。其包括系统控制原理图，引出或引入的接线端子板编号、符号和设备一览表以及动作原理说明。

⑦ 电气设备安装图。其包括材料明细表、制作或安装说明。

⑧ 厂（站）区室外配电线路总平面图　包括各构筑物的布置、架空和电缆配电线路、控制线路及照明布置。

⑨ 自动控制设计图。需要表示出工艺流程的检测、控制点与自控原理图，仪表及自控设备的接线图和安装图，接地系统图，仪表及自控设备的供电、供气系统图和管线图，控制柜、仪表屏、操作台及有关自控辅助设备的结构布置图和安装图，仪表间、控制室的平面布置图，控制电缆一览表，仪表自控部分的主要设备材料表。

⑩ 有关专业计算书。

废气处理工程设计、固废处理工程设计以及物理性污染（含噪声、电磁波、光、放射性等）处理工程设计与废水处理工程设计的程序、阶段、内容基本类同，具体根据工程项目类别、工程内容的具体情况确定。

14.4　环境工程 CAD 制图规范 **

国家标准是设计制图的基础性依据，因此，在 CAD 绘制图样的过程中，必须严格遵守相关国家标准。工程设计人员在绘制图纸之前必须熟悉并掌握 CAD 及制图相关国家标准，常用 CAD 制图相关国家标准如下：

《CAD 工程制图规则》（GB/T 18229—2000）

《房屋建筑制图统一标准》（GB/T 50001—2017）

《总图制图标准》（GB/T 50103—2010）

《建筑制图标准》（GB/T 50104—2010）

《建筑结构制图标准》（GB/T 50105—2010）

《建设给水排水制图标准》（GB/T 50106—2010）

《机械工程 CAD 制图规则》（GB/T 14665—2012）

《电气工程 CAD 制图规则》（GB/T 18135—2008）

《技术制图 CAD 系统用图线的表示》（GB/T 18686—2002）

《技术产品文件 CAD 图层的组织和命名　第 1 部分：概述与原则》（GB/T 18617.1—2002）

《CAD 电子文件光盘存储、归档与档案管理要求　第一部分：电子文件归档与档案》（GB/T 17678.1—1999）

《技术制图　图样画法　视图》（GB/T 17451—1998）

14.5　CAD 绘图基本程序 **

CAD 绘图之前需要进行一些基本的设置，便于 CAD 文档的保存、修改和管理，以达到出图的规范化、标准化的要求。

14.5.1 设定出图比例

选择合适的出图比例，按规定的目的和要求，把对象绘制在图纸上。比例是 CAD 绘图中极其重要的概念。选择何种出图比例，将对制图时字体高度、线宽、尺寸的比例设置有决定性的影响。在 CAD 绘图中涉及两个比例概念：原值比例和出图比例。原值比例是指 CAD 制图尺寸与实物尺寸之比，通常 CAD 原值比例是 1 ∶ 1（单位为毫米）。出图比例是指打印图纸尺寸（如 1）与实物尺寸（如 100）的比例，出图比例即为 1 ∶ 100。

应根据图样的用途与绘制对象的大小，从表 14-1、表 14-2 中选用，优先使用常用比例。

表 14-1 国家规范绘图所用的比例

常用比例	1 ∶ 1，1 ∶ 2，1 ∶ 5，1 ∶ 10，1 ∶ 20，1 ∶ 50，1 ∶ 100，1 ∶ 150，1 ∶ 200，1 ∶ 500，1 ∶ 1000，1 ∶ 2000，1 ∶ 5000，1 ∶ 10000，1 ∶ 20000，1 ∶ 50000，1 ∶ 100000，1 ∶ 200000
可用比例	1 ∶ 3，1 ∶ 4，1 ∶ 6，1 ∶ 15，1 ∶ 25，1 ∶ 30，1 ∶ 40，1 ∶ 60，1 ∶ 80，1 ∶ 250，1 ∶ 300，1 ∶ 400，1 ∶ 600

表 14-2 环境工程专业绘图所用的比例

名称	比例	备注
区域规划图、区域位置图	1 ∶ 1000、1 ∶ 2000、1 ∶ 5000、1 ∶ 10000	宜与总图专业一致
总平面图	1 ∶ 100、1 ∶ 150、1 ∶ 200、1 ∶ 500（常用）	宜与总图专业一致
	1 ∶ 250、1 ∶ 300、1 ∶ 400（可用）	
处理工艺流程图	1 ∶ 100、1 ∶ 150、1 ∶ 200	纵向高程
主要构筑物工艺、结构模板图	1 ∶ 20、1 ∶ 50、1 ∶ 100、1 ∶ 150、1 ∶ 200（常用）	
	1 ∶ 25、1 ∶ 30、1 ∶ 40、1 ∶ 60、1 ∶ 80（可用）	
各管道轴测图	1 ∶ 50、1 ∶ 100、1 ∶ 150	宜与相应图纸一致
详图	1 ∶ 1、1 ∶ 2、1 ∶ 5、1 ∶ 10、1 ∶ 20、1 ∶ 50（常用）	
	1 ∶ 3、1 ∶ 4、1 ∶ 6、1 ∶ 30、1 ∶ 40（可用）	

注：同一张图纸中，不宜出现三种以上的比例。如特殊需要在同一张图纸绘制不同比例的图样时，应根据主体图样的出图比例进行原值比例换算后制图。

14.5.2 创建图框

用计算机绘制工程图时，其图纸幅面和格式需按照 GB/T 14689 的有关规定绘制。在 CAD 工程制图中所用到的图纸幅面形式分有装订边或无装订边两种，见图 14-1。基本尺寸见表 14-3。

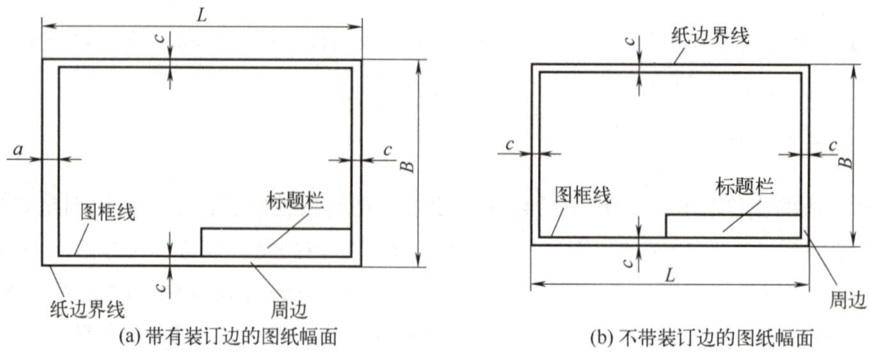

图 14-1 图框格式

表 14-3 幅面代号 mm

幅面代号	A0	A1	A2	A3	A4
$B\times L$	841 × 1189	594 × 841	420 × 594	297 × 420	210 × 297
e	20		10		
c	10			5	
a	25				

注：在 CAD 绘图中对图纸有加长加宽的要求时，应按基本幅面的短边（B）的整数倍增加。

在 CAD 绘图中，先按 1 ∶ 1 的比例绘制不同幅面的图框，同时设置好 CAD 下拉菜单中［格式］命令中图层（含线型、线宽与颜色）、文字样式、标注样式、单位与图形界限等属性，并以图块或文件形式单独保存。具体参见第 3 章基本设置。

当开始绘图时需根据出图比例预定图幅，计算 CAD 绘图的范围，而后按［图形界限］（LIMITS）命令设定合适图形界限，根据［栅格间距］（GRID）命令设定格栅合理间距，此后插入或拷贝图框。插入的图框大小需根据出图比例进行缩放，然后在经放大后的图框中 1 ∶ 1 绘制图样；也可以先绘制图样，需要打印出图时再插入或拷贝图框，将图框放大后把图样置于其中，注意上下左右适当留白，便可打印出图。

14.5.3 创建图层

图层是 CAD 特有的概念，每个图层都可以设置不同的线型、线宽和颜色。CAD 图可视为由多张不同而透明的图层（各自含线型、线宽和颜色）叠加而成，工程图样上的各种信息分门别类地存放在所定义的图层中（各图层均设定了独立的线型和颜色等）。采用图层的目的是便于组织、管理和交换 CAD 图形的线型，以及屏幕显示和打印输出。绘图时正确合理地使用图层可以提高绘图质量和效率。

图层是一种绘图时用来组织、管理图元（图纸的基本元素——图形实体对象）的工具，将图形实体对象分配到不同的图层，可以方便地管理和控制这些对象。可以对同一层的图形进行统一设置，如颜色、线型和线宽等。通过使用图层，可以将同类型或相似的对象关联到同一个图层，并根据需要显示或隐藏特定的图层，降低图形的视觉复杂程度，提高显示性能，甚至可以控制图层的打印效果。

通过使用［图层特性管理器］管理图层可以实现：创建、重命名和删除图层；设置当前图层（新对象将自动创建）；为该图层上的对象指定默认特性；设置图层上的对象是显示还是隐藏；控制是否打印图层上的对象；设置图层锁定以避免被编辑；控制布局视口的图层显示特性；对图层进行排序、过滤和分组等。

《房屋建筑制图统一标准》（GB/T 50001—2017）“计算机辅助制图文件图层”“附录 B 常用图层名称列表”对图层设置及图层命名格式做了详细的规定：图层宜根据不同用途、设计阶段、专业属性和使用对象等进行组织，在工程上应具有明确的逻辑关系，便于识别、记忆、软件操作和检索；图层名称可由汉字、英文字母、数字和连字符（“-”）的组合命名，在同一工程项目中，应使用统一的图层名称，图层名称应自始至终保持不变。图层的设置尽可能精简，在够用的基础上越少越好。

图层设置一般分通用图层和专业图层，通用图层即公共文字说明、轴线、轴线尺寸、轴线标注、轴线文字等；其他图层可根据总图、建筑、结构、给排水、暖通空调、动力、电气自控等专业分别进行设置，基本原则就是方便管理和控制这些图形实体对象。

AutoCAD 初始图层为“0”层，“0”层不可用来画图，也不能重命名或删除。绘制工程图之前必须首先设置好所需图层。

14.5.4 设定线型及颜色

线型是构成图形的基本要素，国家标准 GB/T 17450 对图形的名称、形式等均作了统一规定。CAD 中自带线型约有 60 多种，CAD 工程制图标准中可选用的基本线型有实线、虚线、点画线、双点长画线等 15 种，详见表 14-4；基本线型的变形大致有 4 种（详见表 14-5）；而各种线型又有粗、中、细之分，各种线型及粗细在各个专业设计图样中均具有不同的意义。环境工程专业制图常用的各种线型应符合表 14-6 的规定。

表 14-4 CAD 工程图中的基本线型

代码	基本线型	名称	代码
01		实线	01
02		虚线	02
03		间隔画线	03
04		单点长画线	04
05		双点长画线	05
06		三点长画线	06
07		点线	07
08		长画短画线	08
09		长画双点画线	09
10		点画线	10
11		单点双画线	11
12		双点画线	12
13		双点双画线	13
14		三点画线	14
15		三点双画线	15

表 14-5 基本线型的变形

基本线型的变形	名称	基本线型的变形	名称
	规则波浪连续线		规则锯齿连续线
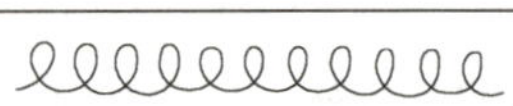	规则螺旋连续线		波浪线

注：本表仅为表 14-4 中代码 01 基本线型的类型，代码 02 ～ 15 可用同样方法的变形表示。

表 14-6 环境工程常用的各种线型

名称	线型	线宽	用途
粗实线	————————	b	新设计的各种排水和其他重力流管线
粗虚线	- - - - - - - - - - -	b	新设计的各种排水和其他重力流管线的不可见轮廓线
中粗实线	————————	0.75b	新设计的各种给水和其他压力流管线；原有的各种排水和其他重力流管线
中粗虚线	- - - - - - - - - - -	0.75b	新设计的各种给水和其他压力流管线及原有的各种排水和其他重力流管线的不可见轮廓线
中实线	————————	0.50b	给水排水设备，零（附）件的可见轮廓线；总图中新建的建筑物和构筑物的可见轮廓线；原有的各种给水和其他压力流管线
中虚线	- - - - - - - - - - -	0.50b	给水排水设备，零（附）件的可见轮廓线；总图中新建的建筑物和构筑物的可见轮廓线；原有的各种给水和其他压力流管线的不可见轮廓线
细实线	————————	0.25b	建筑的可见轮廓线；总图中原有的建筑物和构筑物的可见轮廓线；制图中的各种标注线
细虚线	- - - - - - - - - - -	0.25b	建筑的不可见轮廓线；总图中原有的建筑物和构筑物的不可见轮廓线
单点长画线	—·—·—·—	0.25b	中心线、定位轴线
折断线	———∧———	0.25b	断开界线
波浪线	～～～	0.25b	平面图中水面线；局部构造层次范围线；保温范围示意线等

粗线、中粗线、细线宽度的比率为 4 ∶ 2 ∶ 1，在同一图样中，同类图形线型的宽度应一致。CAD 绘图时线宽的设置方式有很多种，实际操作中一般不会在［布局］或［特性匹配］直接定义线宽（在电脑屏幕显示会失真，出图打印线条不够平顺），而是通过出图比例先计算出所需线宽 b，然后采用画 Pline 线或通过出图打印来设置线宽。线宽计算方式：如打印出图比例为 1 ∶ 50，出图线宽 0.35mm；采用 Pline 线绘图时的线宽为 b=50 × 0.35=17.5mm；通过打印来设置线宽：［打印］→［打印样式表］→［编辑］→［格式视图］，利用“颜色”来定义线宽。

表 14-6 图线的宽度 b，应根据图纸的类别、比例和复杂程度，按《CAD 工程制图规则》（GB/T 18229—2000）中第 4.4 条的规定选用。环境工程专业线宽 b 宜为 0.7 或 1.0mm。

对象颜色的设置是为了便于图样实体对象的分类管理以及打印出图线宽的设定，AutoCAD 系统提供 1 ~ 255 种颜色及代号，还有真彩色与配色系统供用户自定义。给不同的对象赋予不同的颜色，不仅可以快速查找对象所在的层，而且利于对象分类管理，还可以通过［打印］文本框中的［打印样式表］→［编辑］→［格式视图］，利用［颜色］来定义线宽。

14.5.5 设定文字样式

文字在图形中极为重要，常用于表达一些与图形相关的重要信息。图样及说明中的汉字，宜优先采用 True type 字体中的宋体字型，采用矢量字体时应为长仿宋体字型。同一图纸字体种类不应超过两种。矢量字体的宽高比宜为 0.7，打印线宽宜为 0.25 ~ 0.35mm。大标题、图册封面、地形图等的汉字，也可书写成其他字体，但应易于辨认，其宽高比宜为 1。CAD 工程图中所用的字体应符合 GB/T 14691 要求，并应做到笔画清晰、字体端正、排列整齐；标点符号应清楚正确。CAD 工程制图中的常用字体选用范围详见表 14-7。

表 14-7 CAD 工程制图中的常用字体

汉字字型	字体文件名（推荐使用字体）	应用范围
长仿宋体	HZCF.shx	图中标注及说明的汉字、标题栏、明细栏等
单线宋体	HZDX.shx	大标题、小标题、图册封面、目录清单、标题栏中设计单位名称、图样名称、工程名称、地形图等
宋体	HZST.shx	
仿宋体	HZFS.shx	
楷体	HZKT.shx	
黑体	HZHT.shx	

文字的字高，应从下列尺寸中选用：3.5mm、5mm、7mm、10mm、14mm、20mm。如需书写更大的字，其高度应按 $\sqrt{2}$ 的比值递增。字体大小与图纸幅面之间的关系按表 14-8 选用。仿宋体字高宽关系参见表 14-9。

表 14-8 字体大小与图纸幅面之间的选用关系 单位：mm

图幅	A0	A1	A2	A3	A4
字母数字	3.5				
汉字	5				

表 14-9 仿宋体字高宽关系 单位：mm

字高	20	14	10	7	5	3.5
字宽	14	10	7	5	3.5	2.5

注：表中未说明体字高宽关系，均可按宽高比 0.7 设定。

CAD 工程图中字体的最小字（词）距、行距以及间隔线或基准线与书写字体之间的最小距离见表 14-10。

表 14-10 字体的最小字（词）距、行距 单位：mm

字体	最小距离	
汉字	字距	1.5
	行距	2
	间隔线或基准线与汉字的间距	1
拉丁字母、阿拉伯数字、希腊字母、罗马数字	字符	0.5
	词距	1.5
	行距	1
	间隔线或基准线与字母、数字的间距	1

注：当汉字与字母、数字混合使用时，字体的最小字距、行距等应根据汉字的规定使用。

拉丁字母、阿拉伯数字和罗马数字，如需写成斜体字，其斜度应是从字的底线逆时针向上倾斜 75°。斜体字的高度与宽度应与相应的正体字相等。汉字的字高应不小于 2.5mm，拉丁字母、阿拉伯数字和罗马数字的字高应不小于 1.8mm。

CAD 绘图时字高是必须通过计算来确定的，计算字高方式：如打印出图比例 1 ∶ 50，出图字体字高 3.5mm，则字体高度 h=50 × 3.5=175mm。如打印出图比例 1 ∶ 100，出图字体字高 3.5mm，则字体高度为 h=100 × 3.5=350mm。

其他如索引符号与详图符号、零件、构件、设备等的编号以及指北针等均需根据比例换算后进行缩放。

AutoCAD 系统文字输入主要有两种方式：单行文字与多行文字输入。实际工作中字数少时一般会采用单行文字输入，而后通过复制，利用 DDEDIT 命令进行编辑，这是一种比较快捷的方式。字数多时一般采用多行文字输入，比较容易控制行间距。

14.5.6 设定尺寸标注

尺寸标注是工程制图的重要元素之一，图样除了画出构筑物及其各部分的形状外，还必须准确、详尽和清晰地标注尺寸，以确定其大小、距离、定位等，作为施工时的依据。尺寸标注可分为三种：

① 定形尺寸：是确定组成建筑形体的各基本形体大小的尺寸。

② 定位尺寸：是确定各基本形体在建筑形体中的相对位置的尺寸。

③ 总尺寸：是确定形体外形总长、总宽、总高的尺寸。

不同行业的图样，标注尺寸时对这些内容的要求是不同的。而同一工程的图样，要求尺寸标注的形式相同、风格一致。

图样上的尺寸由尺寸界线、尺寸线、尺寸线起止符号（箭头）和尺寸数字组成（图 14-2）。尺寸界线应用细实线绘制，一般应与被注长度垂直，其一端应离开图样的轮廓线不小于 2mm，另一端宜超出尺寸线 2 ~ 3mm。尺寸线也应用细实线绘画，并应与被注长度平行，但不宜超出尺寸界线之外（特殊情况下可以超出尺寸界线之外）。图样上任何图线都不得用作尺寸线。尺寸线起止符号，可在［标注样式］中的［箭头］中选取［实心箭头］、［建筑标记］、［倾斜］或［圆点］等，同一套图纸中的标注样式必须统一。长度宜为 2 ~ 3mm（图 14-3）。半径、直径、角度与弧长的尺寸起止符号，宜用箭头表示。

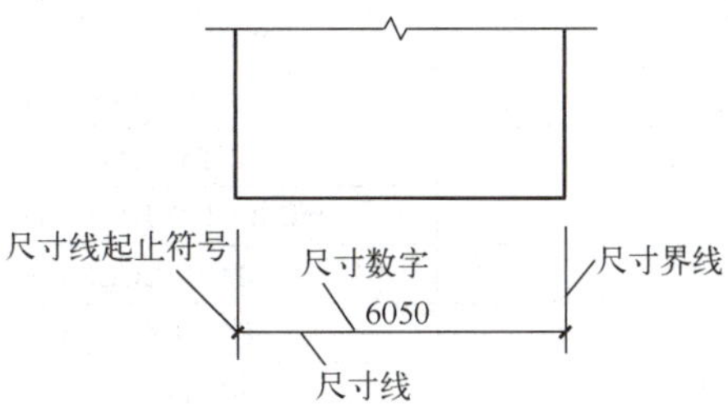

图 14-2 图样尺寸

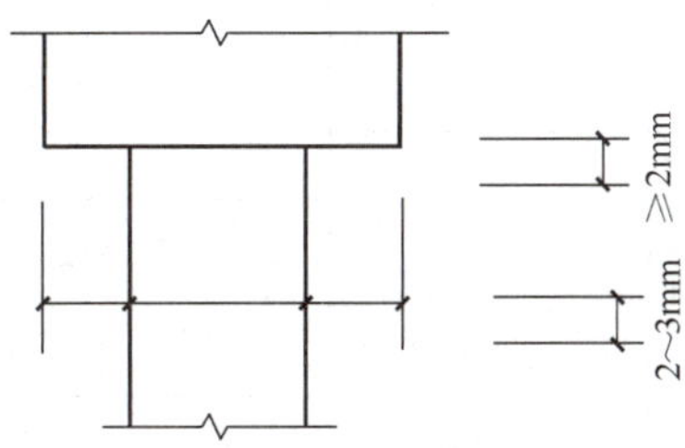

图 14-3 尺寸线起止符号

互相平行的尺寸线，应从被标注的图样轮廓线由近向远整齐排列，较小尺寸应离轮廓线较近，较大尺寸应离轮廓线较远。图样轮廓线以外的尺寸界线，与图样最外轮廓线之间的距离，不宜小于 10mm。平行排列的尺寸线的间距，宜为 7 ~ 10mm，并应保持一致。总尺寸的尺寸界线应靠近所指部位，中间的分尺寸的尺寸界线可稍短，但其长度应相等（图 14-4）。

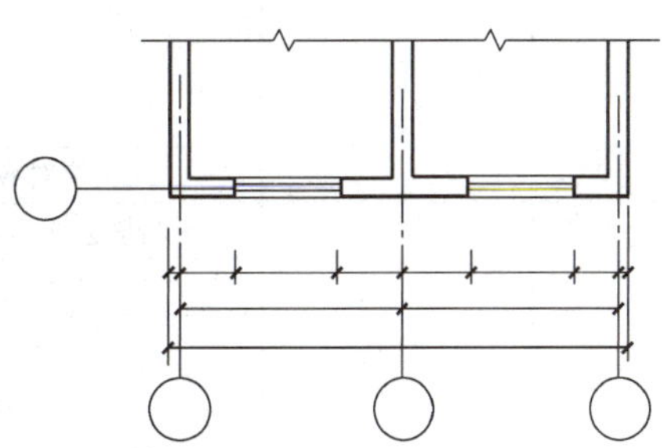

图 14-4 总尺寸的尺寸界线

根据国家相关制图规范规定，图样上标注的尺寸，除标高及总平面图以米（m）为单位外，其余一律以毫米（mm）为单位，图上尺寸数字不再标注单位。如没有特别注明单位的，一律以毫米为单位。图样上的尺寸，应以所注尺寸数字为准。具体 CAD 标注设置见表 14-11。

表 14-11　CAD 尺寸标注系统变量设置（推荐）

序号	选项	子项名称	系统变量
1	线	尺寸线颜色	DIMCLRD=0
		尺寸线线型	DIMLTYPE=BYLAYER
		尺寸线线宽	DIMLWD=BYLAYER
		尺寸线超出标记	DIMDLE=0.0000
		尺寸线基线间距	DIMDLI=7
		隐藏 尺寸线 1（M）	DIMSD1=OFF
		隐藏 尺寸线 2（D）	DIMSD1=OFF
		延伸线颜色	DIMCLRE=0
		延伸线 1 线型	DIMLTEX1=BYLAYER
		延伸线 2 线型	DIMLTEX2=BYLAYER
		延伸线线宽	DIMLWE=BYLAYER
		隐藏 延伸线 1（I）	DIMSD1=OFF
		隐藏 延伸线 2（T）	DIMSD2=OFF
		延伸线超出尺寸线	DIMEXE=3
		延伸线起点偏移量	DIMEXO ≥ 2
		固定长度的延伸线	DIMFXLON=OFF
2	符号和箭头	第一个箭头	DIMBLK1= 建筑标记
		第二个箭头	DIMBLK2= 建筑标记
		引线	DIMLDRBLK= 实心闭合
		箭头大小	DIMASZ=1.8
		圆心标记	DIMCEN=1.0（标记）
		[illegible]	[illegible]
		弧长符号	DIMARCSYM=0
		半径折弯标注	DIMJOGANG=45
		线性折弯标注	DIMJOGLINE=2.0
3	文字	文字样式	DIMTXSTY=STANDARD
		文字颜色	DIMCLRT=BYBLOCK
		填充颜色	DIMTFILLCLR= 无
		文字高度	DIMTXT=3.5
		分数高度比例	DIMTFAC=1.0
		文字垂直	DIMTAD=0
		文字水平	DIMJUST=1
		观察方向	DIMTXTDIRECTION=0
		从尺寸线偏移	DIMTVP=0.8
		文字对齐（文字与尺寸对齐）	DIMTIH=ON
4	调整	调整选项（文字始终在延伸线之间）	DIMTIX=ON
		若箭头不能放在延伸线内，则消除	DIMSOXD=OFF
		文字位置	DIMTMOVE=2
		标注特征比例	DIMSCALE=100*
		优化（在延伸线之间绘制尺寸线）	DIMTOFL=ON

续表

序号	选项	子项名称	系统变量
5	主单位	单位格式	DIMLUNIT=2
		精度	DIMDEC=0
		小数分隔符	DIMDSEP= “.”
		舍入	DIMRND=0.00
		前缀	DIMPOST=?
		后缀	DIMPOST=?
6	换算单位	显示换算单位	DIMALT=OFF
7	公差	方式	DIMTOL=OFF
		垂直位置	DIMTOLJ=1

注：1. 延伸线即尺寸界线。

2. 考虑个人绘图习惯以及审美观点不同，箭头也可以通过块的方式来自定义（必须符合国家制图规则）。

3. * 标注特征比例与出图比例保持一致，随着出图比例调整而变动，修改比较方便。

CAD 尺寸标注系统变量设置路径：输入“dimstyle”（快捷键 D）或采用菜单方式、图标方式，[标注样式管理器]→[新建（N）]→[创建新标注样式]

CAD 尺寸标注系统变量设置图释：

（1）尺寸标注样式选项设置：线（图 14-5）。

（2）尺寸标注样式选项设置：符号和箭头（图 14-6）。

（3）尺寸标注样式选项设置：文字（图 14-7）。

（4）尺寸标注样式选项设置：调整（图 14-8）。

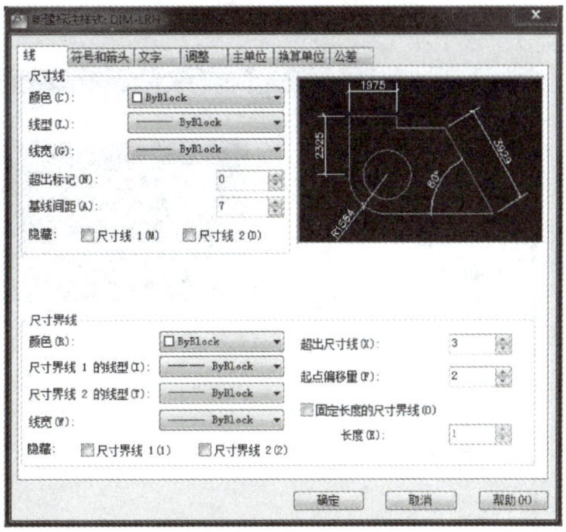

图 14-5　线

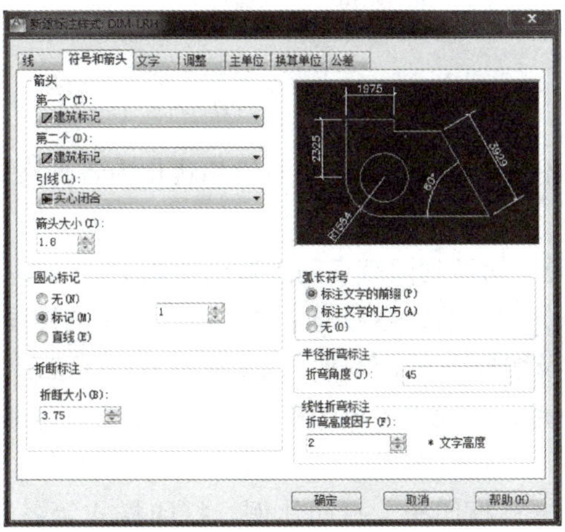

图 14-6　符号和箭头

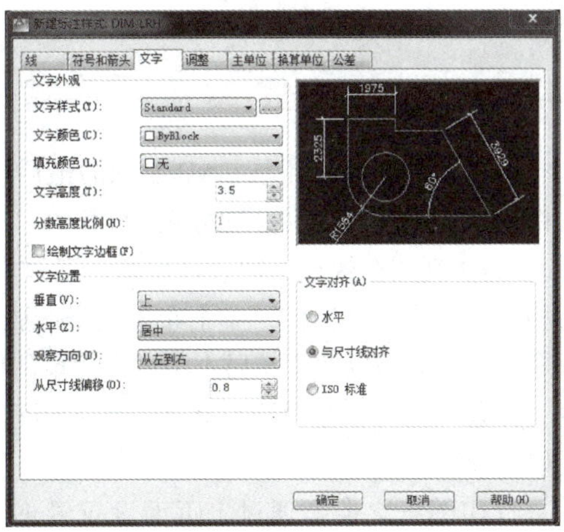

图 14-7　文字

（5）尺寸标注样式选项设置：主单位（图 14-9）。

（6）尺寸标注样式选项设置：换算单位（图 14-10）。

（7）尺寸标注样式选项设置：公差（图 14-11）。

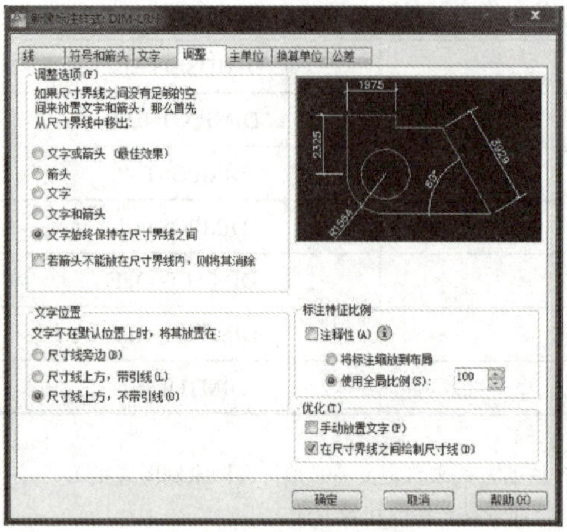

图 14-8　调整

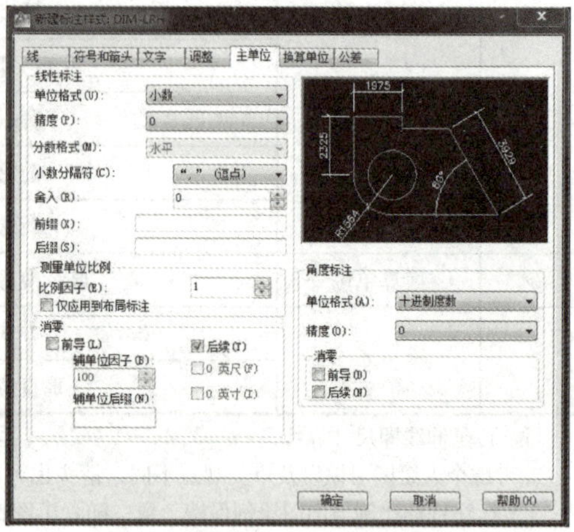

图 14-9　主单位

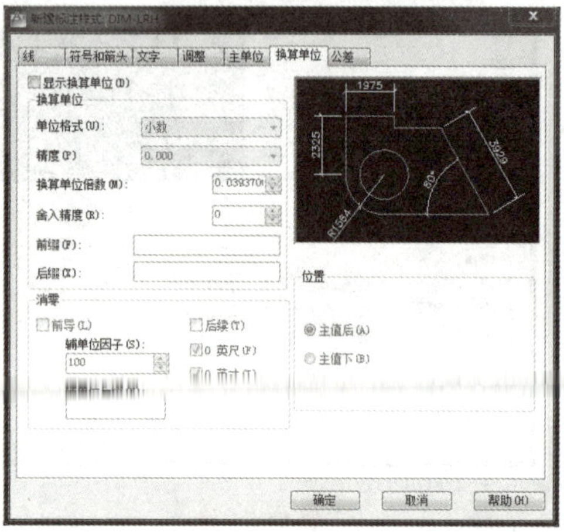

图 14-10　换算单位

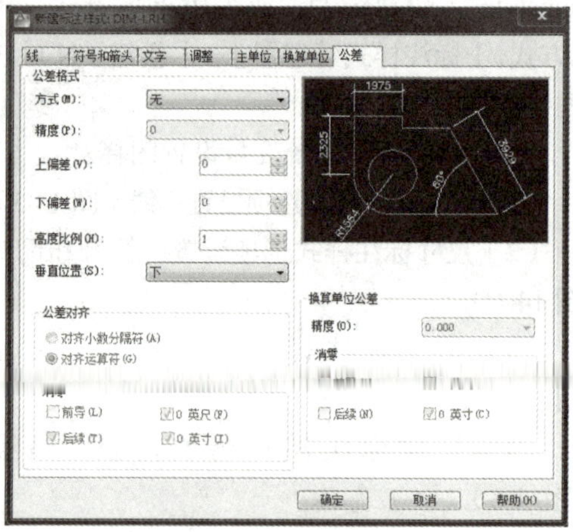

图 14-11　公差

14.5.7　图形输出与打印

图形的输出与打印是 CAD 制图的最后一个环节，设计人员把创意设想转化为各种格式文件和视觉图纸与其他相关人员进行交流。

CAD 制图在模型空间设计绘图，通过［布局］切换到图纸空间进行出图预览。［布局］就相当于一个图纸空间，一个布局就是一张图纸，通常可以在布局中生成设计单位的图框、标题等，并且可以在［布局］中进行简单的图名及编号等文字修改，简化在模型空间绘制图框、标题等工作。在模型空间预先插入图框，还是在布局中生成图框，可以根据个人习惯、爱好来设置。

打印图纸之前需通过［页面设置管理器］进行打印机、打印比例、打印样式等各项设置，并将该设置应用于布局打印。单击［文件］→［页面设置管理器］出现对话框，如

图 14-12 所示。

在［新建］、［修改］、［输入］三个选项中［新建］一个打印模式，命名为个人常用的打印模式名称，并对该页面做出调整、修改，使其符合自己的专业要求。

单击［文件］→［页面设置管理器］→［新建］，出现如图 14-13 所示的页面。

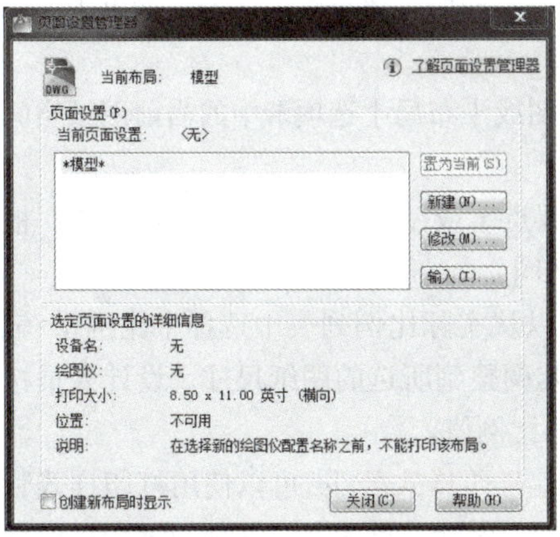

图 14-12 ［页面设置管理器］对话框

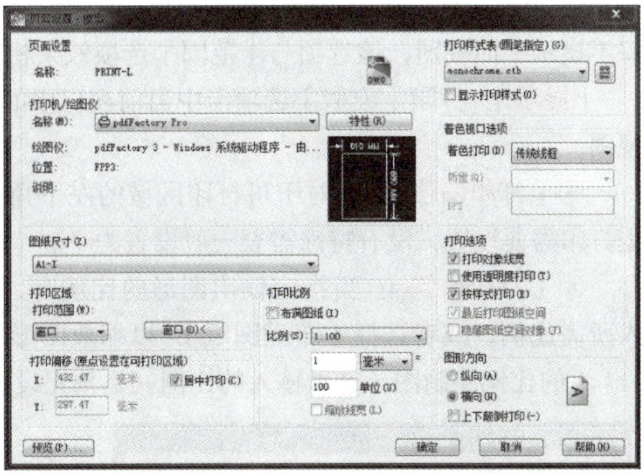

图 14-13 ［页面设置 - 模型］对话框

［页面设置-模型］包含［名称］［打印机/绘图仪］［图纸尺寸］［打印区域］［打印偏移］［打印比例］［打印样式表］［着色视口选项］［打印选项］［图形方向］10 个选项，其中［打印机 / 绘图仪］包含［特性］子项，［打印样式表］包含［打印样式编辑器］子项。

①［名称］：指自定义当前页面设置的名称。

②［打印机 / 绘图仪］：指定使用已配置的打印设备（打印机、绘图仪等，也可以是虚拟的打印机，如 Adobe PDF、PDF Factory Pro，通过打印方式将图纸转换成 PDF 文件）。

③［图纸尺寸］：显示所选打印设备可用的标准图纸尺寸。如果未选择绘图仪，软件将显示全部标准图纸尺寸的列表以供选择。不过，CAD 出图的时候一般将图纸尺寸稍作调整，图纸尺寸比图幅尺寸稍大，即［自定义图纸尺寸］，以确保图框线能打印出来。［自定义图纸尺寸途径］:［Windows 开始］→［Windows 设置］→［设备］→［打印机和扫描仪］，选定所用的绘图仪或打印机后单击鼠标左键，出现文本框选择［管理］→［打印首选项］→［页面设置］→［大小选项］→［自定义纸张名称］→［纸张大小］→［添加］。具体图纸尺寸设置详见表 14-12。

表 14-12 CAD 自定义图纸尺寸设置（推荐）

幅面代号	A0	A1	A2	A3	A4
$B\times L$	841 × 1189	594 × 841	420 × 594	297 × 420	210 × 297
$B_1\times L_1$	880 × 1270	610 × 880	440 × 610	305 × 440	220 × 305

注：1. 若 CAD 出图中对图纸有加长加宽的要求时，应按基本幅面的短边（B）成整数倍增加。

2. 表中图纸尺寸 $B_1\times L_1$ 是根据现行常用硫酸纸幅宽 1270mm、914mm、900mm、880mm、620mm、610mm 修改确定。

④［打印区域］：打印图形时，必须指定图形的打印区域。

［窗口］：打印指定的任意部分图形。单击［窗口］按钮，使用鼠标对角线框选或输入坐

标值指定打印的区域。此方法最简便且容易控制，推荐使用。

[范围]：打印当前空间内的所有几何图形。打印之前，可能会重新生成图形以重新计算范围。

[图形界限]：打印布局时，将打印指定图纸尺寸的可打印区域内的所有内容，其原点（0，0）为坐标点。在 [模型] 选项打印时，图形界限所打印的是整个绘图区域。如果当前视口不显示平面视图，该选项与 [范围] 选项效果相同。

[显示]：打印 [模型] 选项卡中当前视口中的视图或 [布局] 选项卡中的当前图纸空间视图。

⑤ [打印偏移]：相对于可打印区域的左下角（原点）或图纸边界的打印区域偏移。根据打印需要设置，没有特殊需要一般设置为 [居中打印]。

⑥ [打印比例]：当指定输出图形的比例时，可以从实际比例列表中选择 [比例]，输入所需比例，或者选择 [布满图纸]，以缩放图形将其调整到所选的图纸尺寸。设计人员按 1 ：1 的比例绘制图，这里输入的比例就是预先设定的比例值。

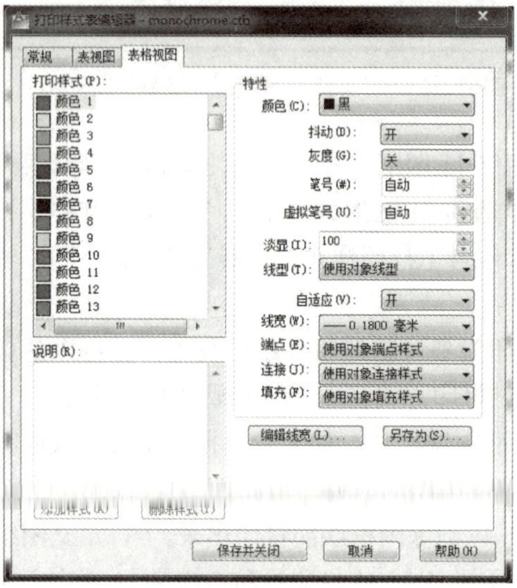

图 14-14 ［打印样式编辑器］对话框

⑦ [打印样式表]：可以使用打印样式管理器添加、删除、重命名、复制和编辑打印样式表。为了将所有彩色线条设置为黑色打印，在 [打印样式表] 中务必选 [monochrome .ctb]，如图 14-14 所示。

[打印样式编辑器] 有三个选项：[常规][表视图][表格视图]。[常规] 选项里列出打印样式表文件名、说明、版本号、位置（路径名）和表类型。[表视图] 和 [表格视图] 选项的内容基本相同，列出打印样式表中所有打印样式及其设置。

普通打印绘图特性推荐设置：颜色（C）—“黑”，抖动（D）—“开”，灰度（G）—“关”，笔号（#）—“自动”，虚拟笔号（U）—“自动”，淡显（I）—“100”，线型（T）—“使用对象线型”，自适应（V）—“开”，线宽（W）—根据工程图样需要设置线型宽度，如 0.05mm、0.09mm、0.10mm、0.13mm…2.0mm、2.11mm”，端点（E）—“使用对象端点样式”，连接（J）—“使用对象连接样式”，填充（F）—“使用对象填充样式”。

[线宽编辑（L）]：可以根据自身需要修改 CAD 软件默认现有线宽的宽度值。

[另存为（S）]：可以将修改后的打印样式编辑器另存为一个文件，便于添加、删除。

⑧ [着色视口选项]：指定着色和渲染视口的打印方式，并确定它们的分辨率大小和每英寸点数（DPI）。指定着色打印选项：[按显示]、[传统线框] 或 [传统消隐]。该设置的效果反映在打印预览中，而不会从布局中反映。推荐设置：[传统线框]。

⑨ [打印选项]：指定线宽、透明度、打印样式、着色打印和对象的打印次序等选项。推荐设置：打印对象线宽—“开”，使用透明度打印—“关”，按样式打印—“开”。

⑩ [图像方向]：支持纵向或横向的绘图仪指定图形在图纸上的打印方向。图纸图标代表所选图纸的介质方向，字母图标代表图形在图纸上的方向。

通过［页面设置管理器］设置后，进入［打印］界面，如图 14-15 所示。

［打印 - 模型］包含［页面设置］、［打印机 / 绘图仪］、［图纸尺寸］、［打印区域］、［打印偏移］、［打印比例］、［打印份数］7 个选项，其中［页面设置］包含［添加］，［打印机 / 绘图仪］包含［特性］子项。［打印 - 模型］对话框与［页面设置 - 模型］有许多相同的地方，如果［页面设置 - 模型］是属于绘图前期设置阶段，那么［打印 - 模型］就是属于绘图后期实施阶段。

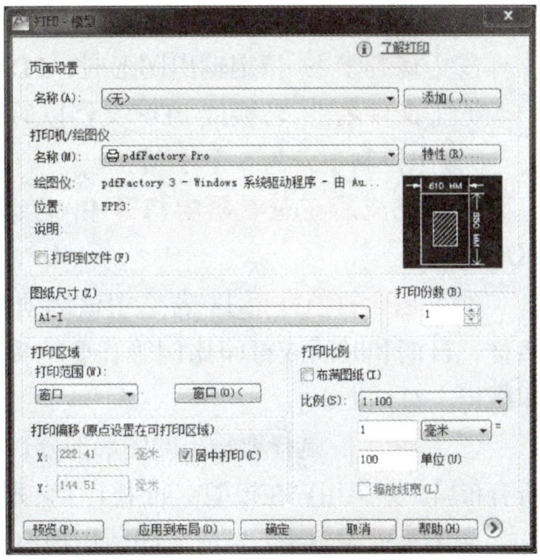

图 14-15 ［打印 - 模型］对话框

①［页面设置］：列出图形中已命名或已保存的页面设置。可以将图形中保存的命名页面设置作为当前页面设置，也可以在［打印 - 模型］对话框中单击［添加］，基于当前设置创建一个新的命名页面设置。［名称］指显示当前页面设置的名称。可以是上一次打印的格式，也可以是输入之前打印的格式。

②［打印机 / 绘图仪］：与页面设置管理器中的［打印机 / 绘图仪］意义相同。不过，可以选择［打印到文件］生成 PLT 文件，而后再输入绘图仪出图。

③［图纸尺寸］：与页面设置管理器中的［图纸尺寸］意义相同。

④［打印区域］：与页面设置管理器中的［打印区域］意义相同。

⑤［打印偏移］：与页面设置管理器中的［打印偏移］意义相同。

⑥［打印比例］：与页面设置管理器中的［打印比例］意义相同。

⑦［打印份数］：指定要打印的份数。当使用［打印到文件］时，此选项无须修改。

至此，经过设计绘图与打印设置后即可正式打印。正式打印前应先预览，完全符合要求后确定打印。打印份数少时，可用打印机或绘图仪直接打印在白纸上，需要图纸的份数较多时，应先打印在硫酸纸上，再去晒图复制。

CAD 图形可以另输出为“DWF”“DWFx”“三维 DWF”“PDF”“DGN”“BMP”“EPS”“SPL”等格式文件，其中“PDF”较为常用。“PDF”是最通用的电子格式文件，它可在未安装 AutoCAD 软件的电脑中打开，便于浏览，也可以随意打印。

CAD 输出成 PDF 文档有多种方式，AutoCAD 系统自带输出方式即［输出］→［PDF 输出］，如图 14-16 所示。

其中包含［当前设置］［输出控制］两个选项，［当前设置］→［选项（O）］分为 6 个子项：

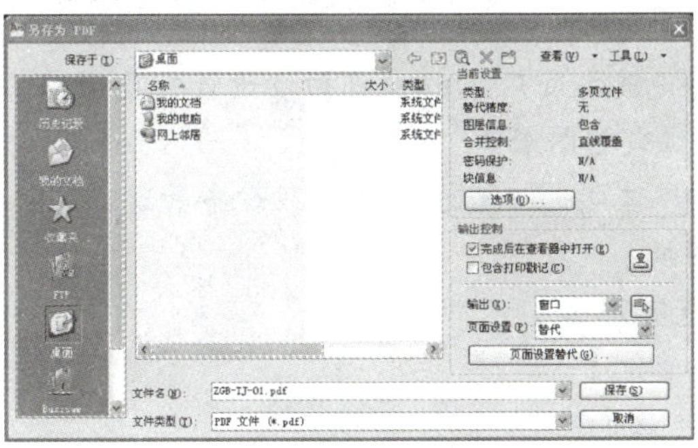

图 14-16 ［另存为］对话框

①［类型］：指定从图形输出单页图纸还是多页图纸。

②［替代精度］：为字段选择能够提供最佳文件分辨率的精度预设，也可以通过选择［管理精度预设］来创建新的精度预设。

③［图层信息］：指输出成 PDF 文档后是否需要包含 CAD 图层设置信息。

④［合并控制］：指定重叠的直线是执行合并（直线的颜色混合在一起成为第三

种颜色）操作，还是覆盖（最后打印的直线遮挡住它下面的直线）操作。

⑤［保存于］：指定输出图形时，PDF 文件的保存路径、位置。

⑥［文件名］：转换成 PDF 文档以后的文件名。

［输出控制］分为 5 个子项：

①［完成后在查看器中打开］：若选中此选项，则输出完成后将在默认查看器中打开 PDF 文件。

②［包含打印戳记］：若选中该选项，可在 PDF 文件中包含用户定义的信息，例如图形名称、日期和时间或打印比例等。要编辑打印戳记，请单击［打印戳记］按钮，以打开［打印戳记］对话框。

③［输出］：选择要输出的图形部分。如果用户在图纸空间中工作，则可以选择当前布局或所有布局。如果用户在模型空间中工作，则可以选择当前显示的对象、图形范围或选定区域。

④［页面设置］：［当前］即使用现有［页面设置管理器］中的设置输出 PDF 文件，也可以选择替代这些设置。

⑤［页面设置代替］：对页面设置的内容“图纸尺寸”“打印样式表”“图形方向”“打印比例”重新调整。［打印样式表］若是普通黑白打印一般选用“monochrome.ctb”，线型、线宽根据各种专业需要另行设置。

CAD 输出成 PDF 文档的其他方式都是通过打印方式进行转换：

①［页面设置］→［打印］→［打印 / 绘图仪］→选用［Adobe PDF］（Adobe Acrobat Pro-软件自带打印程序）→…→［确定］→出现［另存为 PDF 文件］文本框→输入文件名并［保存］，最后会弹出一个 Adobe Acrobat Pro 文件，即 CAD 转换成 PDF 文档。

②［页面设置］→［打印］→［打印 / 绘图仪］→选用［PdfFactory Pro］（Adobe Acrobat Pro- 软件自带打印程序）→…→［确定］→出现［另存为 PDF 文件］文本框→输入文件名并［保存］，最后会弹出一个 Adobe Acrobat Pro 文件，即 CAD 图纸已转换成 PDF 文档。

本章详细总结了环境工程设计绘图实例的操作过程与实践经验，重温了 AutoCAD 常用的基础操作，重点介绍了 CAD 国家标准的规范和环境工程专业的要求，对读者具有较好的参考价值。但不同专业领域有不同的要求，不同的设计人员有不同的习惯与偏好，因此，所谓的“经验”也仅供参考。适合自己的、符合本专业要求的、达到高效优质设计绘图目标的经验就是最好的。

【思考题】

1. 工程建设项目一般需要经历哪些程序？废水处理工程项目初步设计需要明确哪些内容？对设计深度有哪些要求？需要提供哪些图纸？

2. 废水处理工程项目施工图设计有哪些基本要求？废水处理工程设备管道工艺、土建、电气自控施工图设计需要提供哪些图纸？

3. 与环境工程 CAD 制图相关的国家规范有哪些？

4. 如何确定施工图纸的出图比例？

5. 管线线型及粗、中、细如何设定？有何意义？

附　录

附录 1　AutoCAD2012 下拉式菜单命令全表

附录 1

附录 2　AutoCAD2012 快捷键对照表

附录 2

附录 3　AutoCAD 系统变量表

附录 3

附录 4　绘图技巧集锦

附录 4

附录 5　国家标准《CAD 工程制图规则》（GB/T 18229—2000）

附录 5

参考文献

[1] GB/T 18229—2000.

[2] GB/T 17825—1999.

[3] GB/T 50001—2017.

[4] GB/T 50104—2010.

[5] GB/T 50106—2010.

[6] 中国建筑标准设计研究院. 民用建筑工程给水排水设计深度图样. 2009.

[7] 中华人民共和国住房和城乡建设部. 建筑工程设计文件编制深度规定（2016 年版）.

[8] 中华人民共和国住房和城乡建设部. 市政公用工程设计文件编制深度规定（2013 年版）.

[9] 中华人民共和国环境保护部. 环境工程设计文件编制指南（2015 年版）.

[10] 北京水环境技术与设备研究中心. 三废处理工程技术手册（废水卷）. 北京：化学工业出版社，2000.

[11] 魏先勋等. 环境工程设计手册(修订版). 长沙：湖南科学技术出版社，2002.

[12] 唐受印，戴友芝. 水处理工程师手册. 北京：化学工业出版社，2000.

[13] 戴友芝，肖利平，唐受印等. 废水处理工程. 3 版. 北京：化学工业出版社，2017.

[14] 李鸿敏. 从美学角度谈工程图的美. 建筑设计管理，2005（3）.